本书系教育部人文社会科学研究一般项目（编号

ZHUANLI CHONGFEN GONGKAI ZHIDU DE
LUOJI YU SHIJIAN

专利充分公开制度的
逻辑与实践

杨德桥　著

图书在版编目（CIP）数据

专利充分公开制度的逻辑与实践/杨德桥著. —北京：知识产权出版社，2019. 9
ISBN 978 - 7 - 5130 - 6437 - 8

Ⅰ. ①专… Ⅱ. ①杨… Ⅲ. ①专利制度—研究—中国 Ⅳ. ①D923. 424

中国版本图书馆 CIP 数据核字（2019）第 194989 号

内容提要

本书为满足专利法国际协调和中资企业"走出去"的需要、适应开放式创新和高新技术产业发展的需求、整理专利公开理论和促进专利信息有序扩散的需要，从历史基础、理论基础、判断标准、判断过程以及环境营造等方面对专利充分公开制度进行了详细的研究，对我国的专利理论和实践发展有一定的参考价值和意义。

责任编辑：王瑞璞　　　　　　　　责任校对：王　岩
封面设计：韩建文　　　　　　　　责任印制：刘译文

专利充分公开制度的逻辑与实践
杨德桥　著

出版发行：**知识产权出版社**有限责任公司	网　　址：http://www. ipph. cn
社　　址：北京市海淀区气象路 50 号院	邮　　编：100081
责编电话：010 - 82000860 转 8116	责编邮箱：wangruipu@ cnipr. com
发行电话：010 - 82000860 转 8101/8102	发行传真：010 - 82000893/82005070/82000270
印　　刷：三河市国英印务有限公司	经　　销：各大网上书店、新华书店及相关专业书店
开　　本：880mm×1230mm　1/32	印　　张：10. 75
版　　次：2019 年 9 月第 1 版	印　　次：2019 年 9 月第 1 次印刷
字　　数：300 千字	定　　价：48. 00 元

ISBN 978 -7 -5130 -6437 -8

序

从词源上来讲，"专利"蕴含着权利的垄断和信息的公开两个侧面。专利是商业秘密的一种替代机制，专利申请人必须充分公开其发明创造，不允许兼取专利与商业秘密的双重惠益。在专利实质审查的过程中，充分公开与新颖性、创造性和实用性居于同等重要的地位，因此也被称为专利的"第四性"。充分公开的法律地位为各国专利法和相关国际公约所肯认。但不同国家专利法对于充分公开构成要素的认识并不完全一致，大体上存在美国的"三要素"模式和日欧的"二要素"模式。随着专利在有机化学、生物技术和信息技术等高新技术领域内的长足发展，由于这些新兴领域内技术的可预测性较低，专利申请充分公开的判断常常成为实质审查的关键。专利充分公开制度的理论研究，对于满足高新技术专利审查的需要，提升专利审查和授权的质量，以及我国专利法律制度的完善，均具有重要的现实意义。

专利充分公开问题近年来开始为国内学术界所关注。现有研究成果多是从某一个侧面、某一个角度展开研究，系统性、体系化的研究成果尚未出现。纵观国内现有研究成果，对于专利充分公开制度的历史研究基本处于空白，对于专利充分公开制度理论基础的研究还比较薄弱，对于专利充分公开之判断标准的研究还不够深入，对于专利充分公开制度在中国运行总体状况的把握还比较模糊。在现有研究成果的基础上，展开对专利充分公开制度的系统性研究仍有必要。本书主要从以下几个方面对专利充分公开制度展开研究：首先，系统研究了专利充分公开制度的历史变迁，总结了在专利制度发展的不同阶段专利充分公开制度的存在样态及其历史成因；其次，深入探究了专利充分公开制度的法理基础，运用专利权社会契约理论、经济创新理论和法律占有理论，分别从政治、经济和法律的多维视角，对专利充分公开制度存在的合理性及其内容结构进行探究；最后，系统总结了专利充分判断的原则和标准，以及专利充分公开判断的程序和证据问题，为专利充分公开的审查提供了一套可操作性的行为规则。

　　本书在研究过程中，不满足于学理探讨，时时对标我国《专利法》上的专利公开制度。我国《专利法》和《专利审查指南2010》对于专利充分公开制度作出了规定，但是比较原则，操作性不强。在对美国、日本和欧盟专利充分公开制度深入研究的基础上，本书就我国《专利法》和《专利审查指南2010》上专利充分公开制度的完善提出了自己的意见。具体来讲就是，在判断标准方面，本书认为结合原则、立体原则和协调原则是专利充分公开判断的基本原则，能够实现要件、书面描述要件以及最佳实施方式要件为判断标准的三项核心构成要素，判断的主体为本领域普通技术人员，判断的材料依据为专利说明书，判断的时间基准为专利申请日。同时，本书还对与专利充分公开审查有关的行政程序、诉讼程序以及相应的证据规则提出了完善建议。本书提出的这些意见和建议，对于我国《专利法》和《专利审查指南2010》中有关专利充分公开规定的完善具有一定的借鉴价值，同时也有利于专利充分公开制度在专利审查和专利诉讼等实践中的运作。

中国社会科学院知识产权中心

研究员、博士生导师

2019 年 6 月 1 日

目　录

绪　论

一、研究缘起

专利申请人欲获得专利权，必须通过专利申请文件向专利行政机关进而向社会公众充分公开其发明创造。充分公开事实上已经成为与新颖性、创造性和实用性等传统"专利三性"相并重的专利授权实质性要件。"确定可专利性常常需要看是否满足三个标准：新颖性、实用性和创造性。然而，可实施性（披露实施该发明的途径）对可专利性是如此重要，以致应被考虑为第四个基本标准……专利授权的第四个标准是，发明人在专利申请书中应当公开了一种能够（在世界大多数国家）实施该发明的方法，或者能够（在美国）实施该发明的众所周知的方法。"❶ 世界各国专利法和相关国际公约均为充分公开规定了明确的法律地位。美国专利法第 112 条（a）款规定："说明书应该对发明、制作与使用该发明的方式和工艺过程，用完整、清楚、简洁而准确的词句进行书面描述，使任何谙熟该发明所属技术领域或与该发明最密切相关的技术领域的人都能制作及使用该发明。说明书还应该提出发明人或共同发明人所知悉的实施该发明的最佳方式。"❷ 日本专利法对于充分公开的要求体现在第 36 条第 3、4 款，即说明书中应当记载对"发明的详细说明"，该"发明的详细说明"应当"按照经济产业省令的规定，清楚且充分地进行记载，达到

---

❶　阿伯特，科蒂尔，高锐. 世界经济一体化进程中的国际知识产权法［M］. 王清，译. 北京：商务印书馆，2014：238，268.

❷　美国专利法［M］. 易继明，译. 北京：知识产权出版社，2013.

使具有发明所属技术领域通常知识的人能够实施的程度",以及第 36 条第 6 款,即记入权利要求书"欲获得专利之发明应当在发明的详细说明书中有记载"❶。欧洲国家对专利充分公开的要求体现在《欧洲专利公约》第 83 条:"欧洲专利申请应当对发明作出充分清楚和完整的公开,以本领域技术人员能够实施为准",以及第 84 条:"权利要求应当界定要求保护的发明内容。权利要求应当清楚、简要并得到说明书的支持。"❷《与贸易有关的知识产权协定》(TRIPS)第 29 条第 1 款规定:"各成员应要求专利申请人以足够清晰和完整的方式披露其发明,使该专业的技术人员能够实施该发明,并可要求申请人在申请之日,或在要求优先权的情况下在申请的优先权日,指明发明人所知的实施该发明的最佳方式。"❸《中华人民共和国专利法》第 26 条第 3 款、第 4 款规定:"说明书应当对发明或者实用新型作出清楚、完整的说明,以所属技术领域的技术人员能够实现为准;必要的时候,应当有附图。摘要应当简要说明发明或者实用新型的技术要点。权利要求书应当以说明书为依据,清楚、简要地限定要求专利保护的范围。"在世界各国专利法和相关国际公约已经对专利充分公开作出明确规定的情况下,笔者选择继续研究这一问题,主要是出于以下考虑:

(一)出于进行专利法国际协调和适应中资企业"走出去"的需要

虽然世界各国专利法对充分公开都作出了明确规定,但是对于充分公开所应包含的具体内容,各国专利法的理解并不完全一

---

❶ 青山纮一. 日本专利法概论 [M]. 聂宁乐,译. 北京:知识产权出版社,2014:135,138.

❷ 哈康,帕根贝格. 简明欧洲专利法 [M]. 何怀文,刘国伟,译. 北京:商务印书馆,2015:128.

❸ 对外贸易经济合作部国际经贸关系司. 世界贸易组织乌拉圭回合多边贸易谈判结果法律文本:中英文对照 [M]. 北京:法律出版社,2000:321-353.

致,大体上存在日欧模式和美国模式两种不同的立法模式。❶ 日欧模式认为,专利充分公开包含两个方面的内容,分别是说明书公开的发明创造必须能够实施,以及权利要求书应当获得说明书的支持;美国模式认为,说明书对发明创造的公开应当满足三个方面的要求,分别是所公开的发明创造能够实施、对发明创造的书面描述以及对最佳实施方式的披露。可以看出,这两种立法模式的区分度是相当明显的。相关国际公约亦未能有效调和两种不同立法模式之间的差异。两种立法模式之间的不同主要体现在对最佳实施方式披露的要求上。TRIPS 谈及了最佳实施方式,但是未将其作为一项强制性要求,而是允许各国国内法自由选择处理方案。《实体专利法条约(草案)》对专利充分公开的规定主要体现了日欧模式的要求,未对最佳实施方式问题作出规定。《实体专利法条约(草案)》第 10 条第 1 款规定:"专利申请应当以充分明确和完整的方式公开申请保护的发明,使得本领域技术人员能够据此实施该发明。如果公开所提供的信息在专利申请日[根据规则的规定]无须过度试验即足以使本领域技术人员制造和使用发明,则应当认定对申请保护发明的公开是充分明确和清楚的。"第 11 条第 3 款[权利要求与公开的关系]规定:"[根据规则的规定],申请保护的发明应当获得[权利要求]、说明书及其附图所公开信息的充分支持。"❷ 正是由于在专利授权实体要件上所存在的巨大分歧,各国关于《实体专利法条约(草案)》的谈判至今未能形成一致意见,严重影响了专利法律制度的国际一体化。在当前国际经济一体化的大背景下,这种立法上的差异,深刻影响了专利权的国际保护。美国辉瑞制药公司的拳

---

❶ 李越,温丽萍. 中美欧与专利公开有关的法定要求的比较与借鉴[J]. 中国发明与专利,2013(2):82-87.

❷ STANDING COMMITTEE ON THE LAW OF PATENTS(TENTH SESSION),WIPO. Draft Substantive Patent Law Treaty[clean text],SCP/10/4,Geneva,May 10 to 14,2004.

头产品"伟哥"在全球所遭遇的不同命运即深刻说明了这一点。❶ 从专利法的具体规定来看，中国基本上属于日欧模式，与美国专利法的规定差距较大。当前，我们国家正在大力推进"一带一路"建设，中资企业走出国门、融入世界经济一体化的步伐加快。在中资企业"走出去"的过程中，如何适应所在国的知识产权法律制度的问题，正日益突出地显现出来。研究世界各国的知识产权法律制度，消除分歧、寻求共识，推进地区乃至全球知识产权制度一体化，是中资企业"走出去"的重要战略支持。❷

（二）出于适应开放式创新和高新技术产业发展的特殊需求

党的十八大报告提出，要以全球视野谋划和推动创新，实施创新驱动发展战略。从创新经济学上来讲，创新最要紧的是对创新范式本身的创新。21世纪以来，随着互联网的日益普及，自由、开放、共享的互联网理念深刻影响了创新的范式，开放式创新正在取代工业革命时代形成的封闭式创新成为创新的新范式。十八届三中、五中全会更是明确提出了"协同创新""万众创新"等体现开放式创新的新理念。"大众创业，万众创新"形成的创新社会化趋势，表象上是创新主体的普及化，本质上是社会创新范式向开放式创新的转变。作为创新市场的框架性规章，专利制度应当与其为之服务的创新进程以及其赖以运行的竞争环境相适应。❸ 形成于封闭式创新时代的现行专利制度，日益显示出

---

❶ "伟哥"专利被加拿大最高法院以公开不充分为由宣告无效；在中国被国家知识产权局以公开不充分为由宣告无效后，无效宣告决定在辉瑞公司起诉后又被法院撤销；在英国被英国高等法院以其他事由宣告无效；在美国虽然历经多次诉讼挑战，专利效力最终被维持。

❷ 王莲峰，牛东芳. "一带一路"背景下我国企业海外知识产权风险应对策略[J]. 知识产权，2016（11）：94–97.

❸ HILTY R. 专利保护宣言：TRIPS协议下的规制主权[EB/OL]. 张文韬，肖冰，译.（2015–06–28）[2017–01–18]. http://www.law.ruc.edu.cn/upic/20150628/20150628082416678.pdf.

与开放式创新范式的不适应、不协调之处。与传统创新理论所面临的挑战相类似，专利制度也面临如何适用新的创新范式之困境。❶ 为了确保专利制度作为创新政策工具能够继续发挥其效用，亟须进行理论和制度上的变革与创新。与传统的封闭式创新相比，开放式创新更加强调知识共享和有效运用。这就要求专利技术信息以更为有效的方式进行公开和扩散，为此需要加强对专利技术扩散机制的学术研究。

　　专利制度诞生后的很长一段时间内，专利保护的技术创新主要局限在机械、电学和日常生活领域内。这些领域内的技术具有很强的自我披露性质，随着产品的研发和销售，专利技术信息也就自动扩散开来，无论是向专利审查机关描述发明创造还是向社会公众传播专利技术信息，一般都没有遇到太大的问题。20 世纪 50 年代以来，有机化学、生物技术、信息网络技术获得了深入发展，并占领了社会技术的制高点。化学和生物技术具有很强的不可预测性，信息网络技术具有极度复杂性的特点，相关领域内的发明创造严重依赖规范的书面描述披露技术信息，专利法上充分公开机制因应实践的需要而越来越复杂。❷ 专利法关于充分公开的规定需要更为精细的法律解读和完善。美国辉瑞公司的阿托伐他汀钙 I 型晶体（立普妥中的活性成分）专利无效行政纠纷一案，❸ 围绕涉案专利是否得到充分公开，历经（原）国家知识产权局专利复审委员会无效宣告审查、北京市第一中级人民法院一审、北京市高级人民法院二审、最高人民法院再审的完整诉讼程序。经过多次的逆转，才最终尘埃落定，充分说明了有机化学领域内专利公开判断上的复杂性。当前正在进行的上海智臻智能

---

❶ 梁志文. 论专利公开 [M]. 北京：知识产权出版社，2012：129.

❷ 唐铁军. 关于我国专利申请"充分公开"判断标准的研究 [D]. 北京：中国政法大学，2005.

❸ 赵世猛. 辉瑞公司降脂药专利遭遇"滑铁卢" [N]. 中国知识产权报，2015 - 05 - 27（9）.

网络科技股份有限公司"小 i 机器人"专利无效行政纠纷案❶也将经历和辉瑞公司阿托伐他汀钙 I 型晶体专利无效一案同样坎坷的审理流程。

（三）出于整理专利公开理论和促进专利信息有序扩散的需要

专利充分公开制度作为专利法理论和实践中的一个重要问题，得到了知识产权理论界和实务界的持续关注，也形成了较为丰富的研究成果。以法学为视角，以专利公开或专利披露为研究主题的成果，目前主要是一些期刊论文和硕士学位论文，博士学位论文和学术专著非常少。据笔者掌握的资料，国内有关专利公开或专利披露方面的学术专著目前只有两部，分别是梁志文的《论专利公开》和吕炳斌的《专利披露制度研究——以 TRIPS 协定为视角》，均以其博士学位论文为基础出版。前者以创新经济学上的技术扩散理论为基础，从偏重于经济理论的角度研究了专利公开的制度功能和充分性标准。❷ 后者主要研究了 TRIPS 对专利披露的要求和各国国内法在专利披露问题上的对比。❸ 相关期刊论文和硕士学位论文各从不同视角讨论了与充分公开有关的具体问题。有关充分公开的历史基础、理论基础、判断标准、程序证据规则以及其他密切相关问题的系统性研究成果还没有出现。

国外文献情况也差不多，缺乏对充分公开制度的系统化研究成果。国外对专利充分公开的研究，主要表现为期刊论文以及在专利法一般著述中对于该问题的分析。Alan Devlin 认为，应当充分认识到专利法关于充分公开与激励发明的双重目标之间所存在的冲突，不应当对充分公开要求过高，否则将会损害专利法激励

---

❶ 知产力. 最高院裁定提审"小 i 机器人"专利无效行政纠纷案 [EB/OL]. (2017-01-12) [2017-01-18]. http://www.zhichanli.com/article/43823.

❷ 梁志文. 论专利公开 [M]. 北京：知识产权出版社，2012.

❸ 吕炳斌. 专利披露制度研究：以 TRIPS 协定为视角 [M]. 北京：法律出版社，2016.

创新的制度目的。❶ Jeanne C. Fromer 认为，富有活力的披露制度使社会公众更容易获得有关专利发明的信息，从而有利于后续创新，尽管随之而来的可能是更为强大的专利权。❷ John M. Olin 认为，披露要求对专利制度而言是一个难以实现的目标。政策制定者和法院应认识到，专利制度的主要价值是为创造、发展和商业化新技术和新发明提供激励，而不是鼓励向社会公众披露相关技术信息。任何以后者的名义牺牲前一个目标的政策，如书面描述要求和不允许在先使用抗辩，最终都会损害公众利益。❸ "专利法上的司法判决和几乎所有的专利法学者都毫不奇怪地一致引证了专利制度中公开的关键作用，但他们没有作太多的理论或制度分析。"❹

随着创新驱动发展战略的深入实施，专利制度在经济社会发展中的作用越来越重要，系统地研究、完善包括充分公开在内的每一项具体的专利制度，乃是经济社会发展的客观所需。专利质量是专利制度的生命线。我国专利的体量已经蔚为壮观，但是质量却不容乐观。低质量的专利具有遏制创新、增加社会成本、浪费社会资源和误导企业投资等多方面的危害。❺ 专利质量可以通过多种指标进行评价，技术扩散指数是其中的重要一项。从理论上来讲，技术扩散指数反映了专利在多大技术范围内具有影响力。技术扩散指数能够很好地反映专利质量，扩散指数越高，专

---

❶ DEVLIN A. The misunderstood function of disclosure in patent law [J]. Harvard Journal of Law & Technology, 2010, 23 (2): 401 – 446.

❷❹ FROMER J C. Patent Disclosure [J]. Iowa Law Review, 2009, 94 (2): 539 – 606.

❸ OLIN J M. The disclosure function of the patent system (or lack thereof) [J]. Harvard Law Review, 2005, 118 (6): 2007 – 2028.

❺ 万小丽. 专利质量指标研究 [M]. 北京: 知识产权出版社, 2013: 34 – 36.

利质量也就越高。❶ 专利充分公开制度是专利技术信息扩散的法律基础。进行专利充分公开制度理论研究，构建科学合理的专利技术扩散机制，促进专利技术信息的有序扩散，是提升专利质量的重要举措。

二、研究范畴

思想是通过概念来表达的，因此厘清概念、清楚界定概念的内涵和外延，是我们运用概念表达和交流思想的前提。对概念的研究与对新问题的研究同等重要，具有同等的理论价值。❷ 本书研究的对象是专利充分公开，然而对于"充分公开"这一概念的理解学界并未取得完全一致。为了避免述说与理解上的分歧可能引发的混乱，有必要首先界定清楚本书所使用的"充分公开"这一概念的确切含义。

（一）专利公开为谁而设？

专利权社会契约理论是专利制度赖以生存的最重要的理论根据。"专利是发明人和国家之间的一种契约"❸"根据该契约，发明人有义务将其发明内容公开以换取独占使用的权利"❹。社会公众从专利公开中所获取的收益是，在专利权终止前，可以以专利所公开的技术信息为基础进行周边发明或改进发明；在专利权终止后，则可以自由使用该发明创造进行生产或经营，或者从其他生产经营者那儿购买到更为廉价的专利产品或服务。所以，在专利制度的内涵中，天然地就有向社会公众公开发明创造的重要

---

❶ TRAJTENBERG M, HENDERSON R, JAFFE A. University versus corporate patents: a window on the basicness of invention [J]. Economics of Innovation and New Technology, 1997, 5 (1): 19-50.

❷ 刘作翔. 法律文化概论 [M]. 北京: 商务印书馆, 1996: 14.

❸ 谢尔曼, 本特利. 现代知识产权法的演进: 英国的历程（1760—1911）[M]. 金海军, 译. 北京: 北京大学出版社, 2012: 186.

❹ 冯晓青, 刘友华. 专利法 [M]. 北京: 法律出版社, 2010: 37.

一环。但是，在专利实践中，专利申请人向社会公开其发明创造并不是直接实现的，而是需要通过专利行政机关这一中介。也就是说，专利申请人首先通过专利申请文件向专利行政机关公开其发明创造，然后专利行政机关再通过其自身设定的工作机制向社会公众公开专利申请人的发明创造。没有哪个国家的专利法要求专利申请人通过自己的途径直接向社会公众公开发明创造。国家之所以要设定这样一套间接的公开机制，一方面是考虑到统一公开渠道更便于社会公共接收专利信息、利用专利信息，提高专利信息集成的社会价值；另一方面则是出于部分发明创造因为涉及国家安全，需要国家先行审查是否适宜向社会公开的考虑。由于第二个方面的考虑因素，世界各国都建立了保密专利制度或称国防专利制度。1859 年英国议会通过了军需品发明专利法案。该法案第一次提出将某些专利申请加以保密，从而率先在专利制度中引入了保密这一行政措施。❶ 随后，绝大多数施行专利制度的国家都引入了保密专利制度，对涉及国防和军事安全的发明创造进行特殊管理。1917 年美国国会制定了发明保密法，建立保密专利制度，后将其纳入了美国专利法。现行美国专利法第 181 条至第 188 条对保密专利作出了详细规定。我国《专利法》第 20 条和第 71 条关于专利保密审查的规定，即体现了这一要求。此外，我国还制定有专门的《国防专利条例》，对国防专利的申请、审查、运用和保护规定了不同于普通专利的制度和规范。国防专利与普通专利存在重大不同，普通专利的私权属性和公开属性在国防专利上都没能得到有效的体现，❷ 二者基本不可同日而语。

就专利制度的宗旨而言，专利公开包括了专利申请人向专利

❶ 李泽红，陈云良. 中美国防专利制度之比较［J］. 电子知识产权，2006（6）：42.

❷ 李振亚，孟凡生. 国防专利制度内在矛盾冲突分析［J］. 情报杂志，2010（4）：190.

行政机关的公开和专利行政机关向社会公众的公开两个阶段。专利权是私权，专利公开作为专利权人的义务主要指的是在申请阶段向专利行政机关的公开。专利行政机关向社会公众的公开义务，则是一种公法上的义务，专利法一般仅作出原则性规定，具体操作办法由专利行政机关的规范性文件作出规定。所以，就专利法的角度而言，专利公开关注的焦点是专利申请人向专利行政机关的公开。如果没有特别指明，本书所说的专利公开指的就是专利申请人依据专利法的规定，在专利申请阶段就其发明创造的技术信息向专利行政机关所进行的公开。但是需要说明的是，专利行政机关向社会公众公开这一环节同样是非常重要的，如果没有健全的公众公开机制，致使社会公众获取专利信息不畅，专利制度的价值目标也就不可能圆满地实现。健全专利行政机关的公开机制，以社会公众便于接触的方式向社会公众提供更为丰富、具体和直接可用的专利信息，仍然是我国专利制度完善的重要课题。国务院法制办 2015 年 12 月 2 日公布的《专利法修订草案（送审稿）》第 3 条拟为我国专利行政机关增设"建设专利信息公共服务体系，促进专利信息传播与利用"的新职责。

（二）充分公开还是充分披露？

在指称专利申请人需要通过某种方式向专利行政机关和社会公众提供与发明创造有关的技术信息这一事项上，存在"充分公开"和"充分披露"这两个术语。英语表达这一事项的只有一个词，那就是"Disclosure"。汉语中的"充分公开"和"充分披露"均译自英语的"Disclosure"一词。那么究竟使用"充分公开"或"充分披露"中的哪一个语词更能准确表达专利法上意欲表达的意思呢？在国内已经出版的学术专著中，梁志文使用了"公开"，而吕炳斌则选用了"披露"。专利制度的基本目的之一就是要通过给予专利权人一定的垄断权以换取权利人对社会充分公开其技术。充分公开可以使社会公众能够及时地了解该项技术，从中获得新的技术启示。在专利权期满后，专利技术可以为公众所完全掌握并自由运用。❶ 所以，"充分公开"一词同时表达了专利申请人向专利行政机关提供专利信息，进而通过专利行政机关向社会公众提供专利信息的双重意思。所谓专利披露制度，完整地说是专利申请的披露制度，它体现为专利申请的披露要求……专利申请人的披露包括两个方面：第一，体现为说明书及附图和权利要求（书）这些专利申请文件中的充分披露（充分公开）；第二，申请中向审查机关提供、披露的其他材料及信息。所以，"充分披露"一词主要说的是专利申请人在专利申请阶段向专利行政机关披露专利技术信息和权利信息，一般不包含专利行政机关向社会公众提供专利信息的意思。联系专利制度的宗旨和目的，向社会公众提供专利信息乃是专利申请和授权中至关重要的一环，"充分公开"比"充分披露"指称范围宽泛，更能有效表达向公众提供专利信息的意思，采用"充分公开"比采用"充分披露"更为适宜。无论学理研究，还是专利法律文件，采用"充分公开"也是一种更为习惯的做法。

（三）公开还是充分公开？

专利法不同于科学技术促进法。虽然专利法也存在促进技术创新和技术情报交流的功能，但是其更为根本的定位还是促进产业的发展，更近似于产业振兴法。知识产权制度的产生，源于资本主义兴起后在贸易政策上规制商业竞争的需要，商人始终是知识产权制度产生与发展一如既往的推动者，也是知识产权保护的最大受益者。❷ 专利公开，包括专利技术信息公开和权利信息公开两个方面。❸ 对于专利权利信息而言，只存在公开是否规范的问题，不存在公开是否充分的问题。所谓充分公开一般是针对专利技术信息而言的。由于专利技术信息的提供是以本领域普通技

---

❶ 崔国斌. 专利法：原理与案例 [M]. 北京大学出版社，2012：307.

❷ 黄海峰. 知识产权的话语与现实：版权、专利和商标史论 [M]. 武汉：华中科技大学出版社，2011：276.

❸ 梁志文. 论专利公开 [M]. 北京：知识产权出版社，2012：13.

术人员能够实施为主要标准的，存在技术信息提供是否充分，能否达到法定标准的问题。相对于专利权利信息公开而言，专利技术信息公开是专利法关注的焦点问题，对专利实践的影响也更大。如无特别指明，本书所谓的"专利公开"一般指的就是专利技术信息的公开。在技术信息公开这一问题上，公开指的也就是充分公开，是充分公开的省略语。因为专利是服务于产业需要的，要求必须具有直接的实践性，❶ 为此技术信息的公开就必须是充分的。一件在技术细节上语焉不详以至于无法直接产业化的专利申请，可能对于在此基础之上继续进行科学研究是有价值的，但是对于产业而言是没有意义的。因此，除非有特别限定，专利公开指的就是专利充分公开，而不是对专利信息的泛泛揭示。

---

❶ 杨德桥. 专利之产业应用性含义的逻辑展开［J］. 科技进步与对策，2016（20）：103－108.

第一章　专利充分公开的历史逻辑

对专利信息公开的要求，自专利制度萌芽已经存在，可以说专利公开的历史和专利制度的历史一样久远。但是在专利制度发展的不同阶段，由于经济技术发展水平的不同和专利观念的历史变迁，专利公开的表现形态也有一个发展变化的过程。本章将对专利公开制度的变迁过程及其历史规律性展开讨论。

研究历史问题，首先就要根据研究对象和研究目的，对研究的历史进行分期，以便使研究结论获得更强的针对性和科学性。如果从人类历史上第一部成文专利法 1474 年威尼斯专利法诞生算起，专利制度至今已经有 500 多年的历史了。虽然尚无法与源远流长的民法相提并论，但是专利法也不再属于一个年轻的学科。专利法发展到今天，可以说已经相对比较稳定和成熟了。之所以这样说，那是因为最近 150 年以来，专利法上的基本制度已经没有根本性的变化，专利法的价值理念、体例结构、概念术语、制度规范基本上稳定下来。只不过随着新技术的发展，在具体操作层面上，专利制度的具体工作机制更趋精细化，专利保护的范围有所扩展，专利权的强度有所增加，专利制度进入了相对平稳的发展期。一项制度成熟之后，就具备了对该制度的历史进行全面研究的物质条件。对专利法律制度进行系统历史研究的成果还不多，特别是对于专利制度历史分期尚没有形成统一的认识。

笔者认为，根据专利特权因素和现代专利要素的此消彼长，专利制度可以区分为早期专利制度、近代专利制度和现代专利制度三个历史时期。早期专利制度基本处于封建特权时期，没有专门的专利行政机关，专利法律制度简单而粗糙。近代专利制度是从封建特权时期向现代专利制度过渡的时期，封建因素逐步祛除，现代因素逐步增加，表现为专利权被视为一种自然权利，专利行政机关逐步建立，专利说明书制度、权利要求制度等现代要素从自发到自觉基本齐备。现代专利制度建立的标志性要素是专利行政机关的组建，专利审查制度的全面实施，专利说明书制度、权利要求制度的完备等。当然，历史是一个连续发展的过程，任何历史分期都难免有武断的一面。还有，不同国家社会发展的历史进程并不完全一致，所谓历史分期的具体时间节点还应当和各个国家的实际历史发展情况相结合，并不存在全人类都适用的泾渭分明的历史阶段。本书所作的专利制度历史分期，是笔者所进行的一种尝试，不妥之处还请方家批评指正。专利充分公开包括专利申请人向专利行政机关的公开，以及专利行政机关向社会公众的公开这两个环节或阶段。在专利制度发展的不同历史阶段，专利充分公开的这两个方面具有相当不同的样态，体现了专利充分公开制度的历史变迁性。总的发展规律是，专利充分公开从自发走向自觉，从自由走向强制，从粗糙走向精致，最终成为专利这台精密仪器的核心部件。

第一节　早期专利法上的专利公开

所谓早期专利法，从时间跨度上来讲，大约是从 15 世纪初专利萌芽到 1711 年历史上第一份真正的专利说明书出现这一时期的专利法。这一历史时期具有代表性的专利制度和实践主要出现在威尼斯和英国，此外还包括荷兰、法国和德国。

一、专利公开的制度特征

早期专利法上的专利说明书尚未出现，专利申请人只需要向封建君主提交请求授予专利权的文书。该文书一般仅仅包括专利权所涉及的主题、权利的主体以及专利权对经济发展价值的说明，而不包括对发明内容的详细陈述。在早期专利实践中，并不要求申请人对发明创造的性质、特点、技术效果等内容进行详细描述，申请人为了获得授权往往也只是在申请书中尽其所能地描述专利产业的美好前景和自己为了作出相关的发明创造所付出的辛劳和资本，❶ 甚至向封建君主许诱以特权租金。❷ 与专利技术自身的先进性相比，封建君主更关心的是专利实施之后能够为经济带来的收益。专利申请审查通过以后，封建君主以特许状的形式授予申请人专利权。该特许状是公开的，称为"公示令状"，但是特许状上也只记载权利人姓名、专利涉及的主题事项和专利权的期限，并不包括发明的具体技术信息。"授予特权的形式就是签发一个官方证书，称为'开着口的信'（litterae patentes），这就是今天'专利'表述的来源。在这种证书中，包含了创新的一般名称，但并没有详细的说明。"❸ 以威尼斯为例，其专利授权书或授权公告一般只记载这些基本要素：专利权人、主题事项、有效地域、权利期限和授权机关。它非常类似于今天的专利证书。威尼斯 1475 年 9 月 26 日的一份专利文书记载了如下信息："一个异乡人 Mattheus，来自比萨，申请时隐姓埋名，想在威尼斯制造'一些干磨粉机'并申请 40 年的专利权，（该专利在）威尼斯及周边地区有效，并予免税。（该专利）由参议院批准；有效期 25 年。"❹ "起初英国专利文件只有技术的名称，申

---

❶　HULME E W. On the consideration of the patent grant, past and present［J］. Law Quarterly Review, 1897, 13（3）: 313 – 318.

❷　"伊丽莎白女王经常基于专利授权收取特定的租金。在其 1588 年授予 Richard Young 7 年的进口、使用、销售 'le starche' 的许可的过程中，其要求被许可人支付每年 40 英镑的费用。"KLITZKE R A. Historical background of the English Patent Law［J］. Journal of the Patent Office Society, 1959, 41（9）: 615 – 650.

❸　克拉瑟. 专利法: 德国专利和实用新型法、欧洲和国家专利法［M］. 单晓光, 张韬略, 于馨淼, 等, 译. 北京: 知识产权出版社, 2016: 72.

❹　MANDICH G. Venetian patents（1450 – 1550）［J］. Journal of the Patent Office Society, 1948, 30（3）: 166 – 224.

请人往往以宽泛的术语作为表达其技术主题的名称。如果专利所载'主题'与后来专利权人实施的技术不一致，国王可以'欺骗'国王为由将专利无效掉。这也是当时将给专利命名看得非常重要的一件事情，起不好名字将导致专利无效。"❶ "由于以前，独占制度的目的在于建立如发掘铜矿、铅矿、金矿，或者制造玻璃、纸、铝等新产业。所以对其发明的描述停留在大略的记述而非具体内容……因此，16 世纪的说明文件（recitals）中，几乎全都只阐述了某种特定产业的所得如何为国家带来收益或者记述了申请人自身如何获得垄断权的步骤。"❷ 所以有学者据此认为，早期专利法上不存在对于专利技术信息公开的要求，专利技术是作为准技术秘密加以保护的。❸ 其实这种看法是不准确的，早期专利法上不但存在专利权利信息的公开，而且存在专利技术信息的公开，只不过与现代专利法对公开的要求有所不同而已。

早期专利法上的专利公开有以下两个方面的特点：（1）与专利有关的权利信息通过登记、公告等方式向社会公开，告知社会公众专利权人、专利主题和专利有效期等权利要素，彰显对权利人的保护，警示侵权行为。在威尼斯，权利信息公示的方法是将相关信息在公共福利署（General Welfare Board）进行备案；在英国则是由英王发布公告，同时授予专利权人"公示令状"。"公示令状"是一种加盖有国王印玺、非密封的法律文书，人人皆可以打开阅读，用于授予臣民以荣誉、官职、垄断、特许经营权或者其他特权。❹ 与"公示令状"相对应的是"密封令状"，

❶ 和育东. 专利契约论 [J]. 社会科学辑刊，2013（2）：48 –53.

❷ 竹中俊子. 专利法律与理论：当代研究指南 [M]. 彭哲，沈旸，许明亮，译. 北京：知识产权出版社，2013：102.

❸ 郑成思. 知识产权法：新世纪初的若干研究重点 [M]. 北京：法律出版社，2004：147.

❹ KLITZKE R A. Historical background of the English Patent Law [J]. Journal of the Patent Office Society，1959，41（9）：615 –650.

二者都属于"权利令状"（Breve de recto）。权利令状一般用于解决土地权利的归属问题。绝大部分权利令状是密封起来送交郡长的，内容一般为"命令某一土地保有人把某块土地交给原告，如其不服从，即将其带到王室法官前面接受询问"。❶ 密封令状只有特定签发对象（一般为郡长）可以打开阅读。专利通过"公示令状"授予，即说明它是向公众公开的。（2）与专利有关的技术信息，则是通过强制实施、强制招聘本地学徒或工人并传授其相关技术信息的方式进行技术公开，最终达到专利技术在全社会得以扩散的目的。技术从专利权人向社会公众的扩散过程，不需要通过国家这一中介，而是由专利权人通过某种形式直接向社会公众进行提供。

　　英国历史上第一件具有垄断性质的专利权，于1552年由英王爱德华六世颁发给一名叫亨利·史密斯（Henry Smyth）的人。史密斯专利权的客体是某种新式的"诺曼底玻璃"（Normandy glass）。英王在向史密斯颁授专利权的时候，要求他必须做到如下三点：（1）将加工制造"诺曼底玻璃"的外贸产业引入英国；（2）通过降低产品价格和增加产品产量使全英国从中获益；（3）训练英国工人掌握"诺曼底玻璃"的生产技术。出于交换，英王授予史密斯为期20年的垄断权。史密斯专利的历史意义在于，它明确地表达了专利权作为一种垄断特权的构成要素。专利权成就的第三项要素——要求专利权人为英国培养学徒工——的根本目的，是为英国创立一种自给自足的产业，英国臣民据此获得一种新的谋生手段。❷ 英王要求专利权人培训英国工人的根本目的就是将专利技术在全英国扩散开来，以期在专利权届期后建立一种新的产业。可见，从第一件具有垄断性质的专利权授予开始，

---

　　❶　胡永恒. 普通法上的令状制度及其影响［M］//公丕祥. 法制现代化研究：第12卷. 北京：法律出版社，2009：159.

　　❷　MOSSOF A. Rethinking the development of patents：an intellectual history，1550 – 1800［J］. Hastings Law Journal，2001，52（6）：1255 –1322.

英王就将专利之技术公开和技术扩散视为授予专利权的重要对价。在早期专利实践中，无论是威尼斯还是英国，都有关于专利强制实施的完备规定，以保证专利权的授予能够最终对整个社会技术水平的提升和整体经济发展有益。"早期专利制度要求专利权人在当地实施，从而通过学徒传授方式将新技术传播开来。例如威尼斯曾要求专利权人在威尼斯实施有关技术，并将技术传授给当地相同领域的工匠……17 世纪英国女王颁发的专利含有实施条款，专利技术若未在英国实施将被撤销，许多情况下还将传授技术给学徒工的条款写入专利文件中。当地实施条款可以理解为国王要求专利权人以实施的方式'间接公开'技术，与现代契约论强调公开在本质上相一致。"❶ 1623 年英国垄断法规将专利保护期限统一规定为 14 年，主要源于训练两批学徒所需要的时间，❷ 也就是将专利技术信息进行社会化扩散的必要时间。早期专利法上专利技术信息的公开属于"事实公开"，而不是像现代专利法上那样的"书面公开"，但是所达到的效果是一样的。也就是专利技术信息最终在全社会得以扩散，全社会的整体技术水平获得相应提升。

在专利说明书尚未产生的条件下，早期专利法上同样存在对专利技术信息公开的要求，这一点其实并不难理解。因为封建君主通过授予专利权的手段引入新技术或者新产业的最终目的是在本国内加以推广应用，借以提高整个社会的生产力水平，所以不可能容忍专利权人在专利权届期后还能够以商业秘密的方式继续维持其垄断地位。这是由当时封建国家的重商主义政策所决定的。授予专利权人一定时期的垄断权只是国家吸引新技术的一种

❶ 和育东. 专利契约论 [J]. 社会科学辑刊，2013 (2)：48 – 53.
❷ WHITE C M. Why a seventeen year patent? [J]. Journal of the Patent Office Society，1956，38 (12)：839 – 859.

手段而已。❶专利权人在专利权到期后如欲继续维持其垄断地位，只能向封建君主申请延长专利保护期限。实际上这是一种被专利权人经常使用的手段。可以确定的是，遍查掌握的现有史料，笔者从未发现专利权人在专利权届期后还能通过技术秘密的方式继续在事实上维持其垄断地位的情况。当时专利实践中广泛存在的实施条款和用工条款，可以理解为封建君主要求专利权人以实施的方式"间接公开"其专利技术。其与现代契约论所强调的专利公开在本质上是一致的，只不过现代契约论所要求的是一种直接公开，因此也有学者将这一阶段比拟现代契约论而称为"前契约论"时期。❷

二、专利公开的制度成因

早期专利法公开制度所呈现出的上述特征，从总体上来看是由当时的经济技术发展水平和人们的专利权观念所决定的，有其历史必然性，具体来讲有如下四个方面的成因。

（一）当时社会的经济技术发展水平

在专利制度发展的早期，工业革命尚未开始，现代科学技术体系尚未建立，社会经济技术发展水平在总体上比较低。就专利所保护的对象而言，当时主要是简单的机械设备和简单的生产工艺。在威尼斯和英国早期授予的专利中，磨面设备、灌溉设备、染织工艺、冶炼工艺等简单机械和工艺占据了专利中的大部分。这些设备和工艺与人们的生产生活经验非常贴近，都是建立在对日常生产技术的简要总结和略有升华之上的，无论是学习还是操作这些机械和工艺，基本都不需要多么高深的专门知识，只要具备基本的生产生活常识，通过对产品或生产过程的观察，人人都

---

❶　杨德桥. 专利契约论及其在专利制度中的实施机制［J］. 理论月刊，2016（6）：86－92.

❷　和育东. 专利契约论［J］. 社会科学辑刊，2013（2）：48－53.

可以习得的。这些机械和工艺属于具有"自我披露"❶性质的生产技术。这也是为什么在专利制度诞生后很长一个历史时期内，甚至在专利说明书已经普遍形成之后，对专利技术信息的公开都是在专利授权之后，而非像今天的专利法所要求的那样在专利授权之前进行的一个重要原因。而对于那些具有一定隐蔽性的生产方法或制造工艺专利，封建君主一般都会要求专利权人在实施其专利的过程中，招聘一定数量的本地学徒或者工人，并将生产技术全部传授给他们，然后通过这些学徒或技工的创业或再就业，相应的专利技术信息就在社会上得到全面公开。❷ 既然通过产品销售和强制招工的手段已经完全可以达到专利技术信息公开和扩散的目的，也就没有必要一定采用书面的方式对专利技术信息进行公开。1559 年，意大利商人 Jacobus Acontius 写给英国女王的就某种新式磨碎机授予专利权的请求信很好地说明了这一点："Jacobus 致女王陛下：任何人经由辛苦努力获致对社会有用之物，为此而放弃其他收入机会，承担相关费用和损失，理应有权享有其劳动成果。本人已有多项发现，包括轮机、染色及酿造的熔炉，若无保障，一旦公开则势必为他人所用，本人将一贫如洗，没有回报。因此，恳请陛下禁止他人未经本人同意而使用上述作磨碎或碾碎之用的轮机或者类似的熔炉。"❸ Jacobus 的信函以个案的形式充分说明了当时生产技术所具有的自我披露特性。

相较于现代专利法，早期专利法之所以能够通过强制投产和招工的方式扩散专利技术信息，同样主要地是由当时社会的经济

---

❶ 凯瑟琳·斯特兰斯伯格对"自我披露"（self – disclosing）的发明与"非自我披露"（non – self – disclosing）的发明作出了区分。按照他的分类法，早期发明专利多属于"自我披露"的发明。参见 STRANDBURG K J. What does the public get? experimental use and the patent bargain [J]. Wisconsin Law Review, 2004, 2004（1）：81 – 156.

❷ THORLEY S. Terrell on the law of patents [M]. London：Sweet & Maxwell, 2006.

❸ 黄海峰. 知识产权的话语与现实：版权、专利和商标史论 [M]. 武汉：华中科技大学出版社，2011：129.

技术条件所决定的。在专利制度发展的早期，近代化的资本主义机器大工业尚未建立，工场手工业是工业生产的主要表现形式。与工业革命建立起来的机器大工业相比，工场手工业雇佣工人较少，分工比较粗糙，工场主不但进行生产管理，一般还亲自参与生产性劳动，熟悉生产工艺流程，甚至是本工场的主要生产技术专家。历史研究表明，在当时社会具备获取专利权的条件，愿意获得专利权，并实际上向封建国家申请专利保护的，基本都是资金实力较为雄厚的贸易商人或者是工场手工业主，在近现代专利法上作为重要专利申请主体的职业发明家阶层在那时尚未出现。发明多为生产过程中的偶然发现，基本不存在为了发明而发明的情况。由于作为当时专利申请人的贸易商人或者工场手工业主，具备资金、技术和生产经验，同时出于市场竞争和获得垄断利润的需要也愿意将专利技术投入生产，所以，在当时通过生产控制手段实现专利信息技术的社会扩散，是完全可以实现的。❶

（二）当时对授予专利权的对价的认识

专利权社会契约理论是人们认识专利现象最重要的理论架构之一。专利权人基于该契约获得了一定期限内对某一技术的垄断实施权，那么专利权人也必须对社会有所回报，专利权人的回报是专利权人获得垄断实施权应当支付的对价。专利权人对社会的回报是什么呢？在专利制度发展的不同历史阶段，答案并不完全一致。今天，主流学说认为，专利权人对社会的回报就是专利权人对于发明技术信息的充分公开，这样社会公众可以在专利届期前以专利技术信息为基础进行改进发明或者周边发明，在专利权终止后获得免费实施该专利技术的益处。然而，在早期专利法上，人们对于专利契约内容的认识并不是这样的。在早期专利法上，通过专利实施促进产业发展，进而满足人民生活的需要和提高国家税收收入，被认为是专利权人对社会付出的主要对价形

❶ 杨德桥. 专利实用性要件研究 [M]. 北京：知识产权出版社，2017：25.

式。"在以往的法律实践中，对发明人授予专利权的对价是，其公开及实施一种在大英帝国内是全新的产品。"❶ 时任著名大法官柯克指出，发明人之所以值得被授予专利权，乃是因为"发明人为了全体臣民之利益，而呈现了一件新品"。❷ 为了从制度上保证这种经济收益的实现，在授予专利权时，封建君主常常向专利权人提出限制商品价格、保证商品质量、满足市场需求等具体要求。"与现代专利法相比，这一时期的专利制度并不要求专利商人说明或者公开其发明内容，换言之，并无专利说明书的要求。一般认为，这与当时的重商主义政策其实是一致的，因为专利授权旨在促进本国工业发展和经济自足，因此规定专利商人在英国开业授徒即能实现这一目标，无须要求对其产品或工艺作详细说明。"❸ 著名专利史学者休姆（Hulme）考证后得出了同样的结论：在 1623 年垄断法规产生前后支持授予垄断权的根本考虑，是专利的使用；专利权利说明书何时成为新的要求，值得探讨，但肯定不是在垄断法规产生的时代。❹

（三）当时专利制度自身的特点

早期专利法与近现代专利法存在诸多不同之处，这些制度上的不同特点也决定了专利技术扩散只能通过投产的方式，而不可能通过提供书面说明书的方式来进行。首先，在早期专利法上，一件专利往往代表着一种新的产业、一件独立的产品或者一项新的贸易，而不存在就现有产品或工艺的改进授予专利的可能，因为"专利体系的目的在于引进新式贸易而非取代旧的"，对现有

---

❶ 竹中俊子. 专利法律与理论：当代研究指南 [M]. 彭哲，沈旸，许明亮，译. 北京：知识产权出版社，2013：102.

❷ COKE E. The third part of the Institutes of the Laws of England（1628）[M]. New York and London：Garland Publishing，1979：184.

❸ 黄海峰. 知识产权的话语与现实：版权、专利和商标史论 [M]. 武汉：华中科技大学出版社，2011：130.

❹ HULME E W. On the consideration of the patent grant past and present [J]. The Law Quarterly Review，1897，13（3）：313 - 318.

产品或工艺的改进所带来的经济收益被认为不能满足社会期待，不具有正当性。❶ 既然一件专利就代表着一种新式的独立产业，不会与其他商人的在先利益发生冲突，自然具备了单独实施的可能性。这也是在改进型专利获得承认之后，专利法被迫放弃限期投产规定的根本原因所在。另外，如果要求通过说明书对专利进行披露，则不但会涉及单个机械发明，而且还会涉及对一项全新产业的介绍，因此强制要求对覆盖如此宽泛的专利进行详细描述是不切实际的。❷ 其次，要求专利权人限期实施专利还有一个要紧的原因，那就是当时专利实践对于新颖性的要求比较低，只要相关的技术未在本国内实施即可，也就是说已经为公众所知但是未曾产业化的技术同样能够满足专利法对于新颖性的要求。直到1778 年的 Liardet v. Johnson 一案，新颖性的标准才发生了根本性改变。"在此判决之前，对发明的新颖性判断是看其是否已经在该领域使用，而在'新'的法律实践中则变成该发明是否已经以任何形式在该领域中被公开。"❸ 这就等于允许专利权人独占那些未被利用的公有知识。此时，专利权人能够提供给社会公众的对价就只能是通过技术产业化给社会带来的经济收益。如果不规定专利权人限期投产的义务，等于变相允许专利权人长期独占社会公有知识，那就是极端不公平的。最后，由于专利制度尚处于初创阶段，这一时期的专利文献还处于极其初始的阶段，就连作为授权基础性文件的申请书都缺乏起码的规范性，所以即使提

❶　胡洪. 权力与权利的分离：专利权产生机制的历史考察：兼论专利权效力纠纷的民事纠纷属性［J］. 科技与法律，2016（5）：868 – 894.

❷　DAVIES D S. The early history of the patent specification ［J］. The Law Quarterly Review，1934，50（1）：86 – 109 .

❸　竹中俊子. 专利法律与理论：当代研究指南 ［M］. 彭哲，沈旸，许明亮，译. 北京：知识产权出版社，2013：100.

出对发明详细描述的要求，客观上也很难实现。❶

（四）当时生产技术传播的方式和成本

在早期专利法时期，社会整体文化水平较为低下，专门的职业技术教育体系尚未建立，生产技术在人际间传播的主要方式就是学徒制，也就是个体对个体的生产经验的直接授受。"西方加强技术传播的非正规教育主要是学徒制度，这种制度在欧洲具有久远的历史，并且成为封建社会时期培养技术人员的核心制度。中世纪的西欧学徒制教育，是在行会的监督和领导下逐渐形成的用以维持生产、发展生产以及传授技艺的制度。"❷ 在授予专利权的当时，通过授予专利权的文件，或者事后通过法令的形式，要求专利权人将生产经验和技术传授给本地学徒或工人，是符合当时技术传播的现实条件的，是一种行之有效的技术扩散方式。虽然活字印刷术当时已经传播到西欧，但是由于印刷技术仍然比较低端，书籍的制作成本比较昂贵，通过书面的方式进行技术传播的成本要远高于通过学徒或者招工的方式所进行的技术传播。在创作方面，当时欧洲广为流行的是赞助制度（patronage system），作者将其作品献于赞助人（通常为贵族或富有者），赞助人在获得荣誉和地位的同时给予作者以物质上的资助。❸ 赞助制度的存在决定了当时出版的书籍在内容上主要都是宗教、政治、哲学、文学和法学等人文社科方面的，鲜有以生产技术为内容的作品出版。还有，当时社会的文化普及率相当低，且主要为教士、贵族、商人等社会中上层人士，直接从事物质生产的劳动者

❶ WALTERSCHEID E C. The early evolution of the United States Law: antecedents (Part 2) [J]. Journal of the Patent & Trademark Office Society, 1994, 76 (11): 849 – 880.

❷ 肖凤翔，李强. 职业教育的历史起点与逻辑起点探析 [J]. 天津师范大学学报（社会科学版），2014 (3): 60 – 64.

❸ COLLINS A S. Authorship in the days of Johnson: being a study of the relation between author, patron, publisher, and public, 1726 – 1780 [M]. London: Robert Holden & Co. Ltd., 1927.

中识文断字者更是凤毛麟角。"与之相对的广大下层民众则长期处于文盲状态，他们不会阅读或者书写文字，而是在口语环境中一辈辈繁衍生息。"❶ 历史研究表明，一直到 18 世纪中叶至 19 世纪中叶，读写能力才开始在英国中下层职业群体中扩展开来。❷ 所以，通过出版的方式进行生产技术的交流在当时也是不现实的。成本和收益的对比关系是控制人类社会经济行为的根本法则，无论人们是否认识到了成本和收益的具体内容，经济行为总是趋向于采取成本最低、收益最大的方式进行展开。在商品经济和市场经济条件下，经济行为的高效率运行是由个体的趋利性或称"理性经济人"本性的现实条件所保障的。

三、专利公开的制度实践

在专利制度的早期发展阶段，各国君主或议会在授予专利权的时候，都曾经明示或暗示过对专利技术信息公开的考虑以及拟采取的相应保障措施，清晰地显示了专利充分公开在早期专利法上的存在及其样态。下面就以佛罗伦萨、威尼斯和英国的早期专利实践为例加以说明。

（一）佛罗伦萨的专利实践

佛罗伦萨曾经是中世纪意大利的一个城市国家。虽然关于佛罗伦萨专利制度的历史资料非常稀少，专利实践亦不活跃，但由于该城市共和国开展了世界上第一件真正发明专利的授权活动，且在其专利授予文件中较为清晰、完整地传达了专利制度目的和专利授予条件等诸多专利制度信息，所以在世界专利史上有着特殊的价值。考察它有助于我们探究专利制度的"初心"。1421 年，佛罗伦萨共和国著名建筑师和工程师菲利波·布鲁内列斯基

---

❶ 陈宇. 中世纪英国民众文化状况研究［J］. 历史教学，2006（11）：24 - 28.

❷ SCHOFIELD R S. Dimensions of illiteracy，1750—1850［J］. Explorations in Economic History，1973，10：437 - 454.

（Filippo Brunelleschi，1377—1446 年）发明了一种包有铁皮的海船（an iron clad sea‐craft）。布鲁内列斯基声称，他发明的海船能够在亚诺河（River Arno）上便捷地运送大理石，以给当时正在建造、至今闻名于世的弦支穹顶结构的佛罗伦萨大教堂提供运送石料的服务。由于运输技术发展水平所限，远距离运送笨重的大型石料，在当时是一件需要耗费大量人力物力且效率低下的工作。布鲁内列斯基坚称，他所发明的海船能够"在亚诺河和其他任何河流或者水域上运送任何物品，并且比通常的运输方法还要经济"。但是布鲁内列斯基拒绝公开他的发明创造。因为他担心其他人会窃取其智力劳动成果，然后同他展开商业上的竞争，致使其无法获得发明收益。布鲁内列斯基提出，如果佛罗伦萨共和国政府能够授予他一项对该海船进行独家商业性开发的有限垄断权，他就愿意公开其发明创造。1421 年 6 月 19 日，佛罗伦萨城市共和国政府接受了这一从未有过先例的请求，向布鲁内列斯基颁发了一项关于授予其专利权的公开令状。佛罗伦萨城市共和国在授予布鲁内列斯基一项新式船舶专利权的令状中写道："（如果没有特权授予）他将不会把这样的机器提供给大众，以免其成果在未经其同意的情况下为他人所得。如果他能够获得与其成果有关的特权，他将公开其隐藏的新技术，并将其提供给所有的人……鉴于对布鲁内列斯基本人、整个城市共和国及其他所有人都能带来好处……为布鲁内列斯基创设一项特权以便激励其更加积极地投身于更有价值的实用技艺的研究……"❶

　　可以看出，在这项世界上最早的发明专利授权活动中，技术的公开与垄断权的获得互为对价，专利权相当于布鲁内列斯基和佛罗伦萨城市共和国政府所签订的一项契约。❷ 关于授予给布鲁

❶ PRAGER F D. Brunelleschi's patent [J]. Journal of the Patent Office Society, 1946, 28 (2): 109–135.
　　❷ 杨红军. 知识产权制度变迁中契约观念的演进及其启示 [J]. 法商研究, 2007 (2): 83–90.

内列斯基的权利，公开令状明确规定，在 3 年之内，非经布鲁内列斯基本人许可，任何人不得在佛罗伦萨城市共和国持有、使用或者经营，与布鲁内列斯基海船相同、类似或者以之为基础而新造的船只、机器或者其他水上运输设备；违法生产的侵权产品将被焚毁，违法行为人将被追究法律责任。但是佛罗伦萨城市共和国政府在授权书也明确规定，该公开令状为布鲁内列斯基设定的垄断权必须经过城市共和国议会（the Council of Florence）批准才能生效。令人遗憾的是，在接下来进行的对该发明可实施性的现场测试过程中，满载大理石的布鲁内列斯基海船在亚诺河沉入河底，布鲁内列斯基的专利梦也随同幻灭。❶ 由于实验证明所发明的海船并没有布鲁内列斯基所声称的实用性，授予布鲁内列斯基专利权的公开令状也就没有提请城市共和国议会进行审议，所以布鲁内列斯基的专利权最终未能生效。

从佛罗伦萨城市共和国政府发布的预授权令状中，我们可以明确地观察到，对专利充分公开的要求（"他将公开其隐藏的新技术，并将其提供给所有的人"）在世界上最早的发明专利实践中就已经存在，并且是政府授予私人专利权最主要的考虑。该专利授予活动以失败告终的结局对佛罗伦萨专利实践产生了严重的消极影响。在之后的 50 年里，佛罗伦萨共和国再也没有签发过一项类似的专利，同时也没有制定任何有关专利的一般法规。❷ 专利制度不是孤立运行的。佛罗伦萨专利实践缺乏连续性还有更深层次的原因。这些深层原因包括封建行会的反对，出于单纯的税收考虑而在 1447 年颁布的允许模仿的法令，以及美第奇家族

---

❶ MGBEOD I. The juridical origins of the international patent System: towards of historiography of the role of patents in industrialization [J]. Journal of the History of International Law, 2003, 5 (2): 403 – 422.

❷ MAY C, SELL S K. Intellectual property rights – a critical history [M]. Boulder Colorado: Lynne Rienner Publishers, Inc., 2006: 55.

（Medici Family）政治统治的动荡。❶

（二）威尼斯的专利实践

威尼斯早先是东罗马帝国的一个附属国，8世纪获得自治权。威尼斯原为一渔村，由于其得天独厚的地理位置，便于从事东西方中转贸易，所以在很早的时候就成为"丝绸之路"的枢纽。威尼斯10世纪末获独立，15世纪的时候工商业已经比较发达，成为富庶的商业国。由于地理和环境的原因，威尼斯基本不存在农业，制造业服务于商业，多集中于造船和与之有关的加工业。工商业是威尼斯财富的主要来源，人们的目标是最大限度地获取商业利润，所以重商主义政策一直是威尼斯的基本国策。❷为了适应工商业发展的需要，威尼斯在15世纪率先建立了较为完备的专利制度，深刻影响了英国、法国等西欧国家的早期专利制度。在威尼斯的专利实践中，对专利公开的要求体现得非常明显，成为威尼斯专利制度不可分割的重要组成部分。在专利制度的启蒙时代，威尼斯专利法如此重视专利公开制度的建设，在某种程度上说明了专利公开乃是专利制度的内在生命这一真谛。英国、法国等西欧国家的早期专利制度多效法威尼斯，威尼斯的专利公开制度形塑了早期专利法专利公开制度的基本特征。

威尼斯的专利授权实践可以追溯到15世纪初期。威尼斯最早的专利主要集中在采矿领域。1409～1443年，威尼斯先后颁发了多项采矿专利权。在授予采矿专利权的时候往往有这样一个附款，那就是专利权人必须在规定的时间内开始其专利项下的产业，否则该专利权无效。1409年授予的第一件专利就此解释道，要求专利权人限期实施其专利源于"本贸易领域和行会内的技师和工人在德国所形成的习俗和享有的权利"。从1443年开始，威

❶ BUGBEE B W. Genesis of American parent and copyright law [M]. Washington, D. C. : Public Affairs Press, 1967 : 19.

❷ 刘晖泽. 意大利文艺复兴时期威尼斯的地位 [J]. 河北理工大学学报（社会科学版），2009（1）：179 – 181.

尼斯风格的专利开始突破采矿领域，授予其他新的发明或者是引入的新产业。采矿领域外的早期专利多授予从国外引入的新产业，针对真正的新发明授予专利权的实践开始得相对较晚。1443年，法国人马日尼（Antouius Marini）要求威尼斯授予他一项关于风车磨坊的专利权，并承诺他将为威尼斯每个市区（each borough）建造24座此类磨坊，确保在没有水的情况下威尼斯也能享有磨面的便利。马日尼没有说明他主张专利的风车磨坊是否为新发明，但是提出了所要求专利权的期限和地域范围。威尼斯议会接受了马日尼的专利申请，决定授予其20年的专利权。威尼斯议会在作出授权决议时作出了一项保留，那就是要求马日尼必须在威尼斯首先建造出一座他所说的磨坊，并且只有当威尼斯政府认为该示例磨坊运行成功并达到预期效果时，才准许该磨坊在其他地方建造。1460年，来自伦巴第（Lombardy）的工程师马斯特·吉列尔莫（Master Guilelmo）就一种染料店使用的炉灶向威尼斯提出专利申请。申请人陈述道，该炉灶可以比普通炉灶节省一半的燃料（木材）。威尼斯议会同意授予专利权，但是同样要求申请人必须首先制造出其所主张的发明，并且经城市公共福利署现场测定该炉灶能够正常工作且产生如申请人所宣称的那种有益性。❶ 在威尼斯早期专利实践中，此类要求非常普遍。威尼斯政府检视专利可实施性的方式是，在允许普通市民参与的公开场合由市议会全体成员亲临考察，以确定其实际效果。通过上述事例可知，在威尼斯共和国的早期专利授权实践中，专利的公开问题已经被明确提出，并在事实上成为获得专利授权的必要条件，只不过此时专利公开的方式是实际实施这些专利技术，而非撰写一份专利说明书。

在历经了半个多世纪的专利授予实践后，为了将授权行为和

---

❶　MANDICH G. Venetian patents（1450 – 1550）［J］. Journal of the Patent Office Society，1948，30（3）：166 – 224.

所授予的专利权规范化和制度化，威尼斯城市共和国议会于1474 年 3 月 19 日颁布了为后人交口称赞的世界上第一部成文专利法——威尼斯专利法。该法以 116 票赞成、10 票反对、3 票弃权的绝对优势，在威尼斯议会上获得通过。该法的全文如下："吾人中有禀赋卓群者，长于发明及发现各种精巧装置；同时，本市乃礼仪富贵之邦，世界各地的才人智士也争相而至。倘法律规定获悉此种装置机理者不得擅为模仿制造以致损及发明人的声誉，则将有更多人等积极发挥聪明才智，发现并制造各种实用器物，从而增进公共福祉。因此经市议会决定，本法作出如下规定：任何个人，在本市制出国内未曾有过的新颖而精巧的装置，一俟该等装置可付诸实践并为应用操作，则可备案于公共福利署。未经始作者之同意或许可，任何他人在十年之内不得在本市所辖城镇内制造或仿制同一装置。倘有违犯，上述始作者和发明人有权入禀政府，并获一百达克特的赔偿，违法制造的装置也一同销毁。诚然，政府基于其权力和判断，在公务活动中有权使用上述装置器械，但仍须交由权利人经营。"❶

　　威尼斯专利法虽然没有明确提及向社会公众公开专利技术信息的要求，但是根据其文本内容，结合当时的社会技术条件，可以推知该法同样建立在对专利公开要求或者说假设的基础之上。首先，该法要求专利申请人将其专利在公共福利署备案，这是对专利权利信息公开的一种明确要求，是广义专利公开的一个方面。其次，该法将"该等装置可付诸实践并为应用操作"作为授权的前提，也就是说要求专利申请人首先必须建造该等专利设备，并且经审查确定该设备能够实施，才会授予专利权。考虑到当时的机械装置都非常简单，市议会审查专利设备运行是否正常都是公开进行的，所以公开"付诸实践"也就等于满足了对专

---

　　❶ 黄海峰. 知识产权的话语与现实：版权、专利和商标史论［M］. 武汉：华中科技大学出版社，2011：126.

利技术信息公开的要求。"当时的发明尚属于简单机械,将发明向公共福利委员会机关登记、向同领域的技术人员传授使用方法,这一过程本身就会披露这种简单机械技术。"❶ 最后,通过对"任何他人在十年之内不得在本市所辖城镇内制造或仿制同一装置"之规定的反面解释可知,虽然没有专利说明书制度,但他人在 10 年之内是完全可能知悉发明的技术要点并掌握实施技巧的,否则就没有必要作出这样的规定。专利保护期的规定进一步说明当时专利所保护的发明创造在技术信息上具有"自我披露"的特征。

(三)英国的专利实践

英国与作为西方文明中心的欧洲大陆隔海相望,在近代航海技术发展之前,与欧洲大陆之间的交通非常不便,这在历史上造成了英国与欧洲大陆国家相比长期落后。直到 16 世纪中叶,英国的工业发展水平仍远远落后于欧洲大陆。当时的英国是一个以农业为主的国家,在很大程度上依赖于原材料和制成品的进口。英国的出口贸易以单一商品——羊毛——为主,外贸运输几乎完全掌握在外国手中。英国的商业繁荣几乎完全依赖于海外市场,这种繁荣只能通过一个稳定的国际政治关系来保证。但在一个小而不稳定、充满流动性的世界里,就像 16 世纪的欧洲一样,根本就没有这样的保证。都铎王朝的统治者们,特别是伊丽莎白女王,清楚地认识到了建立在脆弱基础之上的经济所蕴含的巨大政治和经济风险,开始采取强有力措施刺激包括原材料和制成品在内的国内制造业的发展。原材料的出口受到抑制,在某些情况下,绝对禁止;某些制成品的进口被禁止,或因征收高关税而受到严重限制。这些措施是一个更广泛计划的一部分。该计划就是为后世所知的著名的"重商主义"政策,其终极目的是建立一

---

❶ 吕炳斌. 专利披露制度起源初探 [G] //国家知识产权局条法司. 专利法研究 2009. 北京:知识产权出版社, 2010.

个经济上自给自足的国家。重商主义是一种国家控制经济的思想，主张限制自由贸易，为的是增加出口和增加国库里的金银。工业革命前，这种经济理论占据着统治地位，成为当时欧洲各国政府制定经济政策的依据。❶ 重商主义政策被描述为"在经济自足的意义上追究经济权力"。无论最终的目标是纯经济的、纯政治的还是两者的结合，"重商主义"政策实际的结果是在本国工业周围建立一个相当强大的保护网。但仅仅这些是不够的。贸易保护主义的主要作用是消极的——它无法实现重商主义政策所追求的刺激本国工商业发展的目标。为了实现这一目标，必须采取另外两种措施：首先，必须促进新产业的发展，鼓励和刺激那些尚处于发展初期的产业。其次，必须将新的和更先进的技术应用于现有的工业，以提高效率和生产率。但是英国的君主们并没有"资本，也没有权力，也没有必要的官僚机构来执行一个包括制造业所有新分支在内的国有企业的计划"。因此，英国君主被迫通过授予专利垄断权来实行庇护和保护政策。专利制度是"一种旨在促进国家的财富增长的治国方略"。❷

但鉴于英国的制造业技术十分落后，未来的工业进步在很大程度上取决于海外技术的引进。英国君主充分意识到了本国工业技能的稀缺，所以有意采取措施打破封建行会垄断，鼓励外国技术工人来英开业。所以，英王最初所授予的专利权多不具有垄断的性质，而是一种免受封建行会干涉的开业权。制衣业是英国的传统优势产业。为了保持制衣业的竞争优势，英国君主采取授予特权的方法促进其发展。英王爱德华二世 1327 年宣布，禁止穿戴外国所制衣物。1331 年，来自尼德兰佛兰德斯（Flanders）的熟练制衣工约翰·卡姆比（John Kempe）被英王爱德华三世授予

---

❶ 麦克莱伦第三，多恩. 世界科学技术通史 [M]. 王鸣阳，译. 上海：上海世纪出版集团，2007：392.

❷ GETZ L. History of the patentee's obligations in Great Britain（part I）[J]. Journal of the Patent Office Society, 1964, 46（1）：62－81.

了准予在英开业的特权，但同时要求约翰·卡姆比向英国学徒传授技艺。1336 年，两名来自西欧布拉班特（Brabant）的制衣工获得了英王同样的保护。英国的特殊培育政策促成其羊毛制品产业在 16—17 世纪的繁荣。❶ 这种保护政策又被英王爱德华三世扩展到其他产业上。1485 年都铎王朝建立之后，尤其是在伊丽莎白女王统治时期，英国政府更为积极地采用授予专利权的方式吸引外来技术，发展制造业。伊丽莎白女王（1559—1603 年在位）共授予了 55 项专利，其中授予外国人的多达 21 项。为了保障社会公共利益，授予外国人的专利一般总是包含限期开业、招聘本地学徒或工人等附款。也就是说，通过专利实施和专利技术扩散带给产业的整体水平提升是英王授权专利权的首要考虑因素。

16 世纪是英国专利制度的诞生年代，在此期间英国封建专利实践十分活跃，一系列的基本专利制度均滥觞于此。专利权来源于英王的赐授特权。这种赐授权力的范围非常广泛，但对于垄断权的赐授则应当较为谨慎。这是因为赐授特权的行使是受到严格限制的，它应当服从于英国大宪章（The Magna Carta）和普通法。英国大宪章和普通法的宗旨都在于保护臣民的消极自由权利。君授垄断权是典型干涉臣民消极自由权的严重形式，因为这种垄断权彻底剥夺了个体臣民从事某些交易的权利。❷ 因此，除非垄断权的授予具有重要的社会公共利益，否则是不被允许的。15 世纪末 16 世纪初期，英王为了缓解财政压力，开始滥授专利权，搞得全社会怨声载道。1623 年英国议会通过了旨在限制英王专利授予特权的垄断法规（Statute of Monopolies）。❸ 垄断法规是英国专利制度的第一部正式立法，影响颇为深远，但是它并非

---

❶ GOMME A. Patents of invention：origin and growth of the patent system in Britain [M]. London：British council，1946：10.

❷ 德霍斯. 知识财产法哲学 [M]. 周林，译. 北京：商务印书馆，2008：40.

❸ 杨利华. 英国《垄断法》与现代专利法的关系探析 [J]. 知识产权，2010（4）：77 - 83.

一部全新的法律，而只是对已有习俗和普通法规则（包括自然权利理论对其的影响）的重申。❶ 垄断法规第 6 条规定，专利只能授予真正的新发明，期限为 14 年，权利范围为对"任何形式的生产"行为的控制。该条文的内容明确显示该法是经济政策的一个工具，其旨在促进工业、就业及经济发展。而专利权人的义务是其必须将发明付诸实施。❷

专利的技术扩散问题一直是英王作出专利授权时需要考虑的重要事项。通过专利实施所实现的技术扩散和产业整体技术水平的提升在当时被视为是授予专利权的基本对价。所以，当时所授予的专利要求必须具有重大的经济实用性。"考虑到发明确实给全体臣民带来的好处，国王可以因此授权某人在适当的时期内享有垄断权利，直到全体臣民都了解该项发明为止，否则便不得授予垄断。"专利制度的主要目的就是促进人力技能资本的发展。❸如果缺乏或者没有达到应有的经济效果，所授予的专利权会因为对价不充分而无效。这是由英国普通法所决定的。根据普通法的原理，专利权的对价是支付给全体臣民而非英王的，因为专利权的授予使臣民们丧失了自由经营一切商业的普通法权利。普通法上的自由经商权来源于英国大宪章，是英王必须尊重的，否则议会就会采取应对措施。因此，专利权的授予必须符合社会公共利益，才具有正当性。在英国早期专利法上，新产业的引入和新技术的社会扩散，是专利权具有社会公共利益的基本表现形式。早期英国专利法上所采取的促进专利技术进行社会化扩散的措施主要有如下几种：

（1）专利权人必须在令状指定的期限内投产。专利授予是

---

❶ MOSSOF A. Rethinking the development of patents: an intellectual history, 1550 – 1800 [J]. Hastings Law Journal, 2001, 52 (6): 1255 – 1322.

❷ 竹中俊子. 专利法律与理论: 当代研究指南 [M]. 彭哲, 沈旸, 许明亮, 译. 北京: 知识产权出版社, 2013: 99.

❸ 德霍斯. 知识财产法哲学 [M]. 周林, 译. 北京: 商务印书馆, 2008: 41.

封建君主通过行使君主特权发展本国工商业的一种法律手段。所以，英国君主在授予专利权时非常关心专利权人能否尽早开工生产进而实现发展国内产业的现实需要。❶ 所以，英王在颁授专利权的公示令状中都会附加限期开工生产的特别要求。例如，1563年2月26日，乔治·吉尔平（George Gylpin）和彼得·斯托奥肯（Perter Stoughberken）就某种能够节约燃料（木材）的新式烤炉获得了一项专利权，专利有效期为10年。但是授权书要求专利权人在两个月内必须实际投产，并特别规定，如届期未能进行有效生产，该专利证书无效。❷ 1571年，伊丽莎白女王就某种新式的"土地排水和供水设备"授予托马斯·戈尔丁格（Thomas Goldinge）爵士垄断专利权，但同时要求他在2年之内建造出该种设备，否则授权无效。❸ 在英国专利实践的初期，这种投产期限长短不一，随意性很强。随着英国专利实践的发展，投产期限有了统一性的规定，要求所有的专利在3年之内必须投产。如果未能在指定的期限内投产，则政府有权宣告所授予的专利权无效。专利权在当时主要被视为一种积极的行为权，而非消极的禁止权。

（2）专利权人必须招收一定数量的本地学徒或者工人。这项要求在英国早期专利实践中非常普遍，几乎成为所有专利有效存续的基本条件。这是因为英王授予专利权的根本目的是培育国内产业，而不仅仅是获得专利权人生产的产品。只有相关技术被本国工人熟练掌握之后，才能保证专利期满之后相关产业的连续性和市场的竞争性，才能提升社会的整体福利。1561年1月3

---

❶ 黄海峰. 知识产权的话语与现实：版权、专利和商标史论 [M]. 武汉：华中科技大学出版社，2011：138.

❷ HULME E W. The history of the patent system under the prerogative and at common law [J]. The Law Quarterly Review, 1896, 12 (2)：141 –154.

❸ HULME E W. The history of the patent system under the prerogative and at common law：A Sequel [J]. The Law Quarterly Review, 1900, 16 (1)：44 –56

日，伊丽莎白女王向斯蒂芬·格罗耶特（Stephen Groyett）和 Anthony Le Leuryer 授予了关于制造一种新式"白肥皂"的专利。这是她执政后签发的第一件专利，专利权有效期为 10 年。女王在公示令状中特别要求，专利权人开业时所招收的学徒中，至少要有两名英国本土出生的工人（这暗示这项专利权很有可能是颁发给外国人的）。1562 年 5 月 26 日，伊丽莎白女王就某种新式的航道疏通机授予乔治·科巴姆（George Cobham）为期 10 年的专利权。女王在授予专利权时，明确向专利权人提出希望她能够将相关的技术知识传授给其他人。❶ 1567 年 9 月 8 日，伊丽莎白女王就某种"窗玻璃的制造工艺"授予两位法国人为期 21 年的专利权，授权书明确地将专利权人培训英国工人相关专利技术作为专利权的有效条件。❷ 实际上，早在 1331 年，来自佛兰德斯的熟练制衣工约翰·卡姆比从英王爱德华三世手中获得在英国境内开业权时，本地用工的要求就存在了。

（3）专利权人所生产的产品质量必须达到规定的标准。如果专利权人是外国人，其产品质量不得低于其技术母国，而且，产品的价格还应当维持在一个合理的水平，不得不正当地抬高产品售价。如果专利权人产品的质量和价格不符合要求，专利则会被认为缺乏应有的产业价值，也就意味着没有给社会公众带来应有的益处，从而有可能导致专利权被宣告无效。例如，前文述及的 1561 年伊丽莎白女王所授予的"白肥皂"专利就明确规定，专利权人在英国生产的白肥皂在质量方面应该与它的技术来源地（Sope house of Triana or Syvile）达到相同的水平（as good and fine as）。为了保证这一要求得以落实，女王要求专利权人必须把产品送到市政厅接受检查；而且一旦发现产品质量缺陷的证据，该专利将被宣告无效。1563 年伊丽莎白女王授予吉尔平和斯托奥

---

❶❷　HULME E W. The history of the patent system under the prerogative and at common law [J]. The Law Quarterly Review, 1896, 12 (2): 141 – 154.

肯的新式烤炉专利中还规定，产品定价必须合理，如果被证明价格畸高，专利权同样会被宣告无效。控制产品的质量和价格，实际上就是要求专利权人在毫无保留的条件下实施其技术方案，自然在技术实施的过程中配合其他法律控制机制也就使得专利技术获得毫无保留的充分公开。

（4）建立专利授权后的撤销和无效宣告制度。在专利授权之后，撤销和无效宣告制度能够保证专利具有相应的技术价值并且授权后依法进行相应的技术扩散。1575 年，英王在颁发给福尔摩斯（Holmes）和弗兰姆普敦（Frampton）的专利中首次附加了撤销条款，即如果有证据证明专利授权或之后存在不当理由，包括专利未实施、未按照规定条件实施或实施效果没有达到授权当时的要求，枢密院有权撤销它。到 17 世纪下半叶，"撤销条款"成为所有发明专利的固定特征，并一直保持到现代。1665 年，有人向雷尔斯比（Rersby）和斯特里克兰（Strickland）的钢铁制造专利发起挑战，请求枢密院撤销授权，理由是"专利权人在本领域没有任何经验，而且也未能公开实施该专利"。❶ 英国枢密院的记录显示，曾经有多件专利因为各种理由被请求撤销。专利撤销和无效宣告制度的建立，改变了早期专利实践中逐案附加生效条款或无效条款的做法，使专利授权程序得以简化，并且在一定程度上统一了权利无效的事由。由于早期专利权来源于君主特权，不受普通法的约束，所以专利案件只能由代表国王利益的枢密院作出处理，普通法院是没有管辖权的。在伊丽莎白女王统治后期，伊丽莎白女王出于获得王权租金（crown rent）和为近臣谋取经济利益的考虑开始滥授专利权，导致产品价格上升，质量下降，引发了全社会的极度不满。英国议会以此为由准备限

---

❶ BRACHA O. The commodification of patents 1600 – 1836: how patents became rights and why we should care [J]. Loyola of Los Angeles Law Review, 2004, 38 (1): 177 –244.

制王权，引发了议会与英王之间的政治危机。为了避免英国议会颁布法律限制其君主权力，伊丽莎白女王主动向议会表示愿意将专利是否有效的问题交由普通法院决定。此后，英国普通法院通过判例确立了一系列专利无效事由，逐步建立起了完善的无效宣告制度，使得专利制度得以保持在正确的轨道上运行。1603 年发生的达西诉阿伦（Darcy v. Allen）扑克牌专利无效一案，❶ 首次在普通法上否定了专利垄断的法律效力，成为英国专利制度发展史上的标志性案件。在笔者看来，这些被普通法院宣告无效的专利对经济发展有害无益，完全不符合专利制度提升经济技术整体水平的价值追求，更没有达到进行新技术扩散、提升产业整体技术水平的要求，属于比较典型的因为缺乏产业价值而被宣告无效的案例。

第二节　近代专利法上的专利公开

从历史阶段划分上来讲，近代专利法指的是 18 世纪初期至 19 世纪中期西方世界的专利立法，跨越的历史时期相对较短。由于经济、社会和法律发展的不平衡性，西方各国专利法近代化的时间表并不完全相同。从专利法的整个历史发展过程来看，近代专利法处于从早期专利法向现代专利法过渡的阶段，近代专利法上的诸多制度呈现出变动不居的特征。近代专利法是专利制度快速发展的时期，也是一系列现代专利制度得以形成的时期。虽然近代专利法是早期专利法向现代专利法的过渡，专利制度处于急速变化的状态，但是近代专利法仍有一些明显的历史特征，从而使之成为专利法历史分期中一个相对独立的阶段。

---

❶ Darcy v. Allen, Eng. Rep. 1131（Noy 173）（King's Bench 1603）.

一、专利公开的制度特征

近代专利法时期处于第一次工业革命时期。工业革命深刻地改变了社会的经济和技术条件，整个社会发生了一次明显的跃迁。经济基础的改变必然会引发作为上层建筑的法律制度的变迁。相较于早期专利法，近代专利法在多项基本制度上呈现出了明显不同的特色。就专利公开制度而言，近代专利法主要有如下三个方面的特征：（1）在专利申请人或专利权人向国家专利机关公开专利技术信息方面，经历了一个从"偶发"到"习惯"再到"习惯法"的发展过程。专利制度的发展史表明，通过专利说明书的形式向国家专利机关公开专利技术信息，最初并不是由国家专利机关有意创设的，而是由专利申请人或专利权人自愿提交专利说明书的行为自发形成的。18世纪初，专利说明书出现，通过专利说明书向国家专利机关公开专利信息呈现出"偶发"的状态，完全由专利申请人或专利权人根据专利的状况自由决定，国家并无统一要求，而且也只有一部分专利申请人或专利权人会选择这样做。实际上，在1723年之前，说明书并未受到重视，也不会因此而导致专利的无效。❶ 到18世纪三四十年代，向国家专利机关提交说明书以公开专利技术信息已经成为一种习惯做法，国家专利机关有时候也会要求专利申请人这样去做，但是尚没有明确赋予公开行为任何法律效力。在这一时期的专利授权书中，一般都会要求申请人在获得授权后的1~6个月的时间内提交一份专利技术说明书，不同的专利附加的期限并不完全相同。有关简图和机械发明设计图的提交，直到1741年左右才开始增加。❷ 不过到18世纪中叶前，在具体的操作过程中，专利说

❶ 竹中俊子. 专利法律与理论：当代研究指南 [M]. 彭哲，沈旸，许明亮，译. 北京：知识产权出版社，2013：106.
❷ 同上书，第104页。

明书还未被视为是关系到专利有效性的关键性文书。❶ 18 世纪八九十年代，向国家专利机关提交专利说明书以公开专利技术信息的行为已经被法院所认可，成为专利申请人获得专利权的一项必要条件，成为一种专利法上的习惯法。（2）国家专利机关向社会公众公开专利技术信息的机制开始建立，实行的是"个别申请查询制度"。即由需要专利技术信息的社会公众向国家专利机关提出查询申请，在缴纳规定的费用后，由国家专利机关向社会公众提供专利说明书中的技术信息。例如，法国 1791 年专利法要求申请人提交专利说明书，但是并未规定专利出版制度。在 1902 年法国新专利法施行之前，人们如果欲获得专利信息，只能到专利局查阅申请人最初提交的手写的专利说明书原本。而且查阅人必须说明其调阅的目的，外国人则必须在法国代理人的辅助下才能查阅。在专利权到期之前，还不允许查阅人对原本进行复制。❷ 所以，"个别申请查询制度"对专利技术扩散的效果并不是很理想。实际上在这一时期，专利说明书对专利技术的扩散与通过专利技术实施而形成的专利自我扩散，共同发挥专利技术扩散的效用。（3）就通过专利说明书所公开的专利技术信息的内容而言，其经历了一个从不规范到规范的过程，并最终确立了本领域普通技术人员通过专利说明书可以实施专利技术方案的公开标准。随着提交专利说明书逐渐成为习惯和习惯法，专利申请人、国家专利机关和法院一直在考虑一个问题，那就是专利说明书对专利技术信息的公开应当达到什么程度方为适格？在当时，对专利法的主要批判实际上是人们不知道法院审理时到底要求他们对发明作怎样的说明。如果对发明的解说过于清晰，则模仿者可以利用非常微小的改变将他们的"发明"与专利发明相

---

❶ 竹中俊子. 专利法律与理论：当代研究指南 [M]. 彭哲，沈旸，许明亮，译. 北京：知识产权出版社，2013：102.

❷ 同上书，第 125 页。

区别。如果太过泛泛，则说明书可能无效。❶ 经过法院对相关专利案件的审判，最终形成了本领域普通技术人员可以实施发明的公开标准，完成了对专利说明书制度实质性内容的建设。

二、专利公开的制度成因

近代专利法上专利公开制度所呈现的上述特点，是由当时的社会条件所决定的，具有制度形成上的必然性。具体来讲，包括以下两个方面的原因。

（一）社会经济条件深刻变革引发的专利权观念的变化

18 世纪中后期，工业革命在西方世界轰轰烈烈地开展起来。工业革命所建立的生产方式以雄厚资本和大量用工为基础，完全不同于早期的工场手工业。在 18 世纪以前，人们还不知道工厂为何物，生产制造的主要形式是家庭式或农舍作坊式，基本上是一家一户或者不多的一些工匠集中在一起进行生产。工业革命以后出现的新型的工厂生产方式则是一种高度集中的标准化生产，要用到机器，有付工资的劳动力，生产过程被严格组织起来；有等级森严的管理人员监督着工人生产。在 18 世纪 70 年代和 80 年代，阿克赖特（Richard Arkwright）开办了一系列机械化的纺织厂，雇用了数百名工人，这标志着第一批现代意义上的工厂正式诞生。❷ 工业革命所引发的从工场手工业向机器大工业的过渡，属于社会生产方式的根本性变革。经济基础决定上层建筑。这种社会经济条件的根本性变化，深刻影响了西方世界的专利实践，最终导致了专利权观念和专利制度自身的变革。其中一项重要的变化体现在专利权契约理论之上。在早期专利法上，专利权人获得专利权的对价是实施专利，而在近代专利法上专利权人获

---

❶ 竹中俊子. 专利法律与理论：当代研究指南［M］. 彭哲，沈旸，许明亮，译. 北京：知识产权出版社，2013：121.

❷ 麦克莱伦第三，多恩. 世界科学技术通史［M］. 王鸣阳，译. 上海：上海世纪出版集团，2007：391.

得专利权的对价逐步过渡到对专利技术信息的公开之上。也就是说，专利公开取代实施要求成为专利权人获得专利权的对价。

工业革命所建立起来的机器大工业生产方式，导致社会层面发生了一系列根本性变化，其中第一项变化是资本和劳动的分离。在早期的工场手工业时期，资本、管理和劳动是紧密结合在一起的，工场手工业主既是资本的所有人和生产过程的管理人，同时还像普通工人一样从事着生产性劳动，甚至是本工场的首席技术专家。在机器大工业生产方式下，资本的所有者已经和普通的劳动者相分离，资本的所有者专司生产管理，普通雇佣工人则专门从事生产性劳动；生产管理成为一种独立的技能，成为生产过程的一个组成部分。工厂的大量出现，引起了社会的根本性变革，出现了资产阶级（资本的所有者）和劳动阶级（劳动力的所有者）两个大的社会阶级的对立。❶ 其中资产阶级占有社会资本、从事生产管理，劳动阶级则谙熟生产技术、从事生产性劳动。同时，机器大工业生产过程的高度复杂性要求劳动分工的进一步精细化。劳动分工的精细化使得工人的工作技能更为专业化，工人的工作岗位也就相对稳定下来，因此工人们有了更多的机会和更强的能力观察以发现生产中存在的技术性问题，提出克服本职岗位上的技术难题的技术方案，由此形成的工人发明越来越普遍。"在劳动分工最细的那些制造业中所使用的机器，大部分最初都是普通工人的发明，他们每个人都从事非常简单的操作，自然就用心去找出工作的比较容易和比较迅速的方法。"❷ "构成 18 世纪和 19 世纪上半叶工业革命基础的所有技术创新，

---

❶ 1600～1750 年，英国的经济结构发生了两个基础性的变化，分别是工业资本家和雇佣工人的出现，以及劳动分工的细化和生产的专业化。参见 GETZ L. History of the patentee's obligations in Great Britain（part I）［J］. Journal of the Patent Office Society，1964，46（1）：62 – 81.

❷ 斯密. 国富论（上卷）［M］. 杨敬年，译. 太原：山西人民出版社，2001：13.

准确地说都是由工匠、技师或工程师这一类人做出来的。他们中间没有多少人接受过大学教育，而且他们全都是在没有得益于科学理论的情况下取得成果的。"❶ 还有，这一时期科学和技术日益接近，利用科学知识解决技术问题具有了现实可行性，于是以科学研究为基础的职业发明家阶层开始形成，并成为社会上的一个重要群体。❷ 工人发明和职业发明家的发明是工业革命时期发明的主要形式。由于作出发明的雇佣工人发明和职业发明人虽擅长技术，但是缺乏必要的资金和经营管理经验，所以他们一般不具备将其发明创造直接付诸生产的条件，往往是转让给资本的所有者并从中获得一定收益。而这种技术转让是否能够实现具有很大的不确定性。因此，早期专利法关于限期投产的要求此时已经不合时宜了。

发明创造自身的日益细化，是社会化大生产引发的社会层面的第二项重要变化。传统的工场手工业雇佣工人较少，技术层次也比较低，生产分工并不精细。而机器大工业需要雇用大量的工人，生产的技术水平比较高，相对于传统的工场手工业，生产分工更为精细。❸ 由于社会化大生产客观上要求分工的细化，整个生产流程被划分为若干个具体的环节，生产中遇到的技术问题往往也是细节性的，因此针对一个细节所作的改进性发明越来越普遍，累积性发明成为发明的主要形式，早前存在的整部机器或者整个工艺流程的整体发明则越来越少。由于改进性发明已经在客观上成为一种重要的发明形式，所以早期专利法所不承认的改进

❶ 麦克莱伦第三，多恩. 世界科学技术通史［M］. 王鸣阳，译. 上海：上海世纪出版集团，2007：394.

❷ 据英国学者麦克劳德研究，职业发明者作为一个群体形成于19世纪初期. 参见 MACLEOD C. Inventing the industrial revolution：the English patent system，1660-1800 ［M］. Cambridge University Press，1988：78-81.

❸ 斯密. 国富论（上卷）［M］. 杨敬年，译. 太原：山西人民出版社，2001：8.

发明在这一时期被法律所明确承认，成为一种可以独立于基础发明而单独受到法律保护的发明创造。这些改进性发明由于专利权范围仅局限于改进部分，所以并不具备独立投产的可能性，要想投入生产就必须同时利用可能尚在保护期内的基础发明。而为了能够取得基础发明人的授权，则可能需要一个复杂而艰难的谈判过程。甚至有的时候，由于机械类发明自身的累积性特征，改进发明人往往需要和多代基础发明人进行授权谈判，或者是进行合作谈判。这些都决定了在申请获得专利保护之后，投产时间的无保证性。因此，改进发明的出现和日益占据重要地位，也决定了早期专利法上作为专利权获得对价的限期投产要求的不合时宜。改进性专利客观上要求采用更加灵活的实现形式，于是法律规则也就不得不进行相应的调整。

社会化大生产导致的第三个社会层面的变化是社会产品的极大丰富。随着机器化大生产时代的到来，社会产品已经相对极大丰富，完全不同于专利法早期工业产品严重匮乏的局面。随着生产能力的急速提升，西方工业化国家普遍出现了马克思所谓的生产相对过剩的问题，甚至由此引发了经济危机。同时由于此时奉行完全自由竞争的社会经济政策，社会竞争比较充分，甚至出现了竞争过度的现象。为了能在日益激烈的经济竞争中取胜，资本家总是竭尽全力地提高产品质量，通过减少用工、延长劳动时间等方法压缩生产成本从而降低产品的价格。所以，早期专利法所要求的通过尽早投产给社会提供必要的工业产品，保证产品的质量和价格的要求，其赖存的社会条件已经荡然无存，资本家所做到的比政府想要得到的还要进步很多。所以，已经完全无须再在专利授权的过程中施加限期投产、保证质量和价格等条件。加上近代专利法所处的那一段历史时期正是西方资本主义国家急剧进行海外扩张的时期，大量人口移民海外，国内的就业压力也不大，所以就连早期专利法上的用工条款现在也显得多余了。

随着工业革命的深入推进，英国女王对专利授权的对价的看法也逐步发生了明显的改变。女王日益认识到授予专利权的对价不是专利申请人实施（working）其发明，而是其向公众所传播的新技术。❶ 到 18 世纪中期，专利制度的外观发生了两点重要变化：其一是，发明和产业引入的区别被更加清晰地加以描绘；其二是，投产义务被对发明的单纯披露义务所逐步取代。这两点重要变化之间具有紧密的内在联系。❷ "关于对发明人作出些什么贡献才有资格获得专利授权的看法，在 18 世纪后期发生了一次根本性的转变。在专利制度的早期，社会的收益是（发明人）为本国引入了一项新的产业或者技术。到了 18 世纪后期，发明人专利背后的技术诀窍被视为是（社会）最重要的获益。"❸ 专利权社会契约理论的变迁，逐步为普通法院所接受，并且经由法院在司法过程中的适用，使之获得了法律上的意义。在 1787 年的一个专利案件中，法院表达了自己的看法："专利权人获得专利垄断权的对价，是社会公众在专利权届期后所能获得的利益，这种利益的有效保障就是一份适格的专利说明书。"❹ 在 1795 年一份专利案件的判决中，大法官布勒（Buller）开宗明义地宣布："专利说明书乃是专利权人为了获得一定期间的独占利益而必须付出的代价。"至此，专利契约的对价内容发生了一次完美的转身，从"专利权—专利实施"转变为"专利权—专利公开"。

（二）专利审查和司法实践的客观需要

早期专利法上的专利授权主要限定于具有重大创新的技术方案，改进性发明不作为专利保护的客体。1835 年之前，如果申

---

❶ WALTERSCHEID E C. The early evolution of the United States Law: antecedents (part 3) [J]. Journal of the Patent & Trademark Office Society, 1995, 77 (10): 771 – 802.

❷ GETZ L. History of the patentee's obligations in Great Britain (part I) [J]. Journal of the Patent Office Society, 1964, 46 (1): 62 – 81.

❸ MERGES R P, DUFFY J F. Patent law and policy: cases and materials (part I) [M]. New Providence, NJ: Matthew Bender & Company, Inc., 2011: 261.

❹ Turner v. Winter, 1 T. R. 605, 99 Eng. Rep. 1276.

请专利时说明书中描述的一部分内容涉及对现有专利技术的改进，该申请就不会被授权。这意味着"可专利性"的前提之一是，新技术不能与现有技术之间形成竞争关系或替代关系。也就是说，在当时，人们已经意识到新技术的实施会带来熊彼特后来所说的"创造性毁灭"，并且，为了避免"创造性毁灭"导致的现有生产资源的浪费，拒绝对可能会导致毁灭效应的新技术提供保护。❶ 随着工业革命的开展，新技术层出不穷，特别是改进性技术数量大增。1835 年，英国议会颁布布鲁厄姆勋爵法，允许人们就未涉及现有技术的那部分改进技术申请专利。为了获得垄断利润，发明人纷纷申请专利保护，专利申请量和授权量大增，其中包括了大量的改进性发明。随着专利申请量和授权量的增加，特别是改进性发明的激增，专利之间在权利范围上发生的冲突越来越明显。"随着越来越多的改良技术获得专利授权，专利之间的冲突也越来越多。这产生了一种需求：采用一种方式对申请专利保护的技术进行说明，一方面满足法院在进行侵权判断时与被控侵权技术比对使用；另一方面起到对行业内其他企业进行告知的作用，使他们能够了解该专利技术方案，以免侵犯该专利权。"❷ 为了宣示某一发明为其所有，防止他人获得同一内容的专利或者避免其后的专利权效力之争，以明确独占利益的支配范围并增强专利授权的确定和安全，专利申请人在专利申请的过程中开始自发地向专利登记机关提交详细描述其发明内容的专利说明书。早期专利法和近代专利法奉行专利登记制，而非审查制。除非在专利申请过程中有人提出异议，否则国家专利机关对专利申请人所提交文件的要求皆为形式要求，而非实质审查。其中，唯一的审查程序为法律专员审视专利申请是否与英国垄断法规相

❶ 吴欣望，朱全涛. 专利经济学 [M]. 北京：知识产权出版社，2015：18.
❷ 董涛. "专利权利要求"起源考 [G] //国家知识产权局条法司. 专利法研究2008. 北京：知识产权出版社，2009.

符。在这一程序中，法律专员并不考虑发明是否可行或者实用，只是逐一审查是否符合英国垄断法规所规定的发明专利的授予条件：是否违反法律，是否损害国家利益，是否损害贸易，是否至为不便等。❶ 通常，法律专员并非技术专家，因此对于专利的审查必须仰赖申请人所提供的信息，特别是遇有相似发明的场合，常常需要申请人作出详细具体的说明。因此，对于申请人所主动提交的说明书，法律专员非常欢迎。❷ 近代专利法上还没有权利要求制度，专利权人的权利保护范围只能通过说明书加以确定。在不同专利权人就各自专利权的范围发生争议的时候，法院往往依赖专利说明书中的不同发明内容区分各自的权利范围，因此专利说明书对于专利权人权利保护的意义重大。专利权人为了能够充分保护其发明创造，往往在专利申请的时候即向专利行政机关提交一份详细的专利说明书。

三、充分公开的制度实践

在工业革命时期，英国在全世界处于技术领先地位，英国的专利制度也较为发达，完整地展示了近代专利法上充分公开制度的特色。美国虽然建国较晚，但是专利制度发展比较迅速，属于较早完成专利法现代化的国家。英国和美国的近代专利制度在全世界具有典型意义。下面就以英国和美国的制度实践来说明近代专利法上的充分公开制度。

（一）英国的专利实践

有研究表明，专利说明书的萌芽出现在 1611 年。当年，英国人思妥文（Sturtevant）在为其发明"燃煤熔铁"工艺申请专利之时，向英国当局提交了一篇论文（treatise of Metallica）说明

---

❶ MACLEOD C. Inventing the industrial revolution: the English patent system, 1660 – 1800 [M]. Cambridge University Press, 1988: 49.

❷ 黄海峰. 知识产权的话语与现实：版权、专利和商标史论 [M]. 武汉：华中科技大学出版社，2011：139 – 140.

这一工艺的操作流程并承诺一旦获得专利授权将提交一份更为详细的说明书。据思妥文本人的解释，其提交这种说明书的目的有四，其中之一就是，使其免于在一定时间内必须从事生产的法定要求。❶ 有证据证明，思妥文所提交的说明书并没有达到完全公开的程度，更像是广告的性质，❷ 所以它只是专利说明书的萌芽，还算不上是真正意义上的专利说明书。学术界公认，1711年英国人纳斯密斯（Nasmith）在其专利获得授权之后提交的一份关于其发明技术的详细文字说明是近代专利说明书制度的真正起源。❸ 纳斯密斯之所以要求在获得专利授权之后才肯提交说明书，是由于："在取得专利权之前，公开新发明的技术内容是不安全的，但他打算以加盖印章的书面形式，正式地明确公开其发明的具体内容，并在取得专利权之后一段合理期限内将其提交给高等衡平法院（High Court of Chancery）。"❹ 纳斯密斯所提交的说明书虽然只有一段，但却具体说明了其发明的技术要点，开创了专利说明书制度的历史先河。据国外学者统计，1711~1734年有大约1/5的专利申请附有技术说明书，而在1734年之后，提交专利说明书逐渐成为专利实践中的习惯。❺ 自1734年提交专利说明书被专利受理部门作为一项规则确立之后，早期专利法上通过投产控制的办法所欲实现的技术扩散需求已经基本上从专利说明书制度中获得了满足，而且这种满足是一种成本更低的手段，所以专利说明书正式替代了投产条款。

将提交专利说明书作为一项法律上的要求在英国是由普通法

---

❶ MOSSOF A. Rethinking the development of patents: an intellectual history, 1550 – 1800 [J]. Hastings Law Journal, 2001, 52 (6): 1255 –1322.

❷ PRICE W H. The English patents of monopoly [M]. Harvard University Press, 1906: 108.

❸❹ DAVIES D S. The early history of the patent specification [J]. The Law Quarterly Review, 1934, 50 (1): 86 – 109.

❺ MACLEOD C. Inventing the industrial revolution: the English patent system, 1660 – 1800 [M]. Cambridge University Press, 1988: 49.

院所完成的。1778 年，经由普通法院审理的赖德诉约翰逊一案，❶ 专利说明书作为一项法律要求在英国专利法上正式得以确立。原告赖德声称被告约翰逊侵犯了其对某种水泥合成材料的专利，而约翰逊则在抗辩中挑战原告说明书的效力和发明的新颖性。该案由当时著名法官曼斯菲尔德勋爵审理并作出判决，而这一判决也成为英国专利法上的里程碑式的判决。在对陪审团的指导中，曼斯菲尔德强调专利法应该避免两个极端：避免以公共利益为借口剥夺发明人对其发明的利益，同时也不允许对贸易中已有产品或工艺独占经营。从这一原则出发，曼斯菲尔德法官要求陪审团判定以下三个事实问题：被告是否确实使用了原告所声称的为其所有的发明；系争发明是全新发明还是已有的旧技术；专利说明书是否能够足以指导他人生产或制造这一发明。第三个问题实际上是针对专利说明书的效力问题。依照曼斯菲尔德的观点，专利权人在专利申请之时必须对其发明作出详细说明，从而使得其他从业人员在专利期限届满之时能够生产制作同样的发明物，如此则社会公众在专利终止之后才可以从中获益。通过这些对陪审团的指导意见，曼斯菲尔德法官将专利说明书理解为专利申请的必要条件之一，同时对专利说明书的公开程度作了明确具体的要求——必须足以指导某一行业的其他从业者能够为同样的生产或者制造。❷ 这被认为是英国法院对说明书"能够实现"要件的最早阐述之一。❸ 曼斯菲尔德法官通过该案的判决给专利说明书赋予了与其导入时完全不同的性质和功能。那就是，通过个人的努力和专利权人的管理，实现对社会公众的技术指导。这一

---

❶ ADAMS J N, AVERLEY G. The patent specification: the role of liardet v. Johnson [J]. Journal of Legal History, 1986, 7 (2): 156 – 177.

❷ 黄海峰. 知识产权的话语与现实：版权、专利和商标史论 [M]. 武汉：华中科技大学出版社, 2011: 140.

❸ 吕炳斌. 专利披露制度起源初探 [G] //国家知识产权局条法司. 专利法研究 2009. 北京：知识产权出版社, 2010.

功能通过专利说明书来实现，尽管最初导入专利说明书仅是为了让授权变得更加明确。❶ 借此，近代专利法对专利充分公开的要求完成了从习惯到习惯法的蜕变。

在专利行政机关向社会公众公开专利信息方面，随着专利说明书制度的建立和社会对于专利契约内容看法的改变，英国当时实行的是"个别申请查阅制"，也即在向专利管理机关支付一定费用的前提下，社会公众可以申请查阅专利说明书。在 1778 年的赖德诉约翰逊一案中，原告赖德指控被告约翰逊侵犯其专利权的一项重要理由即后者查阅了前者对其发明的具体说明并将其复制。❷ 但是专利说明书的出版制度尚未建立，而且对专利文献未进行分类和索引，专利的查询只能依专利人名进行，查询还得亲自到伦敦，极为不便，所以专利信息通过说明书查询的方式传播的范围较为有限。更令人头疼的是英格兰、苏格兰和威尔士甚至英殖民地各自都有自己的专利管理体制，在当时的交通条件下，专利说明书的查询需要花费大量时间和成本。❸ 还有，许多专利权人在申请专利之时，尽管提交了专利说明书，但是明确要求专利说明书只能在其专利失效之后才能公开，从而使得相当一部分发明专利的详细内容无从得知。❹ 例如，瓦特虽然在就其改良蒸汽机申请专利之时提交了说明书，但是内容撰写较为笼统，同时也明确要求其专利说明书只能在其专利失效之后才能公开。所以，在近代专利法时期，通过专利实施所进行的专利信息的自发扩散，仍然在事实上发挥着公开专利技术信息的重要作用，只不

---

❶ HULME E W. On the consideration of the patent grant, past and present [J]. Law Quarterly Review, 1897, 13（3）: 313-318.

❷ 竹中俊子. 专利法律与理论：当代研究指南 [M]. 彭哲，沈旸，许明亮，译. 北京：知识产权出版社，2013：109.

❸ 吕炳斌. 专利披露制度起源初探 [G] //国家知识产权局条法司. 专利法研究 2009. 北京：知识产权出版社，2010.

❹ 黄海峰. 知识产权的话语与现实：版权、专利和商标史论 [M]. 武汉：华中科技大学出版社，2011：152.

过另外一条专利技术信息的扩散渠道——专利说明书"个别申请查询制"——逐步形成并日益发挥更大作用。

(二) 美国的专利实践

在美国独立前的英国殖民地时期,美国各州已经开始了专利实践。美国殖民地时期的专利制度基本上属于早期专利法,在专利公开的问题上,效法英国,采取的是专利申请人或专利权人"事实公开"的做法。在殖民地后期,出现了提交专利说明书或者专利模型的习惯做法,但是尚没有形成为统一的法律制度。根据美国宪法的授权,美国国会 1790 年制定了美国历史上第一部专利法。从总体上来看,1790 年美国专利法属于近代专利法,只不过相较于此时的英国专利制度而言,将对专利说明书的要求上升为明确的成文法。1790 年美国专利法第 2 条明确规定了对专利说明书的要求以及专利说明书撰写应该达到的标准及其法律效力。该法第 2 条规定:"每一专利的被授权人,在申请该专利时,应向国务卿提交书面说明书,包括一份关于前述该专利所记载的关于该发明或发现之物的附带草图或模型的描述,以及各种解释和模型(如果发明或发现本身适于用模型表示)。该说明书应该非常详细,并且模型应该非常准确,不仅能使该发明或发现与此前被他人知晓或运用的其他东西相区别,而且能使熟悉同一学科领域或最接近的学科领域的技术或产品的工人或其他人,能够予以制作、建造或使用,最终使公众在专利期限届满后可以享有该专利的全部利益。该说明书应在国务卿办公室归档,其经核准的副本,在与该专利、权利、权益相连或有关的事项发生问题时,在所有法院及各个环节中,都可以作为合格的证据。"● 就专利行政机关向社会公众公开专利信息事宜而言,1790 年美国专利法第 3 条建立了"个别申请查阅制"。该法第 3 条规定:

● 杨利华. 美国专利法史研究 [M]. 北京:中国政法大学出版社,2012: 260 - 261.

"任何人向国务卿申请取得任一专利说明书的副本，以及申请允许制作专利模型，国务卿有责任在该申请人支付费用后提供该副本，并允许他取得或制作一件或一套类似的模型，费用由该申请人支付。"❶ 不过，令人遗憾的是，由于当时信息传播手段落后，加之制度不完善，相关规定在很长时间内并未得到有效实行❷，专利信息公开的问题没有得到完全解决。由于 1790 年专利法建立的严格审查制备受诟病，美国国会旋于 1793 年通过了专利法修正案。在专利公开制度方面，美国 1793 年专利法比 1790 年专利法进步的地方在于，对于提交专利说明书在时间方面的要求，提前到专利授权之前。

第三节　现代专利法上的专利公开

现代专利法从时间分期上来讲指的是 19 世纪中期以来的专利法，标志性事件是 1836 年美国专利法和 1852 年英国专利法的通过实施。我们今天专利法上对充分公开的制度要求，在 1836 年美国专利法和 1852 年英国专利法上得以基本确立，之后随着专利实践的发展不断丰富和完善，最终形成了今天高度完备的状态。

一、专利公开的制度特征

现代专利法上专利公开的制度特征，在近代专利法上已经开始孕育和发展，只不过在现代专利法上最终走向成熟，形成相对固定的形态。相较于近代专利法而言，现代专利法上专利公开制度的特征可以概括为如下三个方面：（1）权利要求制度形成，无须过度实验规则确立，判断专利申请人向专利行政机关提交的

---

❶ 杨利华. 美国专利法史研究 [M]. 北京：中国政法大学出版社，2012：261.

❷ 杨利华. 美国专利法史研究 [M]. 北京：中国政法大学出版社，2012：66.

专利申请是否达到充分公开的要求有了清晰的法律指引。近代专利法上专利说明书制度形成，但是权利要求书尚未从专利说明书中独立出来，专利说明书兼具权利要求书的制度功能。但是在专利司法实践中人们发现，专利说明书所承载的充分公开专利技术方案和确定专利权保护范围两个方面的功能之间存在不可调和的矛盾，专利说明书描述过细满足充分公开的要求，但是却可能因为主张的权利过宽而丧失新颖性；专利说明书描述过粗，能够有效确定发明的技术要点和权利要求范围，但是却可能导致专利公开不充分。❶ 为了有效解决这一矛盾，专利申请人在专利实践中创造性地发明了"权利要求"这一事物，并为司法机关所确认、为立法机关所接受，最终上升为成文法规则。权利要求制度确立后，基于专利权社会契约理论，反过来成为判断专利说明书公开充分与否的依据，使得专利申请人向国家专利行政机关的公开这一环节有了清晰的参照系。自此以后，专利申请的公开不再是泛泛地对抽象发明创造的公开，而是对其权利要求所保护的发明创造的公开。虽然早在 1778 年的赖德诉约翰逊一案中，曼斯菲尔德法官就创造性地确立了判断充分公开的标准——专利说明书是否足以指导本领域技术人员实施发明。但是该标准仍然不够清晰，无法满足司法实践的需要。在司法实践的过程中，各国司法机关创立了无须过度实验规则用于判断专利公开内容的可实施性，使得充分公开的判断标准更清晰，可操作性更强。（2）专利行政机关向社会公众主动公开专利信息成为一项法定义务，公开方式随着科学技术的发展日益多样化，社会公众接触专利信息越来越便利。19 世纪中期以来，以英国和美国为代表的西方主要资本主义国家逐步建立了完善的专利文献出版制度，专利行政机关向社会公众公开专利信息被确立为一项法定义务，并逐步走

---

❶ 董涛. "专利权利要求"起源考［G］//国家知识产权局条法司. 专利法研究 2008. 北京：知识产权出版社，2009.

向规范化和制度化的道路，专利公开制度在专利信息公开的方式上实现了历史性的转变。我国 2008 年修订的《专利法》也对我国专利行政机关的信息公开义务作出了明确规定。❶ 社会公众获取专利技术信息的便利性日益增加，信息获取成本大幅度降低，专利充分公开制度的信息传播价值愈发重要。特别是 20 世纪晚期以来，随着信息技术的突飞猛进，专利技术信息通过互联网在线公布成为世界各国专利行政机关的普遍做法，专利信息已经成为唾手可得的科技资讯。（3）以专利行政机关专利信息公开为基础的信息产业链形成并获得长足发展，专利充分公开的价值通过商业化的专利分析产业得以充分展现。专利分析是对专利信息进行分析、加工、组合，并利用统计学方法和技巧使这些信息转化为具有总揽全局及预测功能的竞争情报，从而为企业的技术、产品及服务开发中的决策提供参考。专利分析可以用于比较、评估不同国家或企业之间的技术创新情报、技术发展现状，以及跟踪和预测技术发展趋势，并以此为科学发展政策，尤其是专利战略的制定提供决策依据。❷ 专利分析以专利信息公开为基础，属于专利信息公开制度的价值延伸。人类社会正在加速进入知识经济的新时代，专利公开制度的价值在知识经济时代比以往任何时代都会更加突出。近年来，以专利行政机关专利数据库为基础的各种商业性数据库被开发出来，为创新企业、科技工作者和各类发明人提供了深入利用专利数据局的便利条件，专利技术信息这一巨大的宝藏正日益发挥更大的价值。

二、专利公开的制度成因

19 世纪中期以后，人们对专利权属性的认识发生了深刻的

---

❶ 《中华人民共和国专利法（2008 年）》第 21 条第 2 款规定："国务院专利行政部门应当完整、准确、及时发布专利信息，定期出版专利公报。"

❷ 董新蕊，朱振宇. 专利分析运用实务 [M]. 北京：国防工业出版社，2016：10.

变化，专利审查制度普遍建立，社会创新方式适应技术发展需要发生了转换。这一切共同促成了现代专利法上专利公开制度的特征。

（一）对专利权属性的重新定位

专利法进入现代化阶段之后，专利权的权利属性被重新思考和定位。虽然人们已经较为广泛地接受了专利权是一种私权的观念，甚至专利权的这种属性被普遍化为知识产权的一般特征而规定在有关国际公约之中，❶ 但是人们也普遍地意识到专利权的私权性与作为私权典范的物权、债权以及人身权具有较大的不同，将其定义为一种特殊的私权似乎更为恰当。包括专利权在内的各种知识产权的私权性与民法上普通私权的不同主要体现在，知识产权承载着一定的公共使命，它不完全是满足权利人个人利益的手段，它同时还得有利于经济和社会的发展。对于专利权在属性上的这种特征，有学者将其称为具有公权化趋向的私权。❷ 无论用什么术语去定性专利权的法律属性，有一点是能够达成共识的，那就是专利权是负有义务的权利，在专利权的权利结构中，维护专利权人私人利益的成分与体现社会公共利益的成分必须维持某种程度的平衡，使专利权人在行使自己权利的时候有利于社会公共利益的促进。近代专利法在自由主义和自然权利观念的指导下，将专利权完全视作是个人自由空间的观点已经不再符合现代专利法的认识。专利权所承载的有益于社会公共利益的使命包括多种表达形式，其中之一就是专利的技术情报功能被赋予更为重要的法律地位。专利所承载的技术情报交流功能决定了，授予专利权的发明信息必须被有效地充分公开，以避免不必要的重复研发投资，并可以成为其他企业进行后续发明的技术基础。现代

---

❶ TRIPS 在其序言部分开宗明义地宣布："知识产权是私权"（Intellectual property rights are private rights）。

❷ 冯晓青，刘淑华. 试论知识产权的私权属性及其公权化趋向 [J]. 中国法学，2004（1）：61-68.

专利法采取更为务实的态度来看待和对待专利权，一般更多地将之视为一种产业手段，一种促进经济和社会发展的工具。❶ 如果在现代化背景下还坚持纯粹和抽象的财产权观念来看待专利权，将是一种罔顾事实的做法。这一切决定了获得专利权保护的发明必须符合这种价值定位，从而必须对经济和社会有用，也就是要向社会提供充分的技术情报信息。同时，与专利权工具论或政策论相适应，专利权社会契约理论不断精细化，专利申请人或专利权人所承担的技术信息公开义务，不再是漫无目的的"具体和充分"，而是被限定在其所意欲获得的专利权的范围之内，以权利要求来判断充分公开与否。凡是没有纳入权利要求的技术信息并不在专利公开的范围之内。专利权人的技术贡献与其权利范围在法律上呈现出高度的均衡性。

（二）专利实质审查制度的建立

近代专利法采用注册制或者登记制，并不对专利申请进行实质审查，这种方式虽然极大地便利了发明人对专利的获取，在一定意义上保障了发明人的专利获取权，但是也导致一大批技术信息公开不充分或者不符合其他授权条件的问题专利的产生。由于这些专利未经实质审查，专利权不具有推定有效的法律效力，已经获得的专利权十分不稳定，围绕专利权的效力问题引发了大量的诉讼，不但使专利权人无法真正有效地行使其专利权，而且也给法院造成了沉重的审判压力。同时，由于获得专利权过分容易，不少不法之徒将经过简单改造或者拼装后的他人的发明申请了专利，随后到处行使这种本质上无效的专利权，对他人的正当营业进行勒索，严重地影响了社会经济活动的正常开展。❷ 鉴于

---

❶ 在国际上享有卓越声誉的澳大利亚法学家彼得·德霍斯，关于知识产权的权利属性就主张"工具论"而反对"独占论"，认为应当将知识产权视为国家发展经济和社会的一种手段，并应该根据这种需要确立和限制知识产权的权利内容。参见：德霍斯. 知识财产法哲学 [M]. 周林，译. 北京：商务印书馆，2008：208－230.

❷ 杨利华. 美国专利法史研究 [M]. 北京：中国政法大学出版社，2012：125.

上述诸多弊端，在 19 世纪晚期和 20 世纪初期的时候，各国纷纷摒弃注册制而改采审查制。专利审查制的定位和基本要求就是要全面审查授予专利权的各项条件是否具备，从而使获得授权的发明是真正的发明创造，并保障专利权效力的相对稳定性，提高对专利的社会认可度。专利充分公开已经成为各国专利法明确规定的专利权授权条件，在审查制下当然成为重要的审查对象，所以这也促成了专利说明书的撰写日益规范。同时，注册制饱受批评的原因之一就是颁发了大量没有实质性技术贡献的垃圾专利，甚至由此一度引发了人们对专利制度本身的质疑，要求取消专利制度的呼声此起彼伏。为了重新获得人们对于专利制度的认可，提振人们对专利之于经济和社会效用的信心，在改采审查制之后，必定会对专利的充分公开加大审查，同时完善专利技术信息的出版制度，以保证专利制度所承载的技术情报交流使命的实现。

（三）社会经济技术条件的深刻改变

随着工业革命的深入开展，社会生产技术水平获得了极大的提高，生产技术日益显示出更高的复杂性。在工业革命之前，一件发明往往就是一件完整的产品或一套完整的生产工艺，不同专利之间的关联度不大。到了工业革命中后期，这种情况发生了根本性的改变。申请专利保护的发明创造往往都是对已有发明创造的改进，本身并不能构成一件独立的产品或一套独立的工艺。累积性发明逐渐成为社会的主要创新形式。人们逐渐认识到，工业革命时代的创新大都是累积性创新，最终产品不仅是实施基础发明的结果，也是实施许多改进发明的结果。❶ 在累积性发明的场合，先前技术的扩散对于后续发明意义重大，社会上各观要求对专利信息进行更为有效的扩散。同时，在累积性发明的场合，需要细分基础发明人和改进发明人的专利权范围，相应地也就要细分基础发明人和改进发明人专利公开的义务。以权利要求为基础

---

❶　梁志文. 论专利公开 [M]. 北京：知识产权出版社，2012：58.

确定专利权范围和专利信息公开义务，客观上符合了累积性发明的要求。随着社会技术条件特别是印刷技术的发展，出版成本大幅度降低，具备了对专利说明书进行公开出版的经济和技术条件。在美国曾经长期存在公开出版专利说明书的呼声，国会迟迟未采取立法行动，主要就是出于出版成本的考虑。❶ 在经济和技术条件均告成熟的情况下，美国国会最终在 1871 年作出了出版专利说明书的决议。正是社会经济技术条件的发展，促成了专利权利要求制度的产生并成为判断专利是否得到充分公开的依据，促成了专利行政机关直接、全面向社会公开专利技术信息的专利文献出版制度的形成。20 世纪晚期以来，随着信息网络技术的迅猛发展，通过在线数据库的形式向社会公众提供专利信息成为可能。在线数据库给社会公众提供的专利信息的数量、质量和速度，是传统的专利文献出版制度无法比拟的。从 20 世纪 90 年代开始，各主要国家纷纷推出了自己的在线数据库，为本国乃至全世界公众提供在线专利数据服务。

三、专利公开的制度实践

在现代专利法建设的过程中，英国和美国的专利实践在全世界仍具有代表性。下面仍以英国和美国的专利实践来说明现代专利公开制度的生成过程。

（一）英国的专利实践

多数学者认为，英国现代意义上的专利制度最终得以确立的标志性事件是 1852 年专利法修正案的颁布。英国 1852 年专利法建立了现代意义上的专利局，实行专利审查制度，决定对专利说明书等专利信息进行统一的出版。根据英国 1852 年专利法的规定，1852 年 10 月 1 日，英国专利局正式成立。英国专利局当时

---

❶ 吕炳斌. 专利披露制度起源初探 [G] // 国家知识产权局条法司. 专利法研究 2009. 北京：知识产权出版社，2010.

在内部设立两个专业管理部门，分别是专利办公室和说明书办公室。说明书办公室主要负责说明书、专利索引以及其他的相关印刷品的审查和印制。1852 年英国专利法生效之后，专利申请人的姓名、发明名称等都被专利局统一公布在《伦敦公报》上。1854 年，专利期刊正式创刊之后，与专利有关的详细技术信息就开始登载在专利期刊上了。在专利通过实质性审查之后，如果申请人想要获得授权，就必须在申请日之后 3 周内将其发明的实质性内容通过说明书（可以是临时说明书）的形式公布于众。在公开后一段时间内，任何人都可以不符合专利法规定的授权条件为由对公告的专利提出质疑。这项规定体现了现代专利制度的基本理念——以技术公开换取法律保护。❶ 1852 年英国专利法还规定，发明人提交的说明书无论专利最终能否获得授权都将公开出版。说明书在专利申请人提交后的几周之内，由国王的印刷商负责出版发行。专利文献的正式出版发行，标志着具有现代意义的专利制度在英国正式确立了。❷

在专利说明书制度诞生后很长一段时期内，都没有建立权利要求书制度。今天专利法上的权利要求所发挥的功能都是通过专利说明书来实现的。当时的说明书兼有公开发明和提出权利要求的双重功效。19 世纪初期，一些发明人为了在详细披露有关技术内容的说明书中突出强调自己所发明的东西，从而更好地保护自己的利益，自发地在专利说明书之后增加一段以"claims（权利要求）"一词起领的专门性说明文字，用于描述申请人认为说明书中最为重要的技术进步要素。事实性权利要求诞生后很长一段时间内，所发挥的作用只是帮助法官在诉讼中了解发明的特征，对于专利权利边界的确定只能起到辅助作用，只具参考意义，并不是法律的强制性要求，更不是确定专利权范围的唯一或

---

❶ 李建蓉. 专利信息与利用 [M]. 北京：知识产权出版社，2006：1 - 2.
❷ 邹琳. 英国专利制度发展史研究 [D]. 湘潭：湘潭大学，2011.

不可或缺的东西。❶ 1835 年，科特汉法官（Lord Cottenham）在
Kay v. Marshall 一案中最早论述了权利要求的性质。他说："权
利要求的目的并不是为了向社会详细介绍技术发明，而是为了保
护专利权人的利益。他不能够就他公开披露的内容之外的东西请
求专利保护。为了能够获得专利保护，专利申请人必须将其所作
的发明内容清楚地展现出来。权利要求的目的不是为了帮助说明
发明创造如何实施，而是为了说明哪些是申请人希望保护的新发
明。"❷ 虽然科特汉法官精准地描述了权利要求的目的，但是却
没有明确其法律效力。1858 年发生的 Seed v. Higgins 一案，正式
以判例法的形式确立了权利要求的法律效力。在该案中，法官明
确宣布，凡是申请人没有声明要求保护的内容，即使记入了专利
说明书之中也不属于权利要求覆盖的范围。1883 年颁布的英国
专利、外观设计与商标法第 5 条第 5 款规定："对于专利说明书
而言，结尾之处都必须有一段关于要求保护的发明内容的单独说
明。"从而正式以成文法的形式确立了权利要求的法律地位。
1932 年英国修改了其专利法，明确规定欠缺适格的权利要求的
专利无效。权利要求制度诞生之后对专利公开制度的一个深刻影
响是，专利说明书充分公开判断的标准得以明晰化，由之前毫无
参照的"能够实施"逐步过渡到"权利要求能够实施"，而对于
没有纳入权利要求但是记入专利说明书的技术信息，专利行政机
关和司法机关不再判断其是否符合充分公开的要求。权利要求制
度的形成为专利充分公开制度确立了明确的参照系。

（二）美国的专利实践

1836 年 7 月 4 日，美国国会通过了新的专利法，并经美国总

---

❶ 陈文煊. 专利权的边界：权利要求的文义解释与保护范围的政策调整 [M].
北京：知识产权出版社，2014：73.

❷ Kay v. Marshall, 2 W. P. G 34 at 34 – 36（1835）. 转引自董涛. "专利权利
要求"起源考 [G] //国家知识产权局条法司. 专利法研究 2008. 北京：知识产权出
版社，2009.

统签署生效，史称 1836 年美国专利法。1836 年美国专利法是美国专利制度现代化的标志。根据 1836 年美国专利法的规定，美国组建了专司专利事务的美国专利局，重新恢复了 1790 年专利法规定的对专利申请的实质审查制度。美国 1836 年专利法确立的以审查制为核心的专利制度，为大部分现代工业化国家所效法和借鉴，成为现代专利法的标准模式。❶ 1836 年美国专利法第 6 条规定了专利申请应当提交的申请材料，除了请求书、说明书等书面文件之外，法律还要求提供用于展示发明内容的模型。该法规定："只要发明可以用模型展示，申请人就应当提交一个便于充分展示各个组成部分比例的发明模型。"该法第 20 条规定了专利局长以合适方式保管、整理专利模型的职责，并且明确要求专利局长将专利的物理模型（physical model）在专利局的公共陈列室（public gallery）进行公开展示，在合适的时间向公众开放。虽然此时美国尚未建立专利说明书的公开出版制度，但是考虑到当时的专利多数属于机械类发明，具有技术特点直观、易解的特性，向社会公众公开展示专利物理模型的做法基本上已经可以做到专利技术信息的社会扩散，具备了现代专利法上向社会公开专利技术信息的真正含义。1870 年，美国国会再次修订了专利法，正式建立了专利说明书出版制度。1870 年专利法第 20 条规定："专利局长可以印制或安排印制所有专利的说明书、权利要求书及图样的副本。"为了落实 1870 年专利法的规定，1871 年 1 月 11 日美国国会作出决议，授权专利局长印刷、免费发行 150 份各专利的完整说明书和附图，而且还可以根据需要进行收费加印。这些说明书和附图加以官方证明，置于各州、地区首府和地区法院书记处，接受公众免费查阅。❷ 专利说明书公开出版制度

---

❶　杨利华. 美国专利法史研究［M］. 北京：中国政法大学出版社，2012：137.

❷　吕炳斌. 专利披露制度起源初探［G］//国家知识产权局条法司. 专利法研究 2009. 北京：知识产权出版社，2010.

的建立标志着现代专利公开制度的正式形成。1870 年专利法是美国现代专利法全面确立的标志。该法规定的基本专利制度得到长期实行，即使是 1952 年的专利法修订，也主要是根据美国法典的体例而进行的形式变革，制度内容整体上维持不变。❶ 20 世纪 80 年代以来，随着信息技术的发展，美国专利商标局（USP-TO）开始运用现代信息技术处理专利文献信息。1986 年 7 月 1 日，美国专利商标局建成了供内部使用的自动化专利检索系统（Automated Patent Search System）。利用该系统可以实现对 1975 年以来公布的美国专利进行自动化自动检索。随后，美国专利商标局通过其合作公司向社会公开发行专利数据库，首先发行了美国专利文摘光盘数据库，后来又发行了美国专利全文数据库。1997 年开始，IBM 公司率先通过互联网免费向全世界提供 1974 年以来美国专利数据库查询服务。从 2000 年开始，美国专利商标局通过互联网向全世界提供美国全文数据库免费查询服务。美国专利商标局的美国全文数据库包括了自 1790 年美国专利法实施以来授予的所有美国专利，其中 1790 年至 1975 年的数据只有图像全文（sufficient – image）说明书；1976 年 1 月 1 日以后的数据除了图像全文说明书之外，还包括可检索的专利题录、文摘和文本型的专利全文（sufficient – text）数据。从 2002 年第 1260 卷第 1 期开始，美国专利公报每周以光盘的形式出版，并于同年 9 月份开始停止出版纸质件。继美国之后，日本、欧洲、中国等越来越多的国家/地区开始提供在线专利数据库服务。同时，在专利行政机关免费数据库的基础上，各种专业性的商业数据库被开发出来，开始为创新企业提供个性化的信息检索服务，大大加速了企业的创新进程。如中国，早在 2003 年上海市知识产权服务中心就建立了中外专利检索数据库。该系统将根据各个企业的不同需求，量身定做各种企业所需的专利数据库，使企业能根据

---

❶　杨利华. 美国专利法史研究 [M]. 北京：中国政法大学出版社，2012：173.

自身的需求及时掌握最新的技术。通过互联网和现代信息技术，人们获得专利信息越来越方便，专利文献的价值正日益被开发出来，专利充分公开制度显示了蓬勃的生命力和无限的发展前景。

本章小结

　　通过对专利制度发展史的考察可知，专利法对于以某种形式向社会公众充分公开专利信息的要求，从专利制度诞生之日起就已经存在，只不过在专利法发展的不同历史阶段，专利信息公开的方式有所不同而已。在早期专利法上，由于不存在专利说明书制度，专利信息公开是通过专利实施要求加以保障的，专利信息处于"事实公开"状态。"在专利仍然以王室特权面貌出现的时代，虽然没有说明书的要求，但是专利申请人需要以实施专利、培训学徒和雇佣本地工人等作为获取专利授权的'对价'。"❶ 在早期专利法时期，专利技术信息的扩散是由专利权人直接向社会公众进行的，并不需要像现代专利法那样通过专利行政机关这一中介。早期专利法在专利公开方面所呈现出的上述特征，是由专利权的特权属性、发明创造自身的特性以及当时社会的信息传播方式等社会条件共同决定的。近代专利法是专利法从早期向现代过渡的阶段，呈现出不断变化和趋于定型的特点。在近代专利法上，专利公开完成了从"事实公开"向"书面公开"的过渡。但是近代专利法上的专利公开制度是不完善的，虽然专利法要求专利申请人向专利行政机关提交专利说明书，从而完成向国家专利机关的书面公开，但是国家专利机关并未采取切实有效措施向社会公众通过书面的方式公开专利信息，只是允许社会公众通过"个别申请查阅"的方式获得专利信息。"个别申请查阅"制的信息传播效率并不高，专利说明书的首要价值在于界分基础发明

---

❶ 李宗辉. 历史视野下的知识产权制度 [M]. 北京：知识产权出版社，2015：76.

与改进发明，借以明确不同专利的权利范围。在近代专利法上，专利信息向社会公众的公开在很大程度上仍然依赖于专利权人对专利技术的实施，处于"事实公开"和"书面公开"并存的状态。现代专利法上建立了完备的专利公开制度，一方面规定了专利申请人向专利行政机关公开专利技术信息的规范和标准，另一方面也通过专利文献出版的方式有效地向全社会公开专利信息。20 世纪晚期，随着信息网络技术的快速发展，以在线数据库的方式及时、便捷地向社会公众公开专利信息，已经成为各国专利行政机关的普遍做法。专利文献已经成为获取科技情报最重要的手段，专利充分公开的价值得到了充分的彰显。社会契约论是知识产权法立论的基础。在整个知识产权法中，社会契约论体现得最为充分的一种法律制度，即在专利审查实践中逐渐发展起来的"充分公开"发明创造的说明书制度。我们不能用一个历史时期的专利公开制度为标准去否定另一历史时期的专利公开制度的存在。不同历史时期所施行的不同专利公开制度，都是与当时社会的经济、技术条件和法律进步状况相适应的，都是在当时社会条件下最有利于专利技术在全社会低成本有效扩散的专利公开机制。

第二章 专利充分公开的理论逻辑

欲获得专利权者，必须充分公开其发明创造。这是世界各国专利法公认的一条基本规范。法律规范并非任性的存在，在规范的背后往往蕴藏着深厚的法理基础。立法者所制定的符合"事物的本质"的规范才是有生命力的规范，才能有效发挥规制人们行为的作用。"假使法秩序是要为人类服务，而不拟苛求人类的话，那么法秩序也必须尊重存在于人类肉体、心灵及精神中的某些基本状态。"❶ 也就是说，法律规范必须尊重"事物的本质"的需要。讨论"事物的本质"问题，就是要解决存在与当为、物质与精神的存在乃至事实与价值之间的关系。"想要借规范来规整特定生活领域的立法者，他通常受规整的企图、正义或合目的性考量的指引，它们最终又以评价为基础。"❷ 因此，要"理解"法律规范就必须发掘其中所包含的评价及该评价的作用范围。对专利充分公开的要求是一种实在法规范，这种规范的形成有深刻的政治、经济和法律理论自身的考量，有必要对专利充分公开制度背后所存在的评价以及评价的作用范围进行一番深入的探究，以便于更为深入地理解、正确地评价专利充分公开制度，并在此基础上为专利充分公开制度的完善提供些许建议。据笔者理解，专利权社会契约理论、经济创新理论以及法律占有理论，是理解、评价专利充分公开制度的理论框架。三种理论分别从政治、经济和法律自身三个基本维度，对专利充分公开制度存在的合理性、应然的样态进行了法律理论上的阐释，是掌握专利充分公开

---

❶ 拉伦茨. 法学方法论 [M]. 陈爱娥，译. 北京：商务印书馆，2003：290.

❷ 拉伦茨. 法学方法论 [M]. 陈爱娥，译. 北京：商务印书馆，2003：94.

制度的金钥匙。"法律理论所探讨者不限于现行法（原则上他也是超体系地思辨），它也欲探究何为'正当法'，纵然那经常是间接地。"❶专利充分公开制度存在的合理性和作用范围，不能从该制度自身寻找根据，而应当依据设立该制度的价值目标确定。专利充分公开制度的理论基础不但能够证成其合理性，还发挥着评价实定法关于专利充分公开的规定是否适当的作用。

专利权社会契约理论导源于作为政治哲学的社会契约论，是理解专利制度的政治维度，对于专利充分公开制度的存在及其应然样态尤具说服力。根据专利权社会契约理论，专利权人获得临时性专利垄断权的基本对价就是向社会公众披露发明创造的具体技术信息，专利垄断权的范围不得超过专利申请人所披露的发明创造具体信息的范围。人类社会已经进入了一个创新驱动发展的时代，技术和制度的创新成为社会经济发展的基本动力，经济创新理论不断推陈出新。"作为创新市场的框架性规章，专利制度应当与其为之服务的创新进程以及其赖以运行的竞争环境相适应。为了确保专利制度作为一项发明政策工具能够发挥其有效的功能，专利权应该在参考社会经济成本与收益的前提下，加以界定、证成以及不断反思。"❷"法律决非一成不变的，相反地，正如天空和海面因风浪而起变化一样，法律也因情况和时运而变化。"❸随着信息网络技术的深入发展，社会的创新范式发生了深刻的转换，专利充分公开制度作为进行技术情报交流和服务技术创新的基本手段，应当因创新范式的转换进行必要的调整。从法律技术来讲，专利充分公开制度的基本功能之一是借道民法上的占有理论确证专利权的范围，以此明确专利权的界限，警示侵

---

❶ 考夫曼. 法律哲学 [M]. 刘幸义, 等, 译. 北京: 法律出版社, 2004: 16.

❷ HILTY R. 专利保护宣言: TRIPS 协议下的规制主权 [EB/OL]. 张文稿, 肖冰, 译. (2015 - 6 - 28) [2017 - 01 - 31]. http://www.law.ruc.edu.cn/upic/20150628/20150628082416678.pdf.

❸ 黑格尔. 法哲学原理 [M]. 范扬, 张企泰, 译. 北京: 商务印书馆, 1961: 7.

权行为。对专利充分公开制度理论基础的探讨，有助于我们对该
制度认识的深入以及该制度在专利实践中的准确执行。

第一节 专利权社会契约理论

专利权社会契约理论主张，专利就其本质而言是发明人与国
家之间的一种契约。专利权社会契约理论以促进专利技术信息公
开为基本考虑，但是其客观上所发挥的社会功用不限于此。专利
权社会契约理论的具体内容，随着专利制度的历史变迁而呈现出
不同的面貌。专利权社会契约理论导源于政治哲学上的社会契约
理论和私法上的契约理论，是二者内容耦合的产物。专利权社会
契约理论阐明了专利公开制度存在的价值及其作用范围。

一、专利权社会契约理论的内涵和功用

专利权社会契约理论完整地容纳了专利之公开与垄断的两
极，使之成为一个有机统一的整体，实现了专利权人与社会公众
之间利益的平衡。❶ 专利权社会契约理论还可以覆盖垄断报酬理
论、激励发明理论以及自然权利理论等其他专利理论学说的基本
内容，是专利理论中涵盖性最大、说服力最强的一种经典理论
学说。

（一）专利权社会契约理论的缘起和内涵

科学技术是人类社会发展的基本驱动力，甚至是人类从动物
界分化出来的基本标志。科学技术的巨大价值促使人类不断追求
科学技术上的超越。科学技术的生产常常要付出巨大的智力和物
力，而且充满了风险和不确定性。但是科学技术知识一旦被生产
出来就能够以低廉的成本在人际间传播，在没有产权控制的情况

---

❶ 冯晓青. 知识产权利益平衡理论［M］. 北京：中国政法大学出版社，
2006：116.

下，其社会效用将会趋于最优水平。● 如果没有有效措施对科学技术的生产者提供某种获益保障，科学技术的社会收益将会远远大于生产者的个体收益，甚至生产成本难以有效回收，影响科学技术再生产的物质基础，甚至会使生产者的生活陷于贫困。为了免于陷入这种悲惨的境地，科学技术的生产者往往设法将其发现的科学技术进行严格保密，只供本人或家族使用，避免知识外溢。这种做法限制了科学技术效用的发挥，降低了社会整体福利。"尽管以技术秘密的形式保护发明创造是发明人的自由，但以技术秘密的形式对完成的发明创造进行保护并不为社会公众利益所期许，对社会经济、科技进步的促进作用也非常有限。因此，从社会公共利益的角度，将研发成果作为商业秘密保护并不是最佳的制度安排。"● 解决这一矛盾有两种可供选择的思路，一种是由国家根据该科学技术的价值向生产者进行购买，然后公开并许可全社会免费使用；另一种是授予生产者对该学科技术的使用垄断权，由生产者通过自行使用或收费许可他人使用获取经济收益。最终国家采取了分而治之的策略，对于缺乏直接实用性的纯科学知识，采取政府资助的办法；对于具有直接实用性的技术知识，采取授予垄断权的办法。具有直接实用性的技术知识一般表现为某种发明创造，具有直接商业化的可能性。发明创造的生产者因为获得了法律保障的垄断实施权，不但消弭了保守技术秘密所需要的成本，而且可以通过发放许可的办法扩大发明创造的实施范围，从而得以极大扩展其经济收益。● 国家对发明人授予垄断权的基本考虑就是在发明人收回技术的生产成本并获得一定收益之后，全社会得以免费使用该技术，所以垄断权只能是临

● 沙维尔. 法律经济分析的基础理论 [M]. 赵海怡, 史册, 宁静波, 译. 北京: 中国人民大学出版社, 2013: 124.
● 陈广吉. 专利契约论新解 [D]. 上海: 华东政法大学, 2011.
● KITCH E W. The nature and function of the patent system [J]. Journal of Law & Economics, 1977, 20 (2): 265 - 290.

时的，并且发明人必须充分公开其发明创造，乃是专利制度的题中应有之义。临时垄断权是发明人的所得，发明创造的充分公开则是社会公众的所得。也就是说，发明创造的充分公开乃是专利权人获得专利权的基本对价。

（二）专利权社会契约理论的基本功用

专利权人充分公开其发明创造是专利权社会契约理论的基本内容，为国内外理论界和司法实务界广为认可。刘春田教授认为："专利制度实际上是一种发明人与社会间订立的契约。按照这种契约，发明人以公开其最新的发明创造作为对价，来换取社会对其专利权的承认。也就是说，发明人要想得到法律对其发明创造的保护，必须付出全部公开其发明创造的内容作为代价。"❶ 吴汉东教授认为："按照契约论，专利是国家代表社会同发明人签订的一项特殊的契约。该契约服务于双方的利益。对发明人来讲，公开技术获得垄断权，可以补偿发明创造活动中支出的劳动和费用，还可以获得更大利益的回报。对社会而言，它增加了新的科技知识，而新增的科技知识将为科技的进一步发展准备良好的条件。"❷ 李明德教授认为："按照合同理论（也就是专利权社会契约理论——笔者注），专利权是发明者个人与社会公众之间所达成的一个协议。作为协议的一方，发明人必须在申请专利时，通过专利文献详细披露自己的技术发明；作为协议的另一方，以国家专利机关为代表的社会公众，则在有关的发明符合法定条件的情况下，赋予发明人以一定期限的专有权利，让发明人排他性地自己利用或者授权他人利用相关的发明。"❸ 美国学者穆勒认为："专利制度被描述为一种交换条件（quid pro quo），或者说是讨价还价的筹码，发明人在有限的时间内获得禁止他人

---

❶　刘春田. 知识产权法［M］. 北京：高等教育出版社、北京大学出版社，2003：150.

❷　吴汉东. 知识产权法［M］. 北京：北京大学出版社，2014：133.

❸　李明德. 知识产权法［M］. 北京：法律出版社，2014：111.

利用其发明创造的权利，而作为交换，发明人必须公开如何制作和使用其发明创造，且必须保证在专利过期后他人能够根据公开的内容实施该发明创造。"❶ 日本学者青山纮一认为："专利制度是这样一种制度，作为一项新技术的公开人（专利法中规定为'对具有产业可用性发明申请专利的人'）公开其发明的对价，授予新技术的完成人一定期间内一定条件下的独占权利，即专利权。"❷ 早在 19 世纪 30 年代的判决中，美国法院就将专利权社会契约理论作为裁判专利案件的法理基础。美国联邦最高法院在一份判决中宣称："专利制度要求发明人将其发明在专利文件中进行公开，并以此作为获得法律保护的前提条件。"❸ 在之后的专利案件审判中，美国联邦最高法院曾经不止一次重申了该理论："专利制度是鼓励创新和将所创造的新颖且实用的技术内容向社会公开，进而使专利权人获得有限时间的专有权的精巧谈判。"❹ 可见，促进专利技术信息充分公开被视为专利权社会契约理论的基本内容，也是该理论所发挥的基本功用。有学者从经济学的角度研究专利制度的功能和绩效问题后得出了同样的结论：就其本质而言，专利制度乃是社会计划者向潜在创新者提供的一种机密交换契约。❺

（三）专利权社会契约理论功用的扩展

一项法律制度的功用往往是多方面的，有些是直接的，有些则可能是间接的，虽然立法者在设计该制度的时候未必完全认识到位。建筑在专利权社会契约理论基础上的专利充分公开制度，

---

❶ 穆勒. 专利法（第 3 版）[M]. 沈超，李华，吴晓辉，等，译. 北京：知识产权出版社，2013：27.

❷ 青山纮一. 日本专利法概论 [M]. 聂宁乐，译. 北京：知识产权出版社，2014：6.

❸ Grant v. Raymond, 31 U. S. 218, 247, 6 Pet. 218, 8 L. Ed. 376 (1832).

❹ Pfaff v. Wells Elecs., Inc., 525 U. S. 55, 63 (1998).

❺ 寇宗来. 专利制度的功能和绩效：一个不完全契约理论的方法 [D]. 上海：复旦大学，2002.

实际上不只是促成发明人公开其发明创造，还发挥着给付发明人报酬、激励新发明的产生，以及给予专利权道德上正当性的功用。也就是说，专利权社会契约理论客观上可以涵盖垄断报酬理论、激励发明理论以及自然权利理论的基本内容。垄断报酬理论认为："任何人都有权根据其对社会作出的贡献获得相应报酬。如果有必要，国家应当采取相应的干预措施保证其获得此等报酬。发明人作出了对社会有益的发明创造，确保其获得相应报酬的优选方案是，授予发明人对其发明创造一定期限内的垄断权。"❶ 专利权社会契约理论的一个重要侧面就是授予发明人专利权，以此作为发明人公开其发明创造的报酬，可以认为其包含了垄断报酬理论的基本内涵。垄断报酬理论具有自然法上的正当性，但是也存在两个方面的问题：一是，垄断报酬理论的目的是奖励有意识的努力和刻苦工作，因此不应当对偶然的发明创造给予报酬，而实际上并不是这样；二是，应当根据发明创造的市场价值衡量其应得的报酬，而实际上所有专利的保护期限是一样的。❷ 激励发明理论从公共产品的外部性理论出发，认为如果没有专利权的保护，发明人将无法禁止他人的"搭便车"行为。只有为发明人创设临时性垄断权，才能使得发明人的收益接近社会整体收益，进而促使发明人有更大的经济动力去产生新的发明创造，并最终促进社会科学技术的整体进步。在专利权社会契约理论的框架下，国家授予发明人以专利权虽然直接目的是促进发明创造的公开，但是客观上同样发挥了激励发明的功用，因为公开的前提条件是必须先作出了该发明。激励发明理论存在的问题是，它无法解释那些基于市场竞争需要、出于纯粹科学兴趣或由于幸运偶然所得之发明，显然并未考虑到专利权带来的经济激

---

❶ MACHLUP F. An economic review of the patent system［M］. Washington：US Government Printing Office，1958：21.

❷ 穆勒. 专利法（第3版）［M］. 沈超，李华，吴晓辉，等，译. 北京：知识产权出版社，2013：26.

励,但是同样也能获得专利法保护的问题。自然权利理论认为,人们对其自己创造的思想享有自然法上的权利,他人未经许可利用其思想,与盗窃无异,是一种应受谴责的行为。自然权利理论的目的是给予专利权以道德上的至上性,避免国家出于纯粹的经济政策考量任意处置专利权人之权利。专利权社会契约理论已经充分说明了发明人取得垄断权是有对价的,对社会是有益的,只不过是得到了他本来应得到的东西,所以其本身就可以给予专利权一种道义上的正当性。自然权利理论在解释专利权时遇到的最大难题就是,自然权利的永续性与专利权有期限性之间的矛盾。❶ 综上,专利权社会契约理论基本可以涵盖垄断报酬理论、激励发明理论以及自然权利理论等经典专利理论的基本内容,而且在某种程度上还可以克服上述理论自身无法消解的内在矛盾。因此,在种种有关专利权的学说中,专利权社会契约理论逐渐成为一种人们普遍接受的学说。❷

二、专利权社会契约理论的历史变迁和思想来源

专利制度产生之后,专利权经历了一个从垄断特权向普通财产权转变的过程。相应地,专利权社会契约理论也经历了一个与之相一致的嬗变过程。专利权社会契约理论来源于政治哲学上的社会契约理论和私法上的民事契约理论,是二者的有机统一,体现了这两种更为一般性理论的共同要求。

(一)专利权社会契约理论的历史变迁

专利权社会契约理论的思想渊源与专利制度的历史一样久远。只不过在专利说明书制度形成前后,专利权社会契约理论的具体内容有所不同,但其交易性的本质是一致的。19 世纪中后期在欧洲爆发的一场声势浩大的废除专利运动,给专利权社会契

---

❶ 梁志文. 论专利公开 [M]. 北京:知识产权出版社,2012:36.
❷ 李明德. 知识产权法 [M]. 北京:法律出版社,2014:111.

约理论的发展带来了历史际遇，最终促成专利权社会契约理论的
定型和成熟。

在早期专利法时期，专利说明书制度尚未产生，现代专利法
意义上的专利权社会契约理论尚未形成，但是当时的专利实践却
清晰地体现了专利权社会契约理论的基本要求，只不过其表现形
态与现代专利权社会契约理论有所不同而已。在早期专利法上，
专利权社会契约的主体是专利权人和封建君主或封建政府。专利
权社会契约的内容，在专利权人一方是获得一定期限内某种生产
技术或对外贸易的垄断实施权；在封建君主或封建政府一方，则
是通过专利权人实施专利的行为引入某种新式的产业或者贸易，
促进国内产业的发展和税收的增加，同时通过强制招工条款获得
发明创造技术信息的扩散，从而提升国内特定产业整体的技术水
平，实现经济上的自足。❶ "作为重商主义政策要求，英王在授
予某些新式制造业以专利的同时也规定了相应的各种条件，以实
现发展本国工商业的政策目标。尽管每一专利在授予之时所规定
的具体条件并不一致，但是纵观伊丽莎白一世时期专利授予实
践，通常都包含以下这些条件或限制，作为获得独占经营的对
价：（1）商人必须在规定的时间内从事所授权的制造业务，这
一期间短则 2 月，长则 3 年，若未能及时生产，则可导致专利授
权的取消或失效。（2）商人必须雇用和训练本地学徒或工人，
这一要求通常针对外国商人，旨在培育和发展本国工业。（3）质
量和价格要求。"❷ 考虑到早期专利法上的发明创造一般为自我
披露的产品发明或者是简单的工艺发明，通过实施条款和用工条
款就足以保障专利技术信息在全社会的扩散。所以，虽然早期专
利法没有明确要求专利权人以书面的方式进行专利技术信息的公

---

❶ MOSSOF A. Rethinking the development of patents: an intellectual history, 1550 –
1800 [J]. Hastings Law Journal, 2001, 52 (6): 1255 –1322.

❷ 黄海峰. 知识产权的话语与现实：版权、专利和商标史论 [M]. 武汉：华
中科技大学出版社，2011：130.

开，但是实际上专利技术信息扩散的要求同样是存在的，而且也是封建君主授予专利权所欲获得对价的一部分，只不过专利技术信息处于"事实公开"的状态。

在早期专利法时期，封建君主授予专利权的目的往往是引入某种新产业，以发展本国工商业。"为发展本国制造业，英国政府自 14 世纪始即开始有意采取各种措施促进新式工业的发展，其主要手段即通过公示令状明文给予从外国引入新兴行业的商人某种形式的特别保护。"❶ 为了实现振兴工商业的目的，早期专利法对专利的实用性要求极高，每一件专利都必须能够给相关产业带来重大的经济技术进步，❷ 因而只承认开拓性发明而不承认改进发明的可专利性。但是随着工业革命的开展，累积性创新成为机械类发明的一种重要创新形式，对经济技术发展的推动作用日益明显。为了促进累积性创新，亟须对改进型发明提供专利保护，改进型发明的发明人出于维护自身经济利益的考量，也在积极寻求对改进型发明的专利授权。1776 年的 Morris v. Branson 一案❸确立了改进型发明的可专利性。该案审理中原被告双方争论焦点集中在英国垄断法规对新颖性要求的理解上。被告试图挑战原告专利的效力，认为专利若为有效必须是在实质上和本质上为全新发明；尽管原告的发明前所未有，但其只是在已有发明基础上的改进和增加，因此不应授予专利。该案主审法院曼斯菲尔德勋爵认为，所有发明都是基于对已有产品或工艺的改进或发展，如果所有基于改进的发明专利皆为无效，则过去所有授予的专利都值得质疑；对于已有产品的改进或增加而授予的专利仍为有

---

❶ 黄海峰. 知识产权的话语与现实：版权、专利和商标史论 [M]. 武汉：华中科技大学出版社，2011：128.

❷ 杨德桥. 专利实用性要件研究 [M]. 北京：知识产权出版社，2017：18.

❸ Morris v. Branson，1 Carp. P. C. 30 (1776).

效，但是这一专利仅及于改进或增加的部分而不得延及原有的产品。❶"英国接受改进专利后，需要说明书来区别改进专利与原有技术之间的界线。当其他人质疑已授权专利时，说明书描述的技术内容成为确定专利申请人是否为 1624 年垄断法第 6 条规定的'真正的第一个发明人'的依据。"❷ 所以在这一时期专利说明书制度在英国专利法上也逐步确立下来。1778 年由曼斯菲尔德勋爵主审的 Liardet v. Johnson 一案最终确立了专利说明书的法律效力及其撰写标准。由于改进型发明以基础发明的实施为前提，本身不具有独立实施的可能性，随着改进型发明的日益普及，早期专利法上将在本地实施视为专利权对价的认识已经不合时宜。专利权社会契约理论的对价内容发生了一次深刻的变革，发明人获取专利权的对价由在本地实施转换为一份充分公开其发明创造的适格说明书。"随着时间的推移，英国女王关于专利授权的对价的看法产生了明显的改变，女王越来越认识到授予专利的对价不是实施发明，而是向公众传播新的技术。"❸ 同时，在政治上随着王权的式微和资产阶级全面掌握国家政权，专利权的封建特权色彩逐渐褪去，财产权属性渐成社会之共识，专利权社会契约的主体由早期专利法上封建君主与专利权人转换为社会公众与专利权人。在 1795 年波顿与瓦特诉布尔一案中，布勒法官明确宣布"专利说明书乃是专利权人为了获得一定期间的独占利益而必须付出的代价"。❹ 至此，现代专利法意义上的专利权社会契约理论正式形成。19 世纪六七十年代英国发生了一场声势

---

❶ 黄海峰. 知识产权的话语与现实·版权、专利和商标史论 [M]. 武汉：华中科技大学出版社，2011：142.

❷ 和育东. 专利契约论 [J]. 社会科学辑刊，2013 (2)：48 – 53.

❸ WALTERSCHEID E C. The early evolution of the United States Law: antecedents (Part 3) [J]. Journal of the Patent & Trademark Office Society, 1995, 77 (10): 771 – 802.

❹ Boulton & Watt v. Bull, 1 Carp. P. C. 117, 126, 126 Eng. Rep. 651, 654 (C. P. 1795).

浩大的专利存废之争，专利权社会契约理论成为支持专利一方的重要论据。从专利权社会契约理论出发，支持专利的一方认为，发明者无中生有，制造了某种发明，从而对国家和社会作出了相当的贡献，因此在发明人将其发明公之于众之时，国家有义务给予发明人某种法律保障，从而使其能从中获得回报，如此才符合正义的精神。❶ 此后，随着专利制度的发展，每当法院欲就新的主题事项给予专利保护或扩充专利权人的权利范围之时，专利权社会契约理论往往都会成为法院据以形成裁判的重要理据。

（二）专利权社会契约理论的思想来源

契约理论是认识西方人精神世界的一把钥匙。契约理论在西方运用极为广泛，不但人与人之间的关系需要运用契约理论去调整，人与神之间的关系也需要运用契约理论去思考和把握。人与人之间的契约又可以区分为政治上的契约、伦理上的契约和法律上的契约。❷ 可以说契约理论在西方人的精神世界和物质生活中无孔不入，与东方人善于从伦理角度思考人生和世界形成了鲜明对照。专利制度从其产生之日起就被打上了深深的契约烙印，被视为封建君主与发明人之间的一种互惠契约。资产阶级革命以后，专利被视为发明人与代表社会公众的国家之间的契约。就专利权社会契约理论的内容而言，其思想来源包括政治哲学上的社会契约论和私法上的民事契约理论两个侧面。只有理解了专利权社会契约理论的思想渊源，才能准确地把握该理论的思想内涵及其对专利制度的具体说明价值。

政治哲学上社会契约理论的经典作家是法国启蒙思想家卢梭。卢梭运用其所提出的社会契约理论重新阐释了国家和财产的起源问题。卢梭的理论适应了新兴资产阶级政权的权力运作实践

---

❶ Festo Corp. v. Shoketsu Kinzoku Kogyo Kabushiki Co., 122 S. Ct. 1831 (2002).

❷ 孙同鹏. 经济立法问题研究：制度变迁与公共选择的视角 [M]. 北京：中国人民大学出版社，2004：31.

和财产保障需求，成为西方世界广为接受的一种政治哲学理论。专利涉及一种新的财产形式，属于私有财产的来源问题，完全可以运用卢梭所提出的社会契约理论框架进行分析。当然，卢梭的财产权起源理论也不是空穴来风，而是建立在对前人成果的批判吸收基础之上的。

在卢梭之前，以霍布斯和洛克为代表的早期启蒙思想家倡导的是财产权"自然权利"学说。洛克认为，上帝将整个世界赐予全人类共有，但是每个人对于自己的身体拥有所有权，所以每个人的劳动是严格属于他自己的，如果一个人将自己的劳动和处于共有状态下的物混合在一起的时候，他就能取得该物的所有权。❶卢梭批判性地吸收了洛克的财产权理论。卢梭的财产权理论同样起源于自然权利观念，其指出"每个人都天然有权取得为自己所必需的一切"。❷但卢梭又不满足自然权利观念所提供的分析框架。由于洛克的财产权为"自然权利"，不以国家的存在为条件，缺乏足够的安全保障，所以在卢梭看来这种财产仅仅是一种事实，而不是一种真正意义上的财产权。卢梭以其社会契约理论重构了私有财产的起源理论。卢梭认为，人生来是自由的，为了使自由获得保障，人们订立契约成立国家、制定法律，国家通过法律以"公意"的形式来保障人们的自由、生命和财产。卢梭严格区分了自然法上的自由和权利与社会契约下的自由和权利，指出后一种自由和权利才是真正的自由和权利。卢梭认为："人类由于社会契约而丧失的，乃是他的天然的自由以及对于他所企图的和所能得到的一切东西的那种无限权利；而他所获得的，乃是社会的自由以及对于他所享有的一切东西的所有权。"❸"十分明显，财产的自然占有状况，只是享有权，它以个人强力

---

❶　洛克. 政府论（下篇）[M]. 叶启芳, 瞿菊农, 译. 北京: 商务印书馆, 1982: 18 - 33.

❷　卢梭. 社会契约论 [M]. 何兆武, 译. 北京: 商务印书馆, 1982: 27.

❸　卢梭. 社会契约论 [M]. 何兆武, 译. 北京: 商务印书馆, 1982: 30.

或先占为依据。只是在进入国家状态之后，由于体现社会公意的法律所作用的结果，才使得对物的占有事实成为正式的财产权利即所有权。由此可见，关于财产权成立的依据，卢梭的解释较之于他的前人更进了一步。"❶ 在财产权的具体内容上，卢梭强调权利与义务相伴而生，财产权的最终目的是维护公共利益。虽然卢梭的财产权理论是为了解决有体财产权的起源问题而提出，但是同样适用于对于无体财产权，也就是知识产权来源的政治解读。与有体财产不同，无体财产基本不可能通过自力的手段进行有效的占有，尤其依赖于国家所代表的社会公意的认可和保障。"发明的所有人不可能……通过他自己的行为来确保他的财产。他必须求诸外部的、国家的帮助。"❷ 可以说，没有国家公权力就没有知识产权。知识产权的发展史表明，知识产权的起源和发展须臾离不开国家权力的保障。利益平衡是知识产权法的基本原则，权利人在享有知识产权的同时，必须承担相应的法律义务。知识产权制度的终极目的是促进社会福利，赋予个人专有权只是达成这一目标的手段而已。社会契约论关于财产权附带义务和最终目的是维护社会公共利益的立场，恰贴地反映了知识产权的本质。可以说，社会契约论与专利权社会契约理论有异曲同工之妙，在解释专利权的起源和样态上，二者的立场是完全一致的。社会契约论作为更为一般性的政治哲学理论，催生了近代"专利契约"理论，❸ 成为专利权社会契约理论的政治哲学基础。

专利法进入近现代时期以后，随着专利权日益被视为私法上

---

❶ 吴汉东. 法哲学家对知识产权法的哲学解读 [J]. 法商研究，2003（5）：77 - 85.

❷ MACFIE R. The patent question under free trade：a solution of difficulties by abolishing or shortening the invention monopoly and instituting national recompense [M]. London：W. J. Johnson，1863：12.

❸ 杜鹃，陶磊. 专利法利益平衡机制的法经济学解析：基于社会契约论的观点 [J]. 经济经纬，2008（1）：157 - 160.

的财产权，民事契约理论的分析范式开始深刻地影响专利实践，成为专利权社会契约理论的另一项思想来源。"在 19 世纪，法院日益使用'契约'一词来阐释专利人技术公开之义务，这实不难理解。因为在那时，基于对价原则的古典合同法正在兴起和精化。随着私人合同法影响的加深，在思考专利社会契约论时，私人合同法就自然被运用到类推式论证中。"❶ 私法上的民事契约理论在如下三个方面对专利权社会契约理论产生了深刻影响：首先，民事契约理论关于对价的要求。"对价"是英美契约法的核心概念，对价的存在是判断契约是否成立和允诺可否执行的根基，对价被视为契约法上的理论和规则之王，支配着契约法的全部规则和体系。❷ 所谓对价，在英美契约法上是使用可交换性来定义的，也就是说任何一方的允诺都是为了交换对方的允诺，双方允诺的互换性即构成对价。用英美契约法上的传统理论来解释，也就是"获益—受损"公式，也就是说任何一方在获得对方利益的同时，必须有所付出，承担了在没有契约关系时不应负担的损失。专利权社会契约理论强调垄断权和公开义务的互换性，体现了民事契约理论上的对价思想。其次，对价必须充分，虽然不必充足或相当。这一点强调的是双方当事人都不能存在欺诈行为，任何一方提供的对价都必须有法律上的价值，且能够满足对方的缔约需求，虽然不要求价值上完全相等。对价是否充分完全由双方当事人自由议定，不存在客观上的第三方标准。"对价的'充分'只是意味着对价是法律上有价值的东西，只要符合这个门槛，法院就不会过问对价之价值是否相当。"❸ 在专利

---

❶ 达沃豪斯. 知识的全球化管理 [M]. 邵科, 张南, 译. 北京: 知识产权出版社, 2013: 25 - 26.

❷ 刘承韪. 英美法对价原则研究: 解读英美合同法王国中的"理论与规则之王" [M]. 北京: 法律出版社, 2006: 13.

❸ 吕炳斌. 专利契约论的二元范式 [J]. 南京大学法律评论, 2012 (2): 196 - 205.

权社会契约理论下，专利权的获得和发明创造的充分公开互为对价，乃是缔约双方自愿的结果，专利权人不得隐瞒本质性的发明信息以致影响专利技术的扩散，但是至于专利权和充分公开的信息在客观价值上是否等值，并不是该理论关注的重点。最后，契约权利是一种私权，权利人具有处分权。权利的处分性在专利权社会契约上的反映是，发明人可以就其作出的全部创造性贡献获得专利权保护，也可以将部分发明信息不记入权利要求，而是自愿捐献给全社会，这就是专利侵权判定上的"捐献原则"。所以，专利权人的权利范围以权利要求书的记载为准，而不是以说明书记载的发明创造信息为准，体现了专利权作为一种私权的可处分性。民事契约理论在对价的存在、对价的充足性和权利的可处分性三个方面给专利权社会契约理论提供了理论滋养，使得该理论获得了与普通民事契约一样的司法可执行性，取得了鲜活的理论生命力。

三、专利权社会契约理论对专利充分公开制度的支持

专利权社会契约理论包括宏观上的社会契约理论和微观上的民事契约理论两个侧面，故该理论对专利充分公开制度的支持在这两个侧面也分别有所体现。社会契约理论侧面主要说明了充分公开制度存在的必要性和基本框架，而民事契约理论侧面重点阐释了专利充分公开制度的具体内容。虽然专利权社会契约理论两方面的思想来源对专利权社会契约理论的说明各有侧重，但是也难以截然分开，实际上二者常常是交织在一起的。这也体现了两方面思想来源在专利法上的融会贯通性。具体来讲，专利权社会契约理论对专利充分公开制度的支持表现在如下三个方面：

首先，作为提供给社会公众的获得垄断权的对价，专利权人必须公开其发明创造，不得兼取专利法和商业秘密法所带来的双重惠益。专利充分公开制度的目的就是保障发明人之外的人能够从发明人公开的内容中获益，而且，如果其他人被明确告知了制

造或者使用该发明的方法，获益是最有可能发生的。❶ 专利权人要以某种形式公开其发明创造的要求，早在专利法诞生之初就已经存在，也可以说是专利法的生命和灵魂所在，否则我们就没有办法有效区分专利法和商业秘密法的界限，甚至说也就没有必要创设专利制度。19 世纪著名专利法学者威廉·鲁宾逊曾说："为了使某一项发明可获得专利，它不仅必须由发明人提交给公众，而且在提交时，它必须使他们获得利益……不能让社会获得对价者，自己也无法获得适当的补偿。"❷ 在专利法的历史上，虽然专利权人曾经多次试图在获得专利权的同时保持其技术秘密，但是从来都没有成功过，即使在封建行会盛行的早期阶段，专利权人还至少负有向本行会的成员公开其发明技术信息的义务。有学者认为威尼斯专利法的出发点是把工艺师们的技艺当作准技术秘密加以保护，因为威尼斯当时的法律要求，获得专利的前提是：第一，在威尼斯实施有关技术；第二，要把该技术传授给当地相同领域的工艺师，而这些工艺师对外则承担保密义务。❸ 但是这种看法似乎并没有事实基础，也不为其他学者所接受。❹ 出于对专利权保护乏力的不满，有专利权人于 1793 年向英国议会提交了一项提案，要求禁止专利说明书在专利有效期间内公开，从而防止发明的扩散并加强专利的保护。相似内容的提案在 1819 年、1820 年、1821 年多次被引入议会，但都无疾而终。❺ 相反，1852

---

❶ 阿伯特，科蒂尔，高锐. 世界经济一体化进程中的国际知识产权法［M］. 王清，译. 北京：商务印书馆，2014：268.

❷ 哈尔彭，纳德，波特. 美国知识产权法原理［M］宋慧献，译 北京：商务印书馆，2013：238.

❸ 郑成思. 知识产权法：新世纪初的若干研究重点［M］. 北京：法律出版社，2004：147.

❹ 吕炳斌. 专利披露制度起源初探［M］//国家知识产权局条法司. 专利法研究 2009. 北京：知识产权出版社，2010.

❺ COULTER M. Property in ideas：the patent question in mid–victorian Britain［M］. The Thomas Jefferson University Press, 1991：30.

年英国通过了专利法修正案，不但首次以成文法的形式规定了对专利充分公开的要求，而且建立了专利文献出版制度，专利信息公开正式步入法制化轨道。专利权社会契约理论还可以论证专利法对最佳实施方式要求的合理性。美国专利法第112条规定，申请人在专利说明书中必须披露他所知道的最佳实施方式。换言之，申请人不能在申请专利保护时，仅仅披露效果一般的实施方式，而将最佳实施方式当作商业秘密隐藏起来。这一规则背后的基本指导思想是，发明人不能同时从专利与商业秘密的保护机制中获得保护。相反，申请人必须作出非此即彼的选择。❶ 如果没有对最佳实施方式的要求，专利权人获得了最佳实施方式的专利保护，却将其混同于一般实施方式进行公开，其他人无法再就该最佳实施方式获得改进发明，这实质上相当于专利权人就没有公开的东西获得了垄断权，这显然是违背专利权社会契约理论关于对价的要求的。

其次，专利权人提供的对价必须充分，且对社会公众具有实质性利益。专利法从本质上来讲属于商业法或产业法的一部分，社会公众从专利中所获得的好处必须具有实用性，也就是说必须实实在在对社会公众的生活提供直接的、现实的益处。❷ 专利法不同于科学技术促进法，专利法的直接目的不是单纯促进科学知识的增长，那些不具有实用性的科学信息可能具有极大的科学价值和宽广的应用前景，但是并不会因此具有可专利性。"专利制度必须与商业世界而不是和思想王国紧密相连。"❸ 作为获得专利权的对价，专利权人向社会公众提供的专利信息必须足够完整、准确和详细，达到能够使本领域普通技术人员根据专利说明

❶ 崔国斌. 专利法：原理与案例 [M]. 北京：北京大学出版社，2012：372-373.

❷ 杨德桥. 专利之产业应用性含义的逻辑展开 [J]. 科技进步与对策，2016（20）：103-108.

❸ Brenner v. Manson, 383 U. S. 519 (1966).

书可以直接实施发明创造的程度，也就是要满足专利充分公开之能够实现要件的要求，方谓提供的对价充足。相反，如果专利权人在专利说明书中隐瞒了实质性信息，以至于本领域普通技术人员不付出创造性劳动就无法实施专利，则此类抽象化了的专利信息并不符合专利法的要求，社会公众因此出现受领不足，专利权即使已经授予也应依法宣告无效。"可实施性（能够实现要件——笔者注）要求公开不得以简单的描述或简洁的解释为之。事实上，发明人必须真正地丰富公众的科技知识。在发明细节公开之外，可实施性亦可实现另两个重要目的。可实施性得以作为抽象论理科学及实际技术贡献间的界限。这项专利法的原则是为确保专利是对真正问题的技术解决方案，而不只是憧憬式的理论假设。此外，重要的是可实施性可以作为防止发明人超出权利要求的范围。这项原则因此也确保发明人请求排他权利的范围及内容和实际的发明是相当的。换言之，授予独占权的范围不得超过发明人的技术贡献。"❶ 也就是说，专利权社会契约理论不但能够证成专利充分公开中的能够实现要件，还可以证成其书面描述要件，或者称为权利要求应当获得说明书支持的要件。美国联邦巡回上诉法院（CAFC）在 Ariad 一案的判决书中说道，"书面描述的目标是'保证权利要求主张的范围未超过发明人对发明所属领域的贡献'。这是专利授权等价交换原则（quid pro quo）的一部分，保证公众获得有意义的公开，交换条件就在一段时间内不能实施发明。"❷

最后，专利权范围以权利要求书为准，且应当获得说明书的支持。为了将权利信息和技术信息区别开来，现代专利法创造了权利要求制度，发明人拟申请专利保护的发明创造必须记入权利

---

❶ ADELMAN M J, RADER R R, KLANCNIK G P. 美国专利法 [M]. 郑胜利，刘江彬，译. 北京：知识产权出版社，2011：103 - 104.

❷ Ariad Pharm., Inc. v. Eli Lilly and Co., 598 F. 3d 1336, 1341（Fed. Cir. 2010）.

要求书，未记入权利要求书的技术信息即使符合可专利性的要求也不能受到专利权的保护。"就像不动产的契约一样，专利权利要求定义了专利权人排他性权利的边界。"❶ 法律作出如此规定的原因在于，从民事契约理论侧面来看，专利权是私权，专利权人可以放弃应得的专利权，将其捐献给社会公众，这就是专利侵权判定上的"捐献原则"。"捐献原则"是美国联邦巡回上诉法院为了防止"等同原则"的滥用而创立的判例法，其基本含义是："如果专利权人仅在说明书及其实施例中描述了一项技术方案，但权利要求书并未记载，则在他人使用该项技术方案时，不能适用'等同原则'认定该项技术方案与在权利要求书中记载的一项技术方案等同，从而认定他人侵权。换言之，这项技术方案被视为由专利权人自愿捐献给了公众。"❷《最高人民法院关于审理侵犯专利权纠纷案件应用法律若干问题的解释》第 5 条规定："对于仅在说明书或者附图中描述而在权利要求中未记载的技术方案，权利人在侵犯专利权纠纷案件中将其纳入专利权保护范围的，人民法院不予支持。"这实际上就是承认了"捐献原则"。权利要求还必须获得说明书的支持，超出说明书范围的权利要求是不可接受的，因为一旦就超出说明书范围的权利要求授予专利权，意味着社会公众向发明人授予了垄断权，但自己却一无所获，这显然是不符合专利权社会契约理论的基本要求的。"专利文字的解读，须限定在不超出发明的权利要求范围，且亦不该依专利说明书的其他部分，而将其作扩大解释。"❸ "权利要求必须得到说明书的支持"体现了以下法律原则：由权利要求界定的专利保护范围，应当与说明书对现有技术的贡献一致，或

---

❶ 穆勒. 专利法（第 3 版）[M]. 沈超，李华，吴晓辉，等，译. 北京：知识产权出版社，2013：60.

❷ 王迁. 知识产权法教程 [M]. 北京：中国人民大学出版社，2016：376.

❸ Yale Lock Mfg. Co. v. Greenleaf, 117 U. S. 554, 559（1886）.

者，专利垄断权不应该超过发明的贡献。❶ 权利要求就是专利权社会契约中社会公众支付给发明人的全部对价。❷

第二节 经济创新理论

促进创新是专利制度的基本价值目标。随着社会经济技术条件的深刻变革，社会的创新范式也在发生根本的变化。从封闭式创新走向开放式创新，正在成为创新范式不可逆转的历史潮流。2016 年 4 月 26 日，习近平总书记在视察中国科技大学时指出："我们强调自主创新，不是关起门来搞研发，一定要坚持开放创新。"专利制度诞生在封闭式创新的工业革命时代，在开放式创新日益成为占主导地位的社会创新范式的今天，专利制度也面临着如何适应新的创新范式之困。❸ 自由、开放、合作、共享的开放式创新理念，为专利充分公开制度的发展提供了历史机遇，也提出了严峻的挑战。开放式创新理论进一步夯实了专利充分公开制度的理论基础，指明了专利充分公开制度的发展方向。

一、技术创新与专利制度

创新是经济发展的根本驱动力。技术创新是经济创新的一种重要表现形式。技术创新具有累积性特征，而创新技术的扩散则是实现累积性创新的关键性步骤。专利制度既保证了对创新者的经济激励，又实现了创新技术的有序扩散，是实现经济创新的根本制度保障。

---

❶ 哈康，帕根贝格. 简明欧洲专利法 [M]. 何怀文，刘国伟，译. 北京：商务印书馆，2015：135.

❷ 杨德桥. 专利权社会契约理论及其对专利充分公开制度的证成 [J]. 北京化工大学学报（社会科学版），2018（2）：42－50.

❸ 梁志文. 论专利公开 [M]. 北京：知识产权出版社，2012：129.

（一）创新的含义与价值

中共十八大报告和十八届三中全会公报提出，要以全球视野谋划和推动创新，实施创新驱动发展战略，把全社会的智慧和力量凝聚到创新发展上来，也就是要实施创新驱动发展战略。经济学上的创新理论是由美籍奥地利经济学家约瑟夫·熊彼特首先提出来的。熊彼特在1912年出版的《经济发展理论》一书中，开创性地提出了以技术创新为基础的经济创新理论。"由于思想过于异端，加之时代局限，熊彼特的经济创新理论在生前并没有被主流经济学所接受。"❶第二次世界大战以后，特别是20世纪80年代以来，由于科技在经济发展中日益发挥更大作用，熊彼特的经济创新理论才被人们重新发现并进行了深入研究和广泛传播。熊彼特首先区分了经济增长和经济发展的不同。熊彼特认为，经济自身由于适应外部的数据变化而产生的量变，像人口和财富之类的数量增加只能是经济增长，而并不是经济发展；经济发展是流转渠道中的自发的和间断的变化，是对均衡的干扰，它永远在改变和代替以前存在的均衡状态。❷具体来说，创新就是把一种新的生产要素和生产条件的"新组合"引入生产体系。"新组合"通常包括五种情形：其一，研发或引入一种新产品或产品的一种新特性；其二，采用一种新的生产方法或商业上处理产品的一种新方式；其三，开辟产品的一种新市场；其四，开拓并利用新原料或获得原料的新的供给来源；其五，建立企业的新组织形式。❸经济创新从本质上来讲就是生产要素的重新组合，也就是在生产过程中引入一种生产要素间的新函数，实现需求函数和供

---

❶ 李如鹏. 关于熊彼特的经济创新理论 [J]. 经济研究参考，2002（37）：16-22.

❷ 熊彼特. 经济发展理论 [M]. 何畏，易家详，译. 北京：商务印书馆，1990：72.

❸ 熊彼特. 经济发展理论 [M]. 何畏，易家详，译. 北京：商务印书馆，1990：53-61.

给函数的根本改变。❶ 在熊彼特理论的基础上，又衍生出了技术创新理论和组织创新理论，分别聚焦于生产技术创新和组织管理创新。熊彼特提出的经济创新理论是提升经济效率、实现可持续发展的根本途径，对人类经济发展模式的转变指明了航向。习近平总书记指出，实施创新驱动发展战略，是加快转变经济发展方式、破解经济发展深层次矛盾和问题、增强经济发展内生动力和活力的根本措施。可以说，转变经济发展方式，舍创新一道，别无他途。❷

（二）创新的过程与性质

熊彼特严格区分创新与发明、试验的不同，认为发明本身只是一种新概念、新设想，或者最多表现为试验品，即使对人类作出了巨大贡献，也不产生任何相关的经济效益。❸ "只要发明还没有得到实际上的应用，那么在经济上就是不起作用的。"❹ 在熊彼特看来，发明和试验都是科技行为，是一种知识生产活动；而创新则是经济行为，是为了获得更好的经济和社会效果，而创造并执行一种新方案的过程和行为。❺ 推动创新的是企业家，而不是发明家。❻ 根据熊彼特的创新理论，创新过程由新构思的产生、技术开发、商业价值的实现三个环节顺次组成；技术创新指的是技术的首次商业化，是发明的后续阶段，它和发明的创造、

---

❶ 张维迎. 经济学原理［M］. 西安：西北大学出版社，2015：245.

❷ 马一德. 创新驱动发展与知识产权战略研究［M］. 北京：北京大学出版社，2015：1.

❸ 梁志文. 论专利公开［M］. 北京：知识产权出版社，2012：80.

❹ 熊彼特. 经济发展理论［M］. 何畏，易家详，译. 北京：商务印书馆，1990：98.

❺ 李如鹏. 关于熊彼特的经济创新理论［J］. 经济研究参考，2002（37）：16 - 22.

❻ HEERTJE A，MIDDENDORP J. Schumpeter on the economics of innovation and the development of capitalism［M］. Edward Elgar Publishing Ltd.，2006：79.

技术创新的扩散构成整个科技活动中相互重叠又相互作用的三部分。❶ 就技术创新而言，新技术形成之后的应用和扩散构成创新中的重要一环。"创新与发明是密不可分的，事实上发明是创新过程中的一个步骤，还有一个与创新相关的重要概念是扩散……它（扩散）是指创新被广泛使用，一段时间后波及其他领域的过程。"❷ 创新扩散的过程同创新一样重要。❸ 专利公开的目的之一就是为了完成发明创造的扩散。熊彼特关于创新理论的重大意义在于，他将创新视为经济发展和运行的内生变量而不是外生变量，是在经济学视野中研究创新问题，即技术创新不是一个技术概念，而是一个经济概念，其本质并不只是创新成果的形成，而是创新成果从产生出来到成功商业化的一系列活动。❹ 从我国《专利法》第 1 条❺有关立法目的的表述可以看出，我国《专利法》的根本使命在于促进创新，而不仅仅是激励发明创造的产出。激励发明创造的产出只是实现创新的一种手段，最终是为了提升全社会的整体技术水平，为经济社会发展服务。通过专利公开所实现的专利技术扩散是提升社会整体技术水平和发展社会经济的重要举措。熊彼特创新理论的不足之处在于，他将创新视为一个线性过程，并不符合经济活动的现实。后来的经济学家修正了熊彼特的创新范式，认为科学、技术与经济以互动的方式贯穿于整个创新过程中，使得科学研究与创新、发明与创新之间

---

❶ 梁志文. 论专利公开 [M]. 北京：知识产权出版社，2012：80 - 81.

❷ 史密斯. 创新 [M]. 秦一琼，等，译. 上海：上海财经大学出版社，2008：6.

❸ 罗杰斯. 创新的扩散 [M]. 唐兴通，郑常青，张延臣，译. 北京：电子工业出版社，2016：497.

❹ 冯晓青. 技术创新与企业知识产权战略 [M]. 北京：知识产权出版社，2015：19.

❺ 《中华人民共和国专利法（2008 修正）》第 1 条规定："为了保护专利权人的合法权益，鼓励发明创造，推动发明创造的应用，提高创新能力，促进科学技术进步和经济社会发展，制定本法。"

构成了互为因果的作用链环，❶ 创新是多种因素交互作用的非线性过程。

　　根据创新过程的性质，创新可以分为孤立创新（isolated innovation）和累积性创新两种形式。所谓孤立创新指的是最终不会产生后续创新的、彼此区分明显、相当狭窄的创新种类。❷ 比如制药产业是比较典型的孤立创新。制药产业的研发具有单向和独立性，最终只产生单一的产品，药物一旦研制成功通过测试，通常不需要在此基础上进一步优化开发。制药企业至多会优化其给药系统或者对诸如药物代谢物等显著的化学变异物寻求专利保护。❸ 特别是那些科学机制尚未被认识到的中医药创新，孤立创新的特点表现得比较充分。孤立创新的概念由经济学家诺德豪斯（William D. Nordhaus）提出。由于在孤立创新框架下，没有进行后续创新的可能性，保留创新结果也没有价值，所以厂商在取得创新之后，会对其进行披露并申请专利。所以诺德豪斯认为，强的专利保护会导致更多的 R&D 投资，能有效激励创新。孤立创新模型假定所有的创新都与未来的创新无关。换一个角度，"从现实的情况看，大多数的技术创新与进步都是基于前人提供的研究基础。尤其在当代高新技术产业中，更新换代的频率与速度加快，间隔时间趋于缩短，这些都有赖于在先的创新者的贡献。"❹ 这种在其他创新成果基础之上完成的、能够进一步引发新的创新成果的创新形式就是累积性创新。累积性创新表明了创新过程的延续性特点。累积性创新相互之间彼此依赖，后续的

---

❶ 董景荣. 技术创新扩散的理论、方法与实践［M］. 北京：科学出版社，2009：25 – 26.

❷ 梁志文. 论专利公开［M］. 北京：知识产权出版社，2012：87.

❸ 伯克，莱姆利. 专利危机与应对之道［M］. 马宁，余俊，译. 北京：中国政法大学出版社，2013：66 – 67.

❹ 董雪兵，史晋川. 累积创新框架下的知识产权保护研究［J］. 经济研究，2006（5）：97 – 105.

研究活动直接是对先前发现的改进或应用。❶ 经济学家 Kenneth Arrow 认为，在累积性创新下，前期创新者对后期创新者的正外部性或溢出效应（纵向溢出），能够节省创新投资且增加创新成果的产出。❷ 在专利制度下，受到专利保护的创新成果主要通过专利充分公开制度实现创新知识的溢出效应。专利制度的一个目标是将公开变成发明者一个比较喜欢的选择。公开促进了后续发明的出现（从最初的发明演变而来），这促进了原始发明的替代品的发明，增加了消费者的福利，降低了市场价格。❸

（三）技术创新与专利制度的耦合

经济学家 Lucas 认为："一个思想的大部分收益，如果是真正重要的思想，则几乎所有的收益都被创造者以外的其他人获得。"❹ Lucas 所说的就是知识的外部性问题。所谓知识的外部性是指，一个人的行为直接影响他人的福祉，却没有承担相应的义务或者获得回报。外部性是一种市场失灵现象，会使私人成本与社会成本不一致，或使私人收益与社会收益不一致。❺ 外部性包括正外部性和负外部性，分别指的是一个人的行为给他人带来净收益和净损失的问题。一般认为，知识带来的是正外部性的问题。知识外部性的影响效应包括增长效应和竞争效应两种。增长效应指的是，知识外部性能降低其他地区或企业的创新成本，并且溢出知识与其他知识可能具有互补性，因而能促进创新发展与

---

❶ 韩伯棠，李燕. 技术溢出——知识产权保护与社会福利研究：基于累积创新框架分析 [J]. 经济与管理，2008（10）：11 - 18.

❷ ARROW K J. Economic welfare and the allocation of resources for inventions [M]. Princeton, NJ：Princeton University Press, 1962：609 - 626.

❸ 格莱克，波特斯伯格. 欧洲专利制度经济学：创新与竞争的知识产权政策 [M]. 张南，译. 北京：知识产权出版社，2016：66.

❹ LUCAS R L. Lectures on economic growth [M]. Cambridge：Harvard University Press, 2002：3 - 7.

❺ 阳东辉. 论科技创新外部性的法律干预进路 [J]. 湖南师范大学社会科学学报，2013（5）：68 - 74.

经济增长；竞争效应指的是，在竞争性行业或市场，溢出知识会增强其他企业的创新竞争力，相应减少初始创新者的收益，从而削弱它的创新投入激励。❶ 知识外部性的竞争效应与增长效应的协调问题是经济学家们面临的一项重要课题。经济学家们为化解知识外部性所导致的创新激励不足的问题，提出了一套外部性内部化的理论，也就是采取某种措施使得知识创造的收益由知识的创造者所占有。德姆塞茨提出，赋予知识的创造者某种形式的产权是解决知识正外部性内化的有效途径。❷ 私有产权的重要特征之一在于其排他性，它可以帮助权利人获得其投资产出的大部分乃至全部价值，以此激励人们进行知识生产的投资。外部性内化的必要性还可以从著名的公地悲剧理论得到说明。该理论证明，如果资源处于公有化状态，就会产生过度使用或使用不足的问题，从而也就不会有人愿意进行公有资源的投资开发，最终导致资源的浪费。❸

　　专利制度是解决知识外部性内化的有效政策工具。一方面，专利制度赋予知识的权利人排他性商业使用权，保证由权利人获得知识使用的经济效益；另一方面，专利制度赋予权利人排他权的前提是知识内容的充分公开，使得排他权不至影响知识的外溢，同时科学研究和实验性使用侵权例外的规定使得排他权可以与改进发明、周边发明等累积性创新实现共存。优良的专利制度设计是实现创新的增长效应和竞争效应的有效政策工具。通过专利公开以产生专利技术溢出和增加公共知识储备，是专利制度促进技术知识传播进而激励创新的重要方式，是累积创新框架下专

---

❶ 黄先海，刘毅群. 知识外部性与创新竞争理论前沿研究述评 [J]. 社会科学战线，2014 (12)：39 - 47.

❷ 德姆塞茨. 关于产权的理论 [G] //科斯，阿尔钦，诺斯. 财产权利与制度变迁. 刘守英，等，译. 上海：上海三联书店、上海人民出版社，2002.

❸ ROSE C. The comedy of the commons: custom, commerce, and inherently public property [J]. University of Chicago Law Review, 1986, 53 (3): 711 - 781.

利设计模型的重要假设前提，也获得了实证研究的支持。❶ 专利制度遇到的现实难题是专利保护强度的确定问题。经济绩效和技术创新与专利保护强度之间都存在倒 U 形曲线关系，随着专利保护强度的提高，经济绩效和技术创新能力都会先增加，但在保护强度超过临界点之后开始下降。❷ 而且对专利保护强度的需求还具有因产业而异的特点，不同类型产业基于激励创新的目的对专利保护的需求是存在重大不同的。"大量经济学的证据证实，创新在不同产业中运转的方式不同，专利对于创新发挥的作用也因产业的不同而显示出巨大的差异。专利政策的问题在于如何对上述种种区别作出回应。"❸ 所以，专利制度与技术创新之间并不是一个线性关系，需要根据社会经济技术发展的需要不断进行动态调整。同时，也应当承认，专利只是创新政策工具的一种，其他的还有授权、奖励、补助、大学和公共实验室。❹

二、创新范式的转换与专利制度

随着经济技术的深入发展，创新本身也在发生着创新，这就是创新范式或创新模式的根本性变革。21 世纪以来，随着互联网技术的深入发展和快速普及，开放、合作、共享的理念深入人心，对创新的范式产生了重大的影响。经济创新从传统的封闭式创新向开放式创新过渡。创新范式的转换呼唤专利制度从理念到运行机制的变革。在开放式创新范式下，专利充分公开制度的价值愈发凸显。

---

❶ 李晨乐，叶静怡. 专利公开、技术溢出与专利私人价值 [J]. 中央财经大学学报，2016 (9)：112 – 121.

❷ 张庆，冯仁涛，余翔. 专利授权率、经济绩效与技术创新：关于专利契约论的实证检验 [J]. 软科学，2013 (3)：9 – 13.

❸ 伯克，莱姆利. 专利危机与应对之道 [M]. 马宁，余俊，译. 北京：中国政法大学出版社，2013：4.

❹ 格莱克，波特斯伯格. 欧洲专利制度经济学：创新与竞争的知识产权政策 [M]. 张南，译. 北京：知识产权出版社，2016：74.

（一）封闭式创新

20 世纪四五十年代以后，熊彼特的创新理论逐渐为人们所认识和接受，创新开始成为发达资本主义国家经济增长的主要路径。囿于当时的社会环境，在 20 世纪 80 年代之前，"封闭式创新"是社会创新的主导范式。封闭式创新是指，企业依靠内部持续的高强度的技术研发获得强大的竞争优势，也就是企业运用内部资源进行基础和应用研究产生新创意和开发新产品，确保企业自身对技术、知识产权的严格控制和垄断，以维持其核心竞争力。❶ 封闭式创新的核心理念是：成功的创新需要企业强有力的控制，企业必须自己研发技术并生产、销售产品，并且提供完善的售后服务和充足的财务支持。也就是说，要想保持核心竞争力，企业必须事无巨细、样样精通，从产品的设计与制造，到销售、服务和技术支持，每一个环节都要亲力亲为。一个封闭式创新的经典例子是，施乐公司在早期为了使其复印机更好用，甚至自己生产专用的复印纸张。封闭式创新的实质是封闭的资金供给与有限的内部研发力量结合，目的是保证独享技术以获取垄断利润。封闭式创新强调企业是有边界的，且边界是封闭的不可渗透的，甚至企业自身的研究部门与开发部门都是相互隔离的，一个是成本中心，另一个则是利润中心。❷ 封闭式创新得以形成的社会条件或背景是：员工流动性低致技术外溢困难、知识传播不快，消费者和供应商缺乏足够的专业知识，社会风险投资不发达致融资困难，高校及科研机构的应用技术开发能力较低等。❸ 封闭式创新适应了当时的社会经济技术发展的需求，使得很多创新

---

❶ 周立群，刘根节. 由封闭式创新向开放式创新的转变［J］. 经济学家，2012（6）：53 - 57.

❷ 陈秋英. 国外企业开放式创新研究述评［J］. 科技进步与对策，2009（12）：196 - 200.

❸ CHESBROUGH H. Open innovation：the new imperative for creating and profiting from technology［M］. Boston：Harvard Business School press，2003.

企业获得巨大成功且获利颇丰。❶ 杜邦、朗讯、IBM、HP 和施乐等国际知名的大企业纷纷建立自己的中央实验室（如杜邦实验室、贝尔实验室、沃森实验室、帕洛阿尔托研究中心等），垄断了行业的大部分创新活动。如 1946 年美国大企业所获专利数占到美国专利总数的 64%。封闭式创新过分强化和控制自我研究功能，产生了如下明显弊端：其一，大量的技术因过度开发或者与市场需求相脱离而被束之高阁，无法获利；其二，企业无视外部众多优秀且廉价的同类创新成果而导致"闭门造车"现象严重；其三，那些无力承担高额研发投入的企业难以参与创新，创新主体数量有限；其四，因局限于既有的组织资源、知识和能力，企业不能应付快速变化与新兴的市场；其五，企业内部不断有怀揣重要创新成果的骨干力量离职出走、另立门户，创新成果流失。封闭式创新不重视创新的市场导向极易导致"硅谷悖论"：最善于进行技术创新的企业往往也是最不善于从中赢利的企业。

（二）开放式创新

在 21 世纪的知识经济时代，企业仅仅依靠内部的资源进行高成本的创新活动，已经无法适应快速发展的市场需求以及日益激烈的竞争需要。人们逐渐认识到"成功的创新不仅来源于企业内部不同形式的能力和技能之间多角度的反馈，同时也是企业与它们的竞争对手、合作伙伴以及其他众多的知识生产和知识持有者之间联系和互动的结果"。❷ 在此背景下，"开放式创新"正在逐步成为企业创新的主导模式。从时间上来讲，自 20 世纪晚期起，开放式创新模式就开始涌现并逐步取代封闭式创新的位

---

❶ 高良谋，马文甲. 开放式创新：内涵、框架与中国情境［J］. 管理世界，2014（6）：157－169.

❷ 金吾仑. 创新方法论［J］. 天津社会科学，2003（2）：35－41.

置。❶ 进入 21 世纪以后，开放式创新作为一种新的管理范例，已
经成为美日欧等发达资本主义国家/地区高新技术企业的主导创
新范式。"开放式创新"的概念由美国管理学家亨利·切萨布鲁
夫于 2003 年提出。切萨布鲁夫认为，开放式创新是指企业同时
利用内部和外部创意，并同时使用内部、外部两条市场通道去创
造价值、分享价值的创新组织模式。开放式创新强调知识在透过
企业的边界有目的地流入和流出，而这种流入和流出分别是为了
"撬动"知识的外部来源和商业化路径。❷ 开放式创新不再明确
区分创新源于企业内部还是企业外部，对外部创意和外部商业化
推广与内部创意及内部商业化推广给予同等重视。开放式创新的
实质是以最小的成本和最快的速度实现创新成果转化，以期获得
利润的最大化。❸ 开放式创新形成的社会条件主要有：员工流动
性增加致知识和技术溢出速度加快，信息技术和互联网的发展致
产品和服务商业推广加速，高等教育的发展致产学研合作前景宽
广，创新速度加快致技术生命周期变短，技术日益复杂致研发风
险加大，企业利用专业知识壁垒获利的能力减弱等等。❹ 由于开
放式创新同时借助内部和外部的一切可能的创新资源及内外两条
商业化渠道，因此其创新绩效明显好于传统的封闭式创新模式。
开放式创新是各种创新要素互动、整合、协同的动态过程，这就
要求创新企业与所有的利益相关者之间建立紧密联系，从而实现
创新要素在不同企业、个体之间的共享，建立起创新要素整合、
共享和创新的网络体系。具体的利益相关者包括全体员工、顾

---

❶ 切萨布鲁夫. 开放式创新 [M]. 金马，译. 北京：清华大学出版社，2005：8.

❷ 切萨布鲁夫，韦斯特. 开放式创新：创新方法论之新语境 [M]. 扈喜林，译. 上海：复旦大学出版社，2016：18.

❸ 周立群，刘根节. 由封闭式创新向开放式创新的转变 [J]. 经济学家，2012（6）：53 –57.

❹ 王圆圆，周明，袁泽沛. 封闭式创新与开放式创新：原则比较与案例分析 [J]. 当代经济管理，2008（11）：39 –42.

客、供应商、全球资源提供者和知识工作者，乃至竞争对手。"企业需要转变创新范式，以共生的理念整合企业内外创新资源，通过共创、共享与利益相关方实现共同发展。"❶ 当然开放式创新在给企业带来较高的创新收益的同时，也给企业带来了管理成本上的大幅度增加。由于开放式创新需要协调企业内部和外部一切可能的创新资源，参与主体众多，如何进行有效的管理和协调成为主导开放式创新企业面临的一项重要课题。同时，由于开放式创新参与贡献主体较多，如何在各参与主体之间进行创新成果和收益的分配，关系到开放式创新能否持续的问题。还有，开放式创新一般通过开放式创新社区的组织模式进行，而开放式创新社区内部的运行规则也需要进行探索。总之，开放式创新给企业的发展带来了机遇，同时也给创新企业带来了管理上的严峻挑战。

（三）创新范式转换对专利制度的影响

企业技术创新方式从封闭式创新向开放式创新的转换，给专利制度造成了多方面的挑战，专利制度亟须适应新的创新范式进行必要的制度创新。开放式创新与专利制度的互动关系包括以下五个方面：（1）开放式创新环境下专利价值理念的纠偏和调整。现有专利制度形成于封闭式创新环境下，基于垄断报酬理论，强调专利的私人占有和排他使用。开放式创新则强调知识共享和高效运用。开放式创新与专利制度的价值定位存在显著差异，专利制度的价值理念应当进行必要的调整。在开放式创新环境下必须重新定位专利法的基本目标，专利制度应该努力促进知识流动和知识应用，而不能仅仅停留在对思想的保护之上。❷ 在坚持专利权之私权属性的条件下，融入开放共享的理念，探寻私人利益与

---

❶ 赵志耘，杨朝峰. 创新范式的转变：从独立创新到共生创新 [J]. 中国软科学，2015（11）：155 - 160.

❷ SHINNEMAN E M. Owning global knowledge：the rise of open innovation and the future of patent law [J]. Brooklyn Journal of International Law，2010，35（3）：935 - 964.

社会公共利益之间的新平衡点。（2）开放式创新环境下专利创造机制的变革和创新。在专利创造上，封闭式创新强调企业内部资源的整合利用和内部激励机制。开放式创新注重外部资源的整合利用和创新成果的惠益分享。开放式创新需要多主体高效协同工作，成果产出机制更加复杂。为此，应当采取允许企业制定更加灵活的发明奖酬制度，扩大专利共有并探索其多元化实现方式，赋予开源许可行为明确的法律效力等手段进行应对。❶（3）开放式创新环境下专利运用机制的变革和创新。在专利运用上，封闭式创新强调专利技术的自用，许可和转让只是补充，运用机制不发达。开放式创新注重专利效益的发挥，探索一切可能的商业化路径提高专利运用效益。"从本质上来说，把专利技术转让给其他公司，就是要利用外部商业模式来挖掘新技术蕴含的经济价值。"❷为此，应当通过引入专利当然许可制度、默示许可制度、标准必要专利的 FRAND 许可制度，以及更加自由开放的专利权转让、质押制度等措施为专利运用提供充足的制度供给。❸（4）开放式创新环境下专利保护机制的变革和创新。在专利保护上，封闭式创新强调对内部创意的严格保护，不断强化专利权。专利权过度强化所产生的"专利丛林""专利劫持"等现象损害了创新体系。开放式创新基于知识共享和高效利用的立场，强调对专利权的适度保护。为此，应当通过严格专利授权标准，慎用禁令救济，提高惩罚性赔偿的适用条件，防范专利垄断和专利权滥用等措施进行应对。❹（5）开放式创新环境下专利公共服

---

❶ 李伟，董玉鹏. 协同创新过程中知识产权归属原则：从契约走向章程 ［J］. 科学学研究，2014（7）：1090－1095.

❷ 切萨布鲁夫. 开放式创新 ［M］. 金马，译. 北京：清华大学出版社，2005：173.

❸ 马碧玉. 论开放式创新及其对专利制度的影响 ［J］. 中国发明与专利，2016（6）：23－30.

❹ 张平. 互联网开放创新的专利困境及制度应对 ［J］. 知识产权，2016（4）：83－88.

务机制和企业自我管理机制的变革和创新。封闭式创新强调企业在专利事项上的自我管理，专利公共服务机制不发达。开放式创新强调知识的共享、创新的专精化和交易的便捷化，客观上要求政府培育一套发达的专利公共服务体系。为此，应当通过建立统一的专利信息服务平台，组建统一的专利经营公司，发展专司专利保险、专利价值评估等服务的社会中介组织等措施提升专利公共服务水平。❶ 在开放式创新模式下，企业专利管理发生了明显变化，体现为管理复杂性程度提高、管理成本重心发生转移以及管理风险控制难度加大等。开放式创新决定了企业专利管理已不再是对专利的控制，而更多地关心专利的权益配置、利用和增值。这就要求企业创新专利管理商务模式、重视企业专利经营管理、制定规范的专利管理制度。❷

三、经济创新理论对专利充分公开制度的支持

通过对熊彼特以降经济创新理论的回顾可知，发明创造构思的完成仅仅是经济创新的一个环节，从性质上来讲当代的经济创新基本都是累积性创新，开放式创新已经成为创新的主要组织方式。经济创新理论的上述成果不但从宏观上论述了专利制度的合理性和必要性，而且从微观上为专利充分公开制度提供了经济学上的理论支撑。经济创新理论对专利充分公开制度的支持主要体现在如下三个方面：

首先，论证了专利技术信息充分公开的必要性。专利制度存在的目的是促进创新，而"知识的流动是创新的关键"。❸ 开放式创新的基本条件之一就是在外部环境中存在大量的可获取知

---

❶ 袁晓东，孟奇勋. 开放式创新条件下的专利集中战略研究 [J]. 科研管理，2010（5）：157 – 163.

❷ 郭亮. 基于开放式创新下的知识产权市场化问题及其应对 [J]. 中国发明与专利，2016（8）：17 – 21.

❸ 金吾仑. 创新方法论 [J]. 天津社会科学，2003（2）：35 – 41.

识，因此需要构建不断更新的知识库。封闭式创新也需要知识积累，但是封闭式创新主要依靠的是创新主体自身的知识积累和知识更新。在开放式创新环境下，市场需求变化迅速，企业创新需要大量的基础知识支撑，企业内部研发体系无法提供充足的知识供给，迫切需要建立统一有序的社会知识库。❶ 通过专利公开制度所形成的专利文献，是有关社会前沿技术信息的有序汇总，无论是信息的数量还是质量，都是其他科学文献所无法比拟的，为开放式创新企业提供了获取前期研究成果的重要平台。世界知识产权组织统计显示，世界上发明创造成果的 90%～95% 会首先在专利文献上记载。❷ 有效利用专利文献信息，可以节约 60% 的研发经费和 40% 的开发时间。❸ 为了促进专利文献所揭示的专利技术信息的传播，各国专利法都规定了专利文献的出版机制。随着网络技术的发展，通过在线数据库的方式向社会公众提供专利文献日益成为各国专利局提供专利文献的主要方式，极大地便利了专利信息的获取，提高了专利文献的应用价值。各国还采取相应措施保障专利信息的可靠性，对违反诚实信用义务披露虚假技术信息的行为进行相应的制裁，以确保专利文献价值的可实现性。正是专利充分公开制度成就了专利文献，进而服务于经济创新的社会需求。

其次，论证了专利权利信息公开的必要性。专利文献所公开的信息，不唯技术信息，还包括权利信息，也就是有关专利人和发明人的身份信息。在封闭式创新下，专利权利信息的主要作用是警示侵权行为，所发挥的作用是消极性的。在开放式创新下，

❶ 戴亦欣，胡赛全. 开放式创新对创新政策的影响：基于创新范式的视角 [J]. 科学学研究，2014（11）：1723－1731.

❷ 张鲜兰，刘仲徽. 试论专利文献的竞争情报价值 [J]. 企业技术开发，2008（7）：66－68.

❸ 万慕晨，欧亮. 专利文献的竞争情报价值研究 [J]. 农业图书情报学刊，2012（7）：87－89.

专利权利信息将发挥更大的价值，主要体现为促进专利许可和转让行为。开放式创新的要义有二，一是充分利用内外部资源进行创新，二是将内部不用的技术信息出售出去增加经济收益。这两项任务的完成都离不开专利交易。通过专利交易，才能够在开放创新的时候有效引进外部的专利技术作为创新资源，节省研发成本、提高创新效率；才能够将内部不需要的创新成果出售出去，避免成果闲置，提高创新收益。专利交易离不开专利权属信息的清晰。我国现有专利文献虽然提供了专利权属信息，但是尚不完善，不能完全适应开放式创新的要求。我国专利局公开的专利文献虽然记录了原始专利权人，但是常常并不记录专利权人的联系方式和专利权人的异动情况，不利于专利权人的搜索，在一定程度上迟滞了专利交易。同时专利文献对发明人的联系方式也应当进行披露，以便于满足开放式创新企业招揽创新人才的需要。当然，对于自然人专利权人和发明人而言，对其联系方式等个人信息的公布还存在一个与其隐私权相协调的问题，但是这不应当成为不公示的理由，而只能作为择定适当公示方式的考量因素。在开放式创新下，促成专利权交易的社会中介机构日益成长起来，以为企业的专利交易需求提供一站式服务。如何从分散的专利权人那里有效率地获得互补性专利（Complements Patent），是许多开放式创新企业面临的难题，专利集中战略遂被提上日程。运营专利集中战略的专利经营公司应运而生，成为开放式创新和专业化分工共同作用的产物。❶专利经营公司客观上要求高效率搜索被集中的众多专利权人，专利文献数据库适于并且也应当提供专利权人的充足联系信息。

最后，论证了专利充分公开的法律标准。在累积性创新和开放式创新环境下，专利公开满足书面描述、能够实现和披露最佳

---

❶ 袁晓东，孟奇勋. 开放式创新条件下的专利集中战略研究［J］. 科研管理，2010（5）：157－163.

实施方式的要求，显得尤为重要。由于创新的累积性质，一般基础性发明创造都欠缺直接商业化的价值，往往需要进行一系列的后续开发，才能投入商业化运营。如果基础发明的公开不能达到专利法"能够实现"的要求，后续开发的难度将会大增；如果公开到"能够实现"的要求但是不披露最佳实施方式，势必也将影响后续开发速度，增加后续开发的成本。在累积性创新下，由于改进发明成果的实施以基础发明为前提，改进发明人的利益与基础发明人是捆绑在一起的，基础发明人公开最佳实施方式，早日促成能够投入商业开发的改进发明的产出，也是符合基础发明人利益的。2014 年 6 月，电动汽车行业的领头羊特斯拉公司宣布开放其持有的几百项有关电动汽车的专利技术。特斯拉公司宣布"任何人如果出于善意想要使用特斯拉的技术，特斯拉将不会对其发起专利侵权诉讼"，"公开专利是希望透过开源，让更多人参与研发电动车技术，进一步推动电动车发展。"[1] 业界分析，特斯拉公司开放专利的根本原因在于，目前电动汽车行业技术发展还不够成熟，不少关键技术遇到了发展瓶颈，现有技术成果市场化空间有效，继续产生更多的发明创造才能发展壮大该行业，才能带来更多的经济效益。"放弃封闭式专利，而选择开放式创新平台，这与电动汽车所面临的发展困境是密切相关的。"[2]特斯拉公司通过开放其专利吸引更多企业进行开放式创新，从而扩大电动汽车市场规模，从根本上也是符合特斯拉公司的利益的。开放式创新环境下，专利中间市场发达，技术的创造者和产品的开发者之间往往并不进行直接的沟通，而是由专业的中介公司完成技术的交易。"这种中间市场的存在扩展了新技术的用途，推动了不同市场参与者之间的专精化。一些企业专门从事开发新

---

❶ 李朋波. 特斯拉开放专利背后的战略逻辑 [J]. 企业管理，2014（10）：24 – 26.

❷ 周春慧. 特斯拉开放专利，醉翁之意不在酒 [J]. 电子知识产权，2012（Z1）：48 – 49.

技术，而另一些则专注于开发新产品，还有一些则开发这个链条上特殊的小众产品、服务或应用。"❶ 最终产品的开发商往往并不从事技术研究和开发，而是直接进行产品的生产，因此它对产品开发前需要进行的具有一定研发性质的技术测试的能力相对不足。这就要求专利说明书对于发明创造的描述必须足够清楚和完整，比"能够实现"需要更进一步，达到书面描述的要求，以使得产品的开发者在购买到专利技术后在发明人缺席的情况下，也能够顺利地实施发明创造。

第三节　法律占有理论

权利的成立和行使，需要以某种形式对权利的客体进行占有。民法上的占有理论和权利理论一样久远，时至今日已经十分成熟和稳定。民事占有理论对于解决财产的支配和流转秩序问题发挥了重要价值。知识产权是一门相对年轻的学科，知识产权理论的发展和完善离不开对于传统民事理论的吸收和借鉴。知识产权的客体在本质上是信息，❷ 是一种抽象物，需要借助人的理性思维来把握。"知识产权的对象是符号性表达，它的范围不像物那样具有自然的物理边界。"❸ 知识产权权利的行使和权利侵害的救济，需要明确权利客体的内容以及主体与客体间的归属关系，也就是必须明确客体的边界和权利的状况。专利充分公开制度的价值包括两个基本向度，一个是技术教导功能，一个是证成权利边界的功能。对于专利充公公开制度是否有效实现了技术教导功能，甚至它是否适于承担技术教导功能，学术界存在不同的

---

❶ 切萨布鲁夫，韦斯特. 开放式创新：创新方法论之新语境 [M]. 扈喜林，译. 上海：复旦大学出版社，2016：238.

❷ 张玉敏. 知识产权法学 [M]. 北京：中国人民大学出版社，2010：3-10.

❸ 李琛. 禁止知识产权滥用的若干基本问题研究 [J]. 电子知识产权，2011（10）：149-152.

看法。❶ 但是对于专利充分公开有效发挥了权利边界的证成功能，却鲜有不同的声音。❷ 权利主体对知识产权客体的占有是解决知识产权权利边界问题的基础。知识产权占有理论既以民事占有理论为基础，又具有自己的特点。就专利制度而言，专利充分公开制度在某种意义上就是专利法上的占有制度，是解决专利法诸多难题的关键。

一、占有理论的回顾与梳理

占有滥觞于罗马法，亦是现代民法上的一种重要制度。经过两千多年的发展，民法上的占有理论已经呈现为高度完备的状态，理论框架和基本观点已经基本固定。本节的目的是研究民法上的占有理论对于知识产权法上客体占有问题的借鉴价值，因此需要首先回顾与知识产权法可能存在关联性的民事占有理论中的相关内容。

（一）占有的性质

在物权法的架构上，占有是与所有权、他物权相并行的一种制度。占有既在物权法的整体框架之内，又在所有权、他物权等物权性权利范畴之外，所处的地位比较独特。由此就自然引出了一个问题，占有是不是物权的一种，或者进一步说占有是一种权利抑或仅仅是一种事实？在民法史上，占有究竟为事实还是权利，在学说和立法例上从来没有取得完全统一。以德国为代表的大陆法系多数国家民法认为，占有仅仅是一种事实状态，立法上称为占有。占有事实说源于罗马法，在罗马法上占有"是指一种

---

❶ OLIN J M. The disclosure function of the patent system（or lack thereof）[J]. Harvard Law Review, 2005, 118 (6): 2007 – 2028.

❷ RANTANEN J. Patent law's disclosure requirement [J]. Loyola University Chicago Law Journal, 2013, 45 (2): 369 – 388.

使人可以充分处分物的、同物的事实关系"。❶ 德国学者鲍尔和施蒂尔纳认为，占有是事实性的、不依赖于占有权源的、对物的有意识的持有。❷ 以日本为代表的少数国家民法认为，占有为权利之一种，立法上称为占有权。占有权利说源于日耳曼法，在日耳曼法上占有与物权合一，通过占有即可推定享有物权。❸ 在我国，目前多数学者认同德国的占有事实说。❹ 马克思从政治经济学的角度论述了占有的性质。马克思认为："私有财产的真正基础，即占有是一个事实，是不可解释的事实，而不是权利。只是由于社会赋予实际占有以法律的规定，实际占有才具有合法占有的性质，才具有私有财产的性质。"❺ 实际上，马克思是从私有财产的起源上来论证占有和权利的关系，揭示了占有先于权利而存在、权利源于占有的历史事实。马克思的财产权观念和卢梭的财产权观念有异曲同工之妙。从民法的角度来看，虽然权利制度产生后大部分的占有都披上了权利的外衣，沦丧为权利的一种权能形式，但是权利并没有垄断占有，权利羽翼之外的占有以非主流的形式继续存在于法律之上，成为对权利制度的必要补充，与权利制度一道共同形成民法上的财产秩序。因为占有的高度抽象性，给占有下定义是一件比较困难的事情。"在整个法律理论中，没有什么概念比占有概念更难以定义。占有确实是一个非常含糊的字眼。"❻ 王利明教授认为，占有是指占有人基于一定的占有

❶ 彭梵得. 罗马法教科书 [M]. 黄风，译. 北京：中国政法大学出版社，2005：205.

❷ 鲍尔，施蒂尔纳. 德国物权法（上册）[M]. 张双根，译. 北京：法律出版社，2004：33.

❸ 刘得宽. 民法诸问题与新展望 [M]. 北京：中国政法大学出版社，2002：307.

❹ 梁慧星，陈华彬. 物权法 [M]. 北京：法律出版社，2007：397.

❺ 马克思恩格斯全集：第1卷 [M]. 北京：人民出版社，1988：382.

❻ TAY A E S. The concept of possession in the common law: foundations for a new approach [J]. Melbourne University Law Review, 1964, 4 (4): 476 –497.

意图而对特定的动产或不动产进行事实上的控制的事实状态。❶
王利明教授的观点基本上代表了国内多数学者的通识。就知识产
权而言，在很长的一个历史时期内知识的生产者对于知识产品
（知识抽象物）的占有仅仅是一种事实占有，需要采取自力的方
式进行保护，只是在相应的知识产权法律制度产生之后，知识的
生产者对于其知识产品的占有才获得了法律上的保障。当然，知
识产权的产生需要以对知识产品的占有为条件。任何一种知识产
品，都需要先生产出来，显示出生产者对于知识产品本身的占
有，法律才会赋予生产者以相应的知识产权。因此，占有对于知
识产权的产生是不可或缺的要件。

（二）占有的种类

出于满足解决极具多样化的占有问题的考虑，民法占有理论
对占有基于不同角度进行了多种分类。其中对于解决知识产权问
题有直接意义的分类包括两种，分别是将占有区分为有权占有和
无权占有，以及占有和准占有。依据占有人是否基于本权而对物
进行占有，可以将占有区分为有权占有和无权占有。本权是指基
于法律上的原因而享有的包含占有物在内的权利，以所有权为代
表，但不限于所有权。相应地，占有人基于本权而为的占有为有
权占有，反之则为无权占有。❷ 就专利制度而言，专利权人对发
明创造的占有必须经过国家专利行政机关的审查授权行为方为有
效，只能是有权占有。如果发明人作出了发明创造但是没有申请
专利保护，一旦发明信息遭披露，实际上他就不可能再以占有为
据请求任何形式的保护。在专利制度下，发明创造需要向社会公
开，任何人都可以依法获得发明信息，只要在保护期内没有进行
商业化利用，社会公众对于发明信息的占有也是有法律根据的，

---

❶ 王利明. 物权法研究（下卷）[M]. 北京：中国人民大学出版社，2007：700.

❷ 杨立新. 物权法 [M]. 北京：中国人民大学出版社，2007：364.

并可以在一定范围内进行非商业化利用，因此亦不得视为无权占有。如果占有和利用可以相分离的话，就专利而言，对专利信息的占有都是有权占有，只是利用上可能存在非法的问题。根据占有客体的不同，可以将占有区分为占有和准占有。众所周知，占有以动产和不动产等有体物为对象，而所谓准占有则是指以财产权为客体的占有。❶ 在罗马法上，物可以区分为有形物和无形物，前者指的是有形体的物质，后者指的是各种权利。❷ 由于准占有的对象是无形物，所以准占有的成立并不需要对物进行实际占有，当行使某项财产权涉及占有时，才需要适用占有的规定。❸ 知识产权的客体从本质上来讲是一种信息，是无形的，只能成立准占有，也就是说在处理相关法律问题时在不冲突的情况下可以准用民法关于占有的规定。"著作权、商标权、专利权等无体财产权系准占有之客体，不仅为通说所认同，且准占有制度于此等财产权，实具有重要之作用。"❹ 实际上，知识产权的占有问题与民法上的占有具有较大的不同，根源即在于知识产权的客体是一种无形的信息，具有与民法上有形物相当不同的特性。民法上的占有主要在于排除他人的不法干涉，知识产权法上的占有重点在于确定权利人的边界和范围。

（三）占有的意义

关于民法上占有制度的价值，由于罗马法上的占有观念和日耳曼法上的占有观念具有重大不同，而 19 世纪以来各国民法规定的占有都是罗马法的占有和日耳曼法占有的复合，所以对于占有制度的社会作用也就需要依罗马法和日耳曼法的思路分别进行

---

❶ 王泽鉴. 民法物权论 [M]. 北京：北京大学出版社，2009：548.

❷ 冯卓慧，汪世荣，徐晓瑛. 罗马私法 [M]. 太原：山西人民出版社，1999：158.

❸ 程啸. 占有 [M] // 王利明. 中国物权法教程. 北京：人民法院出版社，2007：562.

❹ 谢在全. 民法物权论 [M]. 北京：中国政法大学出版社，1999：1033.

考察。罗马法上的占有是以占有诉权为中心构建起来的制度，故其作用在于维护社会的秩序；日耳曼法的占有是以权利推定与善意取得为基础构建起来的，并规定占有具有公信力，所以其作用在于保护交易安全。❶ 笔者认为，从占有制度的传统功用中可以引申出两种对专利制度有意义的具体作用，分别是：其一，占有具有公示公信作用。"知识产权与物权一样具有公示性，除商业秘密的不公开外，大多数知识产权自权利产生到权属变动或消灭等事项，均须以一定的方式予以公示……权利客体的'公开性'是知识产权的最重要的法律特征之一，也是公示公信原则在知识产权领域最集中的体现。"❷ 根据公示公信原则，通过专利说明书对发明创造所进行的占有，可以推定提交说明书的申请人就是正当权利人，除非有证据证明授权中存在不当行为。"占有通过对物掌控的事实状态，向社会传递占有人与该物之间具有某种权利归属关系状态的信息。"❸ "认定占有人既然具有事实上支配标的物之外观，自应具有本权，反之未占有物者，则不具有本权，这一推断已成为社会常情。"❹ 其二，占有具有确定权利边界的作用。法律对财产进行保护，首先就要准确界定财产的边界。在有体物权利边界的确定相对容易，往往以该物与其他物的物理边界为据。占有制度特别是对土地的占有，在现代登记制度确立之前，还发挥着确定标的物权利边界的作用。同样，知识产权权利边界的确定也是对知识产品进行有效法律保护的前提。然而，作为知识产权客体的知识产品是一种无体财产，无法通过物理测度

❶ 梁慧星，陈华彬. 物权法 [M]. 北京：法律出版社，2007：400.

❷ 王晔. 试论公示公信原则与知识产权保护 [J]. 知识产权，2001（5）：19－22.

❸ 董涛. 知识产权还需要占有制度吗？——知识产权给占有制度带来的困惑与重构 [J]. 浙江大学学报（人文社会科学版），2009（4）：82－91.

❹ 谢在全. 民法物权论 [M]. 北京：中国政法大学出版社，1999：939.

的方法确定其范围。❶ 就专利而言，通过专利说明书中的文字和图表对发明创造的说明，就表征着对专利的占有，同时也表征着对专利权利边界的划定。专利可以被视为是体现在专利说明书中的"抽象物"。澳大利亚知识产权法学者德霍斯也将知识财产作为一种"抽象物"来看待。德霍斯认为，知识财产依赖于人类精神生活而存在，是由人类思想添附于有形世界之上而产生的物。❷ 只不过从形而上学的观点来看，知识抽象物是一个假设的存在范畴。"无论是从史学范畴还是从哲学与经济学范畴来认识智力成果，智力成果之物性都是客观存在的，从物之本性上说，与有体物并无本质二致，只是在表象上及其因表象差异而形成的物之规律上各有不同罢了。"❸ 也就是说作为知识产权客体的知识产品与民法上的物具有本质上一致的一面，都可以通过占有确定其客体及权利的边界。

二、知识产权法上的占有

民法上的占有或准占有理论为解决知识产权法上的占有问题提供了思路，但是因为占有对象的性质存在重大不同，知识产权法上的占有又存在自身的特殊规定性，并且发挥着不同于民法上占有的特殊价值。

（一）知识产权占有的特征

与物权法上的典型占有相比较而言，知识产权占有具有如下四个方面的不同特点：首先，知识产权法上的占有是对抽象物的占有。知识产权与物权一样都是对世权，权利人可以排除世界上任何其他人的干涉行为，独自保有对权利客体的使用利益。然而与物权不同的是，知识产权的客体具有无形性的特点，它不发生

---

❶ 吴民许. 试论知识产权权利边界的确定方法 [J]. 科技与法律, 2009 (3): 92 - 95.

❷ 德霍斯. 知识财产法哲学 [M]. 周林, 译. 北京: 商务印书馆, 2008: 27.

❸ 何敏. 知识产权法总论 [M]. 上海: 上海人民出版社, 2011: 146.

有形控制的占有和有形使用的损耗，也不发生消灭客体的事实处
分和有形交付的法律处分。❶ 为了便于对知识产权客体的把握和
规制，知识产权的客体被定义为是一种抽象物。知识产权法上抽
象物的概念来源于罗马法上的"无体物"的概念，并借用罗马
法关于无体物的理论进行思想上的把握和制度上的设计。罗马法
上的"'无体物'理论为近代知识产权制度提供了关键的概念性
工具"。❷ 与物权法上的对物的物理占有不同，知识产权法上的
占有是对抽象物的占有，故从根本上来讲只能是一种观念上的占
有，通过人的抽象思维来把握。知识产权法上的占有特别依赖于
法律的认可和保障，没有知识产权法律甚至可以说也就没有知识
产权占有。比如，那些已经进入公有领域的知识，实际上是无所
谓占有的。"知识产权占有权的客体并不是单纯的技术方案或著
作物等，当享有专利权的技术方案和享有著作权的著作物等进入
公有领域而丧失其财产性时，尽管它们作为智力成果仍将存在，
但其排他占有权也将随之而消灭。"❸ 其次，知识产权法上的占
有指的是对知识抽象物的首次占有。可复制性是知识产权客体的
基本特征之一。知识抽象物或者说知识产品一旦被创造出来，即
可以进行无限量的复制，有时候复制甚至不需要借助载体，在人
脑之间足以进行。占有信息最完整、最有效的方式就是通过人的
大脑进行吸收，因为"精神产品旨在使人理解，并使他们的表
象、记忆、思维等掌握它而化为己有"。❹ 由于知识抽象物具有
无限可复制的特点，所以一般情况下对知识抽象物的占有不具有

---

❶ 吴汉东. 知识产权基本问题研究（总论）[M]. 北京：中国人民大学出版
社，2009：21.

❷ 吴汉东. 罗马法的"无体物"理论与知识产权制度的学理基础 [J]. 江西
社会科学，2005（7）：33 –38.

❸ 何敏. 知识产权法总论 [M]. 上海：上海人民出版社，2011：167.

❹ 黑格尔. 法哲学原理 [M]. 范扬，张企泰，译. 北京：商务印书馆，
1961：77.

推定权利的能力。但是知识抽象物和有形物一样，也有一个产生的过程，有一个起点的问题。物权法上占有推定本权的规则，在知识产权法上只能是对知识抽象物的首次占有推定占有者存在本权。当然，本权是否成立还需要满足法律所规定的除初次占有之外的其他要件。相反，如果有证据证明对知识抽象物的占有并非首次占有，而是在他人已经首先占有的情况下的再次占有，则无论这种占有是传来占有还是技术上的独立开发，在专利法上都不能获得专利权，也就意味着该占有不能获得法律保护，从而使得占有丧失了法律意义。缺乏新颖性作为宣告专利权无效的法定理由之一，即说明如果他人已经占有的特定的发明创造，无论他人是否申请了专利保护，其他人都不可能通过非首次的占有就该发明创造获得专利法的认可和保护。再次，知识产权法上的占有通过文字、符号、线条等表达信息的手段来展现，通过人的思维来把握，不同于有体物的占有方式。知识产权的客体是知识抽象物，因此知识产权法上的占有实际上就是对信息的占有。文字、符号、线条等是表现信息的手段，自然对知识抽象物的占有也就需要通过这些方式来进行。如，专利的占有通过专利说明书来展现，而专利说明书从本质上来讲就是通过文字、数字、图表等形式表达出来的一组有意义的技术信息。而物权法上对物的占有一般是通过持有、占据等外在可见的方式进行物理上的控制。占有方式的不同决定了对占有和权利侵害形式的不同。物权上的侵害行为主要变现为侵占、妨害和毁损，直接作用于客体物；知识产权的侵害行为主要表现为剽窃、篡改和仿冒，作用对象是创造者的思想内容，一般与物化载体无关。❶ 最后，知识产权法上的占有与使用可以相分离。在物权法上，物权的行使与对物占有一般是如影随形的，二者无法真正的彻底分离。有形财产，无论是动产还是不动产，是由原子构成的、在任何特定的时间只能占据一

---

❶ 吴汉东. 知识产权法［M］. 北京：中国政法大学出版社，2012：20.

个空间的物体。它意味着对一个物体的占有具有必然的"排他性"——若我有，则你没有。实际上，这个西方的财产概念的核心在于赋予"所有人"对物品或土地的专用权。❶ 也就是说，对物的使用具有竞争性，在同一时点能够占有和使用物的人数是有限的，有体物具有"私人产品"的天然属性。然而由于知识产权的客体是抽象物，具有使用上的非竞争性和非消耗性，也就是具有"公共产品"的属性，❷ 知识产权权利人许可他人使用知识产品一般并不需要转移占有，只需要将知识信息传导给对方即可。此时，知识产权法上的抽象物仍由其权利人占有，使用权人仅仅获得了使用权。当然，使用权终止时一般同样不存在占有返还的问题。无形财产的占有和使用在很大程度上具有非排他性这一事实，对知识产权理论至关重要，因为它意味着有形财产权的传统经济学理论不适用于知识产权。❸

（二）知识产权占有的意义

制度在社会中的主要作用，是通过建立一个人们互动的稳定（但不一定是有效的）结构来减少不确定性。❹ 法律就是要通过制度来创造出形式上的秩序。❺ 占有制度的主要价值是为了确定对物的利用秩序，充分发挥物的效用，减少矛盾和纠纷，降低交易成本。知识产权的占有与物权法上的占有又具有不同的特点，所以其发挥的作用自然也就与一般占有有所不同。笔者认为，研究知识产权占有问题的主要意义包括如下三个方面：首先，确定知识产权的权利归属。权利主体与权利客体之间的归属关系需要

---

❶ 墨杰斯，迈乃尔，莱姆利，等. 新技术时代的知识产权法［M］. 齐筠，张清，彭霞，等，译. 北京：中国政法大学出版社，2003：1-2.

❷ 刘家瑞. 论知识产权与占有制度［J］. 法学，2003（10）：56-63.

❸ 墨杰斯，迈乃尔，莱姆利，等. 新技术时代的知识产权法［M］. 齐筠，张清，彭霞，等，译. 北京：中国政法大学出版社，2003：2.

❹ 诺思. 制度、制度变迁与经济绩效［M］. 杭行，译. 上海：格致出版社，2008：7.

❺ 魏德士. 法理学［M］. 丁晓春，吴越，译. 北京：法律出版社，2005：39.

通过一定的客观方式来展现。占有知识产权的权利客体具有推定知识产权权属的法律效力。比如，根据我国《著作权法》的规定，在作品上署名的人被推定为作者，一般也就是著作权人。而在作品上署名也就是占有作品的具体方式。如果作者未在作品上署名，根据《最高人民法院关于审理著作权民事纠纷案件具体适用法律若干问题的解释》第 7 条第 1 款的规定，当事人如果能够提供涉及著作权的底稿、原件、合法出版物、著作权登记证书、认证机构出具的证明、取得权利的合同等证据的，同样可以推定作者身份。❶ 对上述证据材料的占有，往往也就表征着对作品的占有。对知识产权客体的占有主要是一种精神意义上的占有，所以即使不占有任何物质载体，只要事后具备再现作品的能力，也可以作为认定知识产权归属的依据。❷ 根据《专利法》的规定，向专利行政机关提交专利申请材料的申请人在专利获得授权后也就是专利权人。向专利行政机关提交记载发明创造的申请材料，也就意味着占有了体现在该材料中的发明创造。商标权的产生情形要相对复杂一些，不但可以通过注册获得商标权，还可以通过使用获得商标权。通过注册获得商标权和专利申请基于占有而产生的道理基本相同。通过使用而获得商标权，正是基于对该商标的前期投入和使用而获得权利的，所以同样不违背占有推定本权的原理。只不过如前文所述，具有推定本权的占有只能是对知识产品的首次占有，这和有体物存在较大的不同。其次，确定知识产权的权利边界。权利的边界由客体的范围决定。知识产权的客体是知识抽象物，无论其本身的样态，还是与其他知识抽象物的界限，远不像有体物那样清晰。权利人通过作品、专利权利要求、商标标识所体现的对抽象物的占有，是确定著作权、商标权

---

❶ 崔国斌. 著作权法：原理与案例［M］. 北京：北京大学出版社，2014：265.

❷ 张源源，王晗啸. 两画家争作品"版权"案宣判：原告诉讼请求被驳回［N］. 南京日报，2014 – 02 – 13（A07）.

和专利权边界的根据。如果他人知识产品中所体现的信息与知识产权权利人所占有的知识产品中所体现的信息，在本质上具有同一性，则视为该知识产品与权利人的知识产品是同一件知识抽象物，在权利人占有的范围之内。反之，则在权利人的控制范围之外。著作权法上的"接触＋实质性相似"，专利法上的全面覆盖原则，商标法上的混淆理论，是各自领域内判断知识产权范围的标准，其判断的基础则是权利人对知识抽象物的占有情况。占有应当是具体的，清晰可辨的，至少其核心结构是清楚的，具有和其他知识抽象物进行比较的基础和可能。对知识抽象物的占有还必须做到将思想演绎为具体表达的程度。如果只是提出一种抽象理念，而未将该理念形成具体的作品或者是具有实施可能性的发明创造，则无法体现理念提出人对任何知识抽象物的占有，进而无法确定该理念的边界，自然也就不能仅仅就其理念或思想主张任何知识产权。最后，判定知识产权侵害行为是否成立。知识抽象物的无形性决定了知识产权侵害行为的判定无法通过外在物理手段进行测度。只要是侵入了知识产权权利人对知识抽象物的占有，占有了和权利人的知识抽象物核心结构本质上同一的具体有形物，就可以判定侵权成立。"抽象物是具体有形物的基本的核心结构。这一核心结构构成一个观察者在两个特定的有形物之间作出统一性判断的基础。它是评价物体'相同'的标准。抽象物是司法者在决定不同的有形物是否相同、相似或相像的过程中所使用的核心结构。"❶ 也就是说，知识产权侵权的判断实质上也就是在权利人的占有和被控侵权人的占有之间进行同一性的判断，以确定被控侵权人的占有是否确实来自于对权利人占有的复制。故，确认权利人对抽象物的占有状况是解决知识产权侵权的前提条件。

---

❶ 德霍斯. 知识财产法哲学［M］. 周林，译. 北京：商务印书馆，2008：165.

三、占有理论对专利充分公开制度的支持

从法律技术上来看，专利充分公开制度在专利法上存在的根据是占有理论。占有具有推定本权的效力，自然第一个占有发明创造的人可以说正当地享有对该发明创造的所有权，这也可以从民法上的先占理论得到说明。根据洛克的财产权理论，以及人类社会早期法律的普通成例，先占是权利的正当来源。占有理论对专利充分公开制度的全部组成要素均具有一定程度的说明能力。

首先，占有理论对"能够实现"要件提供了支持。专利申请人通过权利要求书所主张保护的发明创造必须得到说明书的支持，也就是可以让本领域普通技术人员在不付出创造性劳动的条件下能够实施发明创造。能够实现要件是保障发明人之抽象创意走向具体技术实践的法律控制手段。像我国《专利审查指南2010》所规定的那样，如果专利说明书只是给出了技术任务或设想，或者只是表明了一种愿望或结果，但是没有给出实现的具体技术手段，只能说明申请人的发明创造还停留在创意阶段，而没有形成具体可用的技术信息，体现不出申请人对发明创造的具体占有，因而就不能获得专利保护。"当然，证明拥有一个无形的创意是困难的。人们可以描述一个创意，但不一定真正拥有它。例如，隐形传送的概念已经存在于科幻小说中，就像有一段时间在《星际迷航》中所描述的那样。然而，仅仅想到隐形传送并不意味着这些作者拥有一个隐形传送装置。相反，占有的关键在于作者是否能够制造出一个功能正常的设备。因此，占有的最好证据要么是发明者在物理上创造了发明，要么，至少提供了一个足够清晰的描述，使其他人能够建造它。换言之，证明占有的最佳方法是根据（专利法）第112条的规定，提供满足能够实现要求的披露。"❶ 萨缪尔·摩尔斯因为发明了电报技术而闻名于世。萨缪尔·摩尔斯在其专利申请书中不但对其发明的电报设备主张专利权，还对"任何将电磁转换为用于远距离标记或者印刷的可识别的字、标记或者字母"的方法（第 8 项权利要求）主张专利保护。美国联邦最高法院在该案中虽然支持萨缪尔·摩尔斯对电报设备的专利权主张，但是却驳回了其第 8 项权利要求。法院驳回的理由在于，第 8 项权利要求并不指向任何设备或具体方法，而仅仅是对某种结果主张权利，仍然停留在创意的范畴；如果授予专利权，将很有可能阻止他人就该创意开发出同一原理的设备或方法，从而妨碍技术进步。❷ 也就是说，萨缪尔·摩尔斯不能就其尚未占有的发明创造主张专利权。后来的技术发展证实了美国联邦最高法院的洞察力和预见力。在摩尔斯之后出现的电话、电传、传真等现代通信技术，也都依赖于对于电流的非电报性使用，落入了摩尔斯被法院驳回的第 8 项权利要求之中。如果摩尔斯的第 8 项权利要求得到支持，很有可能会迟滞电话、电传、传真等现代通信技术的出现，至少对这些现代通信技术的发明人而言是不公平的。摩尔斯第 8 项权利要求实际上是对一种科学原理主张权利。对于科学原理不授予专利权是世界各国专利法的共识，笔者认为其中一个重要的原因在于，科学原理实际上是无法真正占有的。部分学者不认可专利法存在教导功能，进而否定能够实施要件的目的在于占有发明创造。一个基本的事实是，能够实施要件确实给本领域普通技术人员提供了如何实施发明创造的技术教导，而且根据专利法的规定也必须做到这一结果。"从结果来看，就是使得普通技术人员占有了该发明，同时也从另　个侧面说明了发明人在申请之日即已创造出该发明并予以占

---

❶ HOLBROOK T R. Possession in patent law ［J］. SMU Law Review, 2006, 59 (1): 123 –176.

❷ O'Reilly v. Morse, 56 U. S. (15 How.) 113 (1853).

有的。"❶ 根据占有理论，在判断专利侵权的时候还应当严格限制等同原则的适用，因为"现行法律产生了一个奇怪的悖论：等同原则主要保护后来发展起来的技术，这些技术却是发明者所不曾占有的"。❷ 2016 年颁布的《最高人民法院关于审理侵犯专利权纠纷案件应用法律若干问题的解释（二）》第 8 条限制了等同侵权适用的范围，规定只有在"以基本相同的手段，实现相同的功能，达到相同的效果，且本领域普通技术人员在被诉侵权行为发生时无须经过创造性劳动就能够联想到"时，才存在等同侵权的问题。而此前的司法解释在判定等同侵权时采用的是"以基本相同的手段，实现基本相同的功能，达到基本相同的效果"。修改后的专利法司法解释的规定更符合占有理论的要求。

其次，占有理论为"书面描述"要件提供了支持。在美国专利法理论上，书面描述要件被认为是区别于能够实现要件的一项独立要求。虽然其他国家的专利法并未明确规定书面描述要件，但是笔者认为，就书面描述要件的核心含义和要求而言，每一个国家的专利法事实上都存在一个书面描述的要求，只不过多数国家并不将书面描述的要求与能够实现的要求进行严格区分，而是把书面描述的要求的内容并入了能够实现的要求中去。从美国专利法来说，所谓传统的书面描述要求指的是"专利权利要求中或是在专利申请日后对权利要求的修改中所采用的语言必须能够得到该专利文件书面描述部分的支持"。❸ 美国联邦巡回上诉法院在 Ariad v. Lilly 一案中拓展了书面描述的适用范围。美国联邦巡回上诉法院论述道，尽管书面描述要求和能够实现要求常常

<hr/>

❶ 梁志文. 论专利制度的基本功能 [J]. 吉首大学学报（社会科学版），2012（3）：94–103.

❷ HOLBROOK T R. Equivalency and patent law's possession paradox [J]. Harvard Journal of Law & Technology，2009，23（1）：1–48.

❸ 穆勒. 专利法（第 3 版）[M]. 沈超，李华，吴晓辉，等，译. 北京：知识产权出版社，2013：112.

一起出现，但是，现实中出现了能够制造和使用，并且其制造和使用并不需要花费过度实验，然而由于并没有完全发明所以还无法进行描述的情况；所以，占有必须通过书面描述来表达，在实践中已经付诸实施或者在实践中的确已经占有该发明并不能满足书面描述要求。❶ 美国联邦巡回上诉法院将书面描述要件建筑在财产法上的占有理论，认为要求充分的书面描述就是为了申请人能够显示其占有了该发明。"书面描述要求存在的目的就是确保申请人在专利申请日已经完整占有了所要求保护的发明创造，并且在申请人所提供教导的基础上，使得本领域普通技术人员可以进行改进或附属发明并取得独立专利权。"❷ "充分公开性的判断中，书面描述条件所体现的重要制度功能是彰显发明人对发明的占有。"❸ 对充分性的测试方法是"专利申请的公开是否合理地传达给本领域技术人员：发明人已经在申请递交之日占有了主张的发明。"❹ 由于发明创造为知识抽象物，不可能通过物理手段进行有形的占有，专利申请人证明其拥有一项发明最好的方式就是撰写一份完整披露发明创造的书面说明书。由于专利法的技术情报交流功能和现代专利技术非自我披露的特点，单纯的制造和使用发明并不能满足专利法的要求，因此对发明创造的占有也只能通过完整的书面描述来完成。当然，占有的成立需要同时具备体素（占有之事实）和心素（占有之意思）要件。专利申请人要想在法律上占有一项发明创造，只是通过在专利说明书中描述该发明还不够。在专利说明书中描述只是代表着事实上的"管领

❶　吕炳斌. 专利说明书充分公开的判断标准之争［J］. 中国发明与专利，2010（10）：100 - 103.

❷　CHISUM D S. Chisum on patents［M］. USA：LexisNexis，2009.

❸　梁志文. 论专利公开［M］. 北京：知识产权出版社，2012：168.

❹　Ariad Pharm.，Inc. v. Eli Lilly and Co.，598 F. 3d 1336，1341（Fed. Cir. 2010）. 转引自：肇旭. 美国生物技术专利经典判例译评［M］. 北京：法律出版社，2012：173.

和控制"，只是占有的体素。还必须将发明创造信息记入权利要求书，权利要求体现了心素的内容。所以，专利申请人占有的东西只能是记载在权利要求书中且获得说明书支持的发明创造。

最后，最佳实施方式要件在某种程度上也能够从占有理论中得到说明。最佳实施方式的要求在各国专利法上都有体现，只不过其名称和法律效力有所不同而言。美国专利法曾赋予最佳实施方式以较高的法律效力。故意不披露最佳实施方式，根据 2011 年之前美国专利法的规定，该专利将被宣告无效。2011 年美国发明法案生效之后，美国专利法取消了最佳实施方式的法律效果，但是在理论上美国专利商标局仍然可以申请不满足最佳实施方式为由驳回专利申请。更多的国家没有赋予最佳实施方式单独的法律效力，只是将其作为判断说明书是否具备可实施性的一个组成部分。从专利法原理上来讲，关于最佳实施方式的要求实际上是关于可实施性要件的升级。❶ 也就是说，申请人仅仅公开一种制造和使用发明创造的方式还不够，如果不同的实施方式效果是显著不同的，则申请人还有义务进一步公开实施发明创造的最佳方式。专利法要求披露最佳实施方式的根本目的在于，阻止发明人在申请专利的同时对公众隐瞒他已经知悉的该发明创造的优选实施例，❷ 以便于在专利过期后社会公众能够与专利权人展开公平竞争。❸ 专利法上的占有必须是公开占有。如果发明人掌握了实施发明创造的最佳实施方式，但是却将其混迹于一般实施方式进行公开，这时候他对最佳实施方式的占有就是一种秘密占有。根据先申请原则，秘密占有一项发明创造在专利法上视同未占有，不能就其秘密占有的技术方案主张专利权，也不能阻却他

---

❶ 穆勒. 专利法（第 3 版）[M]. 沈超，李华，吴晓辉，等，译. 北京：知识产权出版社，2013：105.

❷ In re Gay, 309 F. 2d 769, 772（CCPA 1962）.

❸ Christianson v. Colt Indus. Operating Corp. , 870 F. 2d 1292, 1303 n. 8（7th Cir. 1989）.

人就此获得专利权。所以，如果专利申请人不公开其所知悉的最佳实施方式，或者尚没有发现该最佳实施方式，则应当视为该发明创造的最佳实施方式处于未被任何人占有的状态，首先发现该最佳实施方式的人仍然有权就最佳实施方式获得专利保护。这样的制度设计既符合财产权占有理论，也能有效避免发明人兼取专利法和商业秘密法的双重好处，而却没有履行专利法和商业秘密法上本应存在的公开或保密义务的不公平状态，以有效维护专利法上权利人和社会公众之间的利益平衡。

本章小结

专利充分公开作为专利制度之公开与垄断两极中的一极，建立在深厚的法理基础之上，具有制度上的必然性和内容设计上的内在规律性。一项法律制度的形成往往需要进行政治上的、经济上的和法律技术上的通盘考虑，做到政治上公平合理，经济上富有效率，法律技术上便于操作。专利权社会契约理论、经济创新理论和法律占有理论是专利充分公开制度的法理基础，分别从政治的、经济的和法律技术的角度对该制度的必要性及其内容设计加以证成。知识产权制度具有道德性弱、构建性强的特点，特别需要从政治上论证制度的合理性，寻求社会公众的价值认同，避免反知识产权暗流的涌现。"知识产权的获取通常是一个生死攸关的问题，而不仅仅是钱（dollars and cents）的问题。"❶ 例如，在专利制度下药品的可及性就是一个极为棘手的问题。"对于知识产品，设置财产权，则可能导致原本可以共享该产品的其他人无法得到该产品，从而造成另一种'浪费'，引发道德危机。"❷

---

❶ ABRAMOWICZ M. An industrial organization approach to copyright law［J］. William and Mary Law Review, 2004, 46（1）: 33 – 126.

❷ 崔国斌. 专利法: 原理与案例［M］. 北京: 北京大学出版社, 2012: 15.

专利权社会契约理论将专利权与其他有形财产权置于同一话语体系下进行讨论，深入论证了其在权利起源意义上的一致性，借用财产权的政治和道德羽翼，为专利制度提供庇护。"对发明授予独占性权利，是社会罔顾公开思想的自由本质而创造的（制度安排），不是白给的（freely given）。只有发明和发现推进了人类知识进步，具有新颖性和实用性，才应获得有期限的私人垄断权的特别激励。"● 毫无疑问，能够担当"发明和发现推进了人类知识进步"使命的，非专利公开制度莫属。促进创新，是专利制度永恒的使命。在新技术条件下和信息网络环境下，累积性创新和开放式创新已经成为社会创新的主要性质和主导范式。专利充分公开制度所具有的技术情报交流功能，是实现累积性创新和开放式创新的主要政策工具。创新的扩散同创新的过程一样重要。通过专利充分公开所实现的技术扩散，最终提升了社会整体技术水平，完成了技术创新全过程的"最后一公里"。经济创新理论为专利充分公开制度的经济理性和制度设计提供了深入的经济学论证。专利所欲保护的发明创造就其本质而言是一种知识抽象物。无论该抽象物自身的样态，还是其与权利人在法律上的关联，都具有相当的抽象性，颇为不易把握。法律上的占有理论，比拟于有形物的占有，以具体可见的方式，从技术上解决了对发明创造自身的认定和权利人的确定问题，为解决专利纠纷提供了必要的基础。此外，占有理论还可以限制专利权人过早提出专利申请，或者提出过于宽泛的权利要求。在先申请原则的激励下，不少专利申请人在发明创造尚未成熟时，为了"跑马圈地"，便急于就带有一定预期和推测性质的发明方案提出专利申请。1977 年，埃德蒙·基奇在《专利制度的本质和功能》一文中提出了一种全新的专利理论——前景理论。该理论主张，只要研发成果具有转化为有用成果的"前景"，就应当授予专利，而不必等到研究

● Graham v. John Deere Co. , 383 U. S. 1 (1966).

进行到具体可用的地步。实际上，过早地授予专利权可能会干涉到下游产业的创新，尤其是在科斯模型中的零交易成本无法实现的情况下。排他性专利权的交易障碍可能迅速增加并最终导致垄断，而这恰恰是前景理论所忽略的。而且，人们也并不清楚，用于协调和管理耗竭性资源的基本规则能否明确地适用于无形的、不可耗竭的发明创造。❶ 波斯纳就认为："如果像基奇所相信的那样，专利制度的主要价值在于减少了对发明活动进行重复的数量，那么，当其作用于某些经济时，这种制度恐怕将在实际上起到阻碍技术进步的作用。"❷ 此类申请严重阻滞了真正有实用价值技术的开发，申请人占有了本不属于他的技术。应对此类申请的最好办法就是以占有理论为基础对其进行严格的专利充分公开事项的审查。专利充分公开制度以法律占有理论为理论基础，同时也是占有理论在专利制度上的具体实现机制，体现了知识产权法与民法的贯通性和统一性。

---

❶ LEMLEY M A. Economics of improvement in intellectual property law [J]. Texas Law Review, 1997, 75 (5): 989 – 1084.

❷ 兰德斯，波斯纳. 知识产权法的经济结构 [M]. 金海军，译. 北京：北京大学出版社，2005：406 – 407.

第三章　专利充分公开的判断标准

如何判定一项专利申请是否符合专利法关于充分公开的要求，是专利充分公开制度的核心内容。它关乎专利权人与社会公众之间利益平衡的实现。"如果没有人能确定他们的界限，专利就不能作为有效的财产权利，而信息公开规则的失败会导致专利的覆盖远远超过实际的发明。"❶ 专利充分公开制度的价值目标和制度功能，需要通过专利充分公开的具体规范加以实现。专利充分公开规范的法律框架一般由各国专利法作出规定，但是法律框架的具体实施机制多是通过案例法逐步演绎确定和完善的。专利充分公开的判断不仅是一项法律判断，更是一项技术判断。诚如一位美国法官所言："专利诉讼具有与众不同的性质。它更复杂，更耗时，也更烧脑。这是因为，从一般情形来看，系争专利均是某些科学或技术领域最成功的进步所在，所以法官只有掌握了作为争议的事实基础之背景技术，才有可能正确处理其法律问题。"❷ 这也是很多法官不愿意听审专利案件的原因所在。关于不同性质的技术领域、不同复杂程度的技术，专利申请是否得到充分公开，判断规则并不完全相同。因此，专利充分公开的判断在技术发展的不同历史阶段和不同技术领域，呈现出不同的面貌，需要专利行政机关和司法机关因应时势对专利充分公开规则不断加以演绎和更新。但是从法律的角度来看，不同时代的技术和不同领域的技术在专利申请充分公开的判断上，仍然存在某些

---

❶ ALLISON J R, OUELLETTE L L. How courts adjudicate patent definiteness and disclosure [J]. Duke Law Journal, 2016, 65 (4): 609 – 696.

❷ LEE P. Patent law and the two cultures [J]. The Yale Law Journal, 2010, 120 (1): 2 – 83.

共同的法律规则。

笔者认为，在实体事项上，专利充分公开的判断标准可以划分为基本原则、构成要素和判断的主体及依据三个方面。专利充分公开判断的基本原则，体现了专利充分公开判断的内在规律以及与其他可专利性要件判断之间的关系。在进行专利充分公开判断时，必须结合权利要求和现有技术的具体内容谨慎作结论，确定专利充分公开判断的科学参照系。专利充分公开的判断还必须同时考虑技术手段与技术问题和技术效果的内在关联，从技术问题和技术效果的角度对技术方案是否得到充分公开作出评判，坚持立体原则。同时，充分公开的判断在很多情况下与实用性、创造性的判断紧密结合在一起，应当从法规竞合的角度对相关可专利性的判断进行综合协调。不同国家的专利法对于专利充分公开应当包括的具体内容的看法并不完全相同，多数国家实行的是能够实现和权利要求获得说明书支持"二要件规则"。随着高新技术的发展，美国专利法上所要求的能够实现、书面描述和最佳实施方式的"三要件规则"日益显示出适应性与生命力，可以成为完善我国《专利法》的重要借鉴。借鉴美国的三要件规则亟须克服的难题就是，如何科学界定书面描述的具体要求以及最佳实施方式的法律效力。业界公认，专利充分公开判断的主体应当是本领域普通技术人员，判断的依据是专利说明书。但是，专利充分公开判断上的本领域普通技术人员的定位与其他可专利性要件上的本领域普通技术人员标准又存在相当的差异。专利说明书在支持权利要求充分公开判断时所发挥的作用及其具体要求也还需要进一步深入研究。

第一节　判断标准之基本原则

专利充分公开之判断，虽然以体现在专利说明书中的技术方案能够实现为核心，但是却不限于此，尚需结合权利要求和现有技术，同时还需要协调实用性和创造性的判断，综合考虑各方面的关联因素以后才能得出科学的结论。同时，从对技术方案自身能否实现的判断来看，也不局限在技术手段是否具有可操作性上，尚需同时考虑技术方案所要解决的技术问题以及所欲达成的技术效果，进行立体化判断。因此，专利充分公开的判断需要综合诸种要素进行联合判断。这些要素是专利充分公开判断的前置条件，亦是专利充分公开判断的根本准则，可以谓之专利充分公开判断应予遵循的基本原则。

一、结合原则

所谓结合原则指的是，在专利充分公开的判断过程中，要紧密结合权利要求和现有技术进行。脱离权利要求或现有技术孤立地评判充分公开，将会迷失方向、丧失根基，从而不可能得出科学的结论。权利要求是判断说明书是否充分公开的标杆和旗帜，现有技术是判断说明书是否充分公开的质料和基础，在充分公开的判断过程中二者缺一不可。

（一）结合权利要求

权利要求是专利制度的核心组成部分。美国联邦巡回上诉法院前首席法官 Giles Sutherland Rich 曾将专利制度称为有关权利要求的游戏，可见权利要求在专利制度中的重要地位。权利要求在专利法史上是较晚形成的制度形式。早期专利法上不存在专利说明书，自然也就不存在权利要求。早期专利法上专利权利范围的确定，主要依据封建君主所颁发的特许令状上记载的主题事项，结合专利权人在实施专利过程中所实际使用的技术方案，综合确定保护范围。18 世纪初说明书制度产生之后的很长一段时间内，仍然不存在独立的权利要求。专利权利的范围主要根据说明书记载的具体实施例来判断，被理解为包含所有等同实施例，因此解释专利权利范围时实行的是中心限定主义。此时的专利说明书不但要描述如何制造和使用该发明创造，还承担着说明该发明创造与在先的产品和方法所存在的不同，❶ 进而发挥着权利要求的功用。19 世纪 70 年代以后，权利要求从说明书中独立出来，成为专利制度的一部分，发挥着限定专利权利范围的功能。权利要求制度产生以后，专利权利范围的解读方式逐步演化为周边限定主义，也就是"权利要求清楚地记载专利权人财产权的边界或周边范围，从而形成专利权人在有限时间内的排他性权利。"❷ 权利要求和说明书分立以后，权利要求发挥着限定专利权范围的作用，说明书则承担着公开权利要求中请求保护的发明创造的使命。根据专利权社会契约理论和法律占有理论，发明人只能就其向社会公开的发明创造主张垄断权，也就是说其所主张的垄断权必须得到说明书的支持。反之，发明人也没有义务就其未主张垄断权的内容向社会公开。专利法有关充分公开内容的规定有效地实现了带有价值交换性质的专利制度。❸ 所以，判断说明书是否充分公开了发明创造必须以权利要求为出发点和归宿。

专利说明书充分公开的判断必须以权利要求为依归，同样具有相应的法律依据，也获得了学术界的普遍认同。我国《专利法》第 26 条第 3 款规定："说明书应当对发明或者实用新型作出清楚、完整的说明，以所属技术领域的技术人员能够实现为准……"结合《专利法实施细则》第 19 条第 1 款❹的规定可知，这里的"发明或实用新型"不是泛泛而谈，实际上指的是请求进行专利保护的发明或实用新型。这是因为，在专利法上谈论发明人不申请专利保护的纯科学技术意义上的发明或者实用新型，

---

❶ Evans v. Eaton, 16 U. S. 454, 514 –515 (1818).

❷ 穆勒. 专利法（第 3 版）［M］. 沈超, 李华, 吴晓辉, 等, 译. 北京：知识产权出版社, 2013：59.

❸ 穆勒. 专利法（第 3 版）［M］. 沈超, 李华, 吴晓辉, 等, 译. 北京：知识产权出版社, 2013：91－92.

❹ 《中华人民共和国专利法实施细则》第 19 条第 1 款规定："权利要求书应当记载发明或者实用新型的技术特征。"

与专利法的本旨没有关涉，也没有什么实在价值。所以专利法上所指称的发明或实用新型也就是专利保护之下的发明或实用新型。"在判断说明书充分公开的司法实践中，应当遵守结合原则，即应当说清楚说明书公开不充分导致了哪些权利要求所保护的技术方案不能实现，不能脱离具体的权利要求来讨论说明书公开是否充分。"❶ 我国《专利审查指南 2010》规定："说明书和权利要求书是记载发明或者实用新型及确定其保护范围的法律文件。"❷ 该规定进一步说明，在专利法上说明书和权利要求书所指向的对象是同一的"发明或者实用新型"，只不过侧重点有所不同而已。《审查指南 1985》曾经对这一问题作出了直截了当的规定："按照权利要求内容判断在说明书及其附图中是否满足充分公开的要求，不必考虑属于权利要求范围之外的内容。"虽然此后各版审查指南再未对这一问题进行明确，但是无疑《审查指南 1985》的规定是符合立法本意的。❸ 国家知识产权局《专利审查操作规程》对于充分公开判断中应当结合权利要求作出了明确规定，"对于说明书中存在公开不充分但未在权利要求书中请求保护的技术方案，审查员不必提出未充分公开的审查意见。"美国专利商标局的《专利审查程序手册》（Manual of Patent Examining Procedure）规定："与能够实现有关的一切问题都必须在权利请求保护的事项范围内作出评价。权利请求范围内的事项是否能够实现，是（对说明书）审查的焦点问题。因此，专利审查员（对说明书）审查的第一步就是准确判断权利请求的具体范

---

❶ 石必胜. 专利说明书充分公开的司法判断［J］. 人民司法，2015（5）：41－46.

❷ 《专利审查指南 2010》第二部分第二章"说明书和权利要求书"第 1 节"引言"。

❸ 唐铁军. 关于我国专利申请"充分公开"判定标准的研究［D］. 北京：中国政法大学，2005：16.

围。"❶《欧洲专利公约（2000 年）》秉持同样的立场："专利申请公开的技术内容必须可以使本领域技术人员实施权利要求界定的整个发明内容（T409/91 Exxon 案）。对于特定类型的发明，如果专利申请公开的技术内容让本领域技术人员只能实施部分发明内容，则权利要求的保护范围和专利申请公开的范围不相适应，或者说，得不到后者的支持，从而不满公约第 83 条❷的要求。只有当本领域技术人员可以实施权利要求保护范围之内所有技术方案的实现方式，才可以认定专利申请公开充分。"❸ 专利制度的实质就是"公开换取保护"，"公开"是专利权人的义务，主要体现在说明书上，而"保护"是专利权人的权利，主要体现在权利要求上。"从法理上看，权利与义务应当是相一致的，因此对于申请人而言，与其权利和义务相对应的'公开'与'保护'也应当是相一致的，即说明书公开的内容与权利要求所要求保护的范围应当是相一致的。"❹ 如果说明书对技术方案公开的程度与权利要求保护的范围不一致，专利权终止后进入公有领域的技术方案就是不完整的，这样不但损害了公众利益，而且破坏了专利制度的合理性基础。❺ 在专利审查和司法实践中，当基于专利公开是否充分的理由判断一项专利权的法律效力时，总是从权利要求出发，根据权利要求保护的技术范围，再到说明书中寻找是否获得支持的证据。在根据充分公开判断专利权的法律

❶　USPTO. Manual of Patent Examining Procedure，Rev. 9，March 2014. p. 2100 – 2282.

❷　《欧洲专利公约（2000 年）》第 83 条规定："欧洲专利申请应当对发明作出充分清楚和完整的公开，以本领域技术人员能够实施为准。"

❸　哈康，帕根贝格. 简明欧洲专利法 [M]. 何怀文，刘国伟，译. 北京：商务印书馆，2015：125.

❹　沈嘉琦，唐晓君. 权利要求"得到"说明书支持的含义浅析 [J]. 中国发明与专利，2013（5）：86 – 89.

❺　陈默. 论对价理论在专利充分公开中的适用：评加拿大最高法院"万艾可"专利无效案 [J]. 中国发明与专利，2013（1）：67 – 72.

效力时，如果权利要求不止一项，则应当根据各项具体的权利要求，结合说明书分别进行判断。

在专利实践中，经常发生部分权利要求获得了说明书的支持，部分权利要求没有获得说明书支持的情况，专利权也就相应地部分维持有效，部分宣告无效。在这种情况下，抽象地谈论专利说明书公开充分或公开不充分都是不恰当的，应当就某一项权利要求具体评判其公开是否充分。2016 年 5 月 30 日，（原）国家知识产权局专利复审委员会作出的第 31083 号无效宣告请求审查决定即为著例。该无效宣告请求涉及国家知识产权局于 2009 年 4 月 15 日授权公告的、名称为"一种读写近视防治仪"的 ZL200510048264.5 号发明专利（以下简称"该专利"）。该专利授权时共有 8 项权利要求，其中第 1 项是独立权利要求，其余 7 项是从属权利要求。针对上述专利权，请求人以该专利说明书不符合《专利法》第 26 条第 3、4 款的规定为由，于 2016 年 5 月 30 日向专利复审委员会提出了无效宣告请求。专利复审委员会经审查认为，"说明书中公开内容已经可以实现其发明目的"，该专利不存在公开不充分的问题；但是又认为"权利要求 6 - 8 中请求保护的技术方案得不到说明书的实质支持"，因违背《专利法》第 26 条第 4 款的规定而无效。实际上，专利复审委员会在该案中的说理存在内在的矛盾。部分权利要求得不到说明书的支持，实际上也就等于说说明书对于该部分权利要求公开不充分，不满足《专利法》关于能够实现的要求。说明书对于权利要求书的"支持"就是对权利要求内容作到充分说明，使得本领域普通技术人员根据说明书的记载能够实现该权利要求中的技术方案。反之，如果本领域普通技术人员根据说明书的内容无法实现权利要求保护的技术方案，或者只能实现技术方案中的部分内容，则意味着说明书公开不充分。不可能存在权利要求得不到说明书的支持，但是说明书却对其进行了符合法律要求的充分公开的情况。"权利要求必须得到说明书的支持，这意味着权利要求的保护范围应当与说明书及附图，以及发明对现有技术的贡献相匹配（T49/91 Exxon 案）。换言之，权利要求保护的发明内容，都可以从说明书和附图之中找到'基础'。"❶ 所以说，第31083 号无效宣告请求审查决定存在不可调和的内在矛盾，一方面申明专利说明书公开充分，另一方面却断定部分权利要求得不到说明书的支持。"在有的专利授权确权行政纠纷案件中，审查员或专利代理人一味地强调说明书本身存在什么问题，并不结合权利要求书来论述充分与否，似暗示判断说明书公开是否充分，只需要看说明书就可以得出结论。这种观点是错误的。"❷

（二）结合现有技术

现有技术是专利法上的一个重要概念，对专利之新颖性、创造性和充分公开的判断均具有重要参考价值。所谓现有技术从专利法上来讲是，在专利申请日或者优先权日之前在国内外为公众所知并且实施的技术方案。❸ 专利法为现有技术的判断设定了一套具体的制度规则，使得现有技术的范围在专利法上呈现出相对清晰的状态。专利法之所以如此重视现有技术的认定，是因为专利正是成长在现有技术概念之上的事物，对专利的理解须臾离不开现有技术的概念。从人类科学技术发展史的角度来看，任何科学技术都是在已有科学技术基础上的发展，与现有科学技术毫无瓜葛、横空出世的新科学技术是不存在的。著名物理学家牛顿说过，我之所以站得高、看得远，是因为我站在巨人肩膀上。前文已经述及，从创新过程的性质上讲，创新可以分为累积性创新和孤立创新。累积性创新固然建立在已有技术的基础之上，孤立创新同样是以现有技术为前提的。只不过是创新成果与现有技术之

---

❶ 哈康，帕根贝格. 简明欧洲专利法［M］. 何怀文，刘国伟，译. 北京：商务印书馆，2015：135.

❷ 石必胜. 专利说明书充分公开的司法判断［J］. 人民司法，2015（5）：41－46.

❸ 王迁. 知识产权法教程［M］. 北京：中国人民大学出版社，2016：310.

间联系的疏密程度有所不同而已。英国著名法官曼斯菲尔德早在18世纪就说过，所有发明都是基于对已有产品或工艺的改进或发展。❶ 既然从本质上讲，所有发明都是对已有产品或工艺的改进或发展，离不开已有的物质和技术基础，那么旨在描述发明创造的专利说明书的撰写同样离不开现有技术。专利说明书和其所描述的发明创造一样，都是直接嫁接在现有技术之上的，而不是从某一技术领域最原始技术之上写就的，更不是从人类知识的原点开始的。现有技术包括专利申请日或优先权日之前已经公开的所有技术知识。判断专利说明书是否对发明创造进行了充分公开，应当将说明书中的技术信息与现有技术的全部内容相结合，将现有技术视为说明书中所记载信息的天然组成部分。由此出发，专利法和专利行政机关也就不应当强求专利申请人在说明书中重述现有技术的内容。"由于专利说明书针对本领域的技术人员，因此为了简明的目的，不需要且最好不从最初级原理开始描述直到要求保护的技术。"❷ 实际上，在专利说明书中过度描述现有技术对专利审查来讲是有害的，因为那样做会将申请专利保护的发明创造淹没在浩如烟海的现有技术之中，冲淡发明人自己的贡献，不利于从说明书中提取专属于发明人自己的东西。"期待——已从发明人那里获得了基本知识的——专业人员以自身知识补充实现发明所必需的细节内容，这在原则上是合理的。如果所有这些细节内容都被吸收到申请材料中，在许多案件中，申请材料将会膨胀到无法审查的程度，对专利局而言也是难以承担的重负。这样的公开要求将会偏离专利局的宗旨，无法清晰地表述申请人主张的主题以及最终授予的保护主题，它所提供的信息是

---

❶ Morris v. Bramson, 1 Carp. P. C. 30, 34 (1776).

❷ Hybriech Inc. v. Monoclonal Antibodies, Inc., 802 F. 2d. 1367, 231 USPQ81 (Fed. Cir. 1986). 在这方面，专利说明书与一般的法律论文完全不同。在论文中，假定读者什么也不知道，同时在前面要用大量篇幅来介绍法律领域基本知识，而在最后几页提出新观点。

公众已经可以获得的专业知识，根本不值一提。"❶ 这也是权利
要求从说明书中独立出来的原因之一。权利要求高度集中地表达
了发明人自己的贡献，基本不指涉前人的成果。说明书的任务则
是将体现在权利要求中的发明人自己的贡献与现有技术有机结合
起来，使得发明人的贡献在现有技术环境中能够顺利得以实现。

　　在专利审查和司法实践中，关于说明书所披露的内容究竟能
不能达到使得本领域普通技术人员实施发明创造程度的争议，常
常微妙地落脚于说明书与现有技术的关系之中。认为达到充分公
开要求的一方往往争辩说，虽然说明书对发明创造的描述不尽周
详，但是现有技术使得说明书所描述的发明创造具有可实施性。
相反，认为说明书不满足充分公开要求的一方则争辩说，说明书
对发明创造的描述与现有技术之间存在脱节，本领域普通技术人
员不经过创造性劳动无法实施发明创造。下面就以在国内外具有
重大影响的"小 i 机器人"专利无效行政纠纷案加以说明。2009
年 7 月 22 日，上海智臻网络科技有限公司（以下简称"智臻公
司"）获得了专利号为 ZL200410053749．9、名称为"一种聊天
机器人系统"的发明专利（以下简称"小 i 机器人专利"）。该
专利共包括 11 项权利要求。2012 年 6 月，智臻公司以苹果电脑
贸易（上海）有限公司（以下简称"苹果公司"）"Siri 语音助
手"技术涉嫌侵犯其"小 i 机器人"专利权为由，将苹果公司诉
至上海市第一中级人民法院，请求判令苹果公司停止侵权行为并
承担赔偿责任。2012 年 11 月 19 日，苹果公司就智臻公司的
"小 i 机器人专利"向（原）国家知识产权局专利复审委员会提
出无效宣告请求，其中申请理由之一是专利说明书不符合《专利
法》第 26 条第 3 款关于充分公开的规定。专利复审委员会经审
查认为，对于苹果公司所争议的体现为说明书中的游戏功能、格

---

　　❶ 克拉瑟. 专利法：德国专利和实用新型法、欧洲和国家专利法 [M]. 单晓
光，张韬略，于馨淼，等，译. 北京：知识产权出版社，2016：605 - 606.

式化语句和自然语句的区分功能、拟人化的交互对话功能、查询与应答功能等公开不充分的问题，本领域普通技术人员"利用现有技术中简单的字符串处理函数""利用现有技术中的计算机技术""结合和扩展现有技术中的搜索方式""利用现有技术方法对输入语言进行处理和分析"等现有技术途径，完全可以实现上述全部功能，因此不存在公开不充分的问题。在查明该专利也不具备其他无效事由的情况下，专利复审委员会于2013年9月3日作出第21307号无效宣告请求审查决定，维持"小i机器人专利"专利权全部有效。苹果公司不服审查决定，向北京市第一中级人民法院提起行政诉讼。北京市第一中级人民法院审理后以与专利复审委员会基本相同的理由驳回了苹果公司的诉讼请求。苹果公司不服一审判决上诉至北京市高级人民法院。北京市高级人民法院审理后认为，就苹果公司所提出的五项功能因为公开不充分而不能实现的问题，第一项"游戏功能"公开不充分的理由成立，其余四项理由不成立。北京市高级人民法院就"游戏功能"公开不充分的理由论述道："判断说明书是否充分公开的依据在于本领域技术人员根据说明书的记载能够确定的内容，即，说明书记载的信息量应当足够充分，或者至少应当提供足够明确的指引，以促使本领域技术人员据此获知相关的现有技术来具体实现本专利的技术方案。但原审判决却认为只要本领域技术人员可以实现的内容就属于公开充分，而不考虑这些内容是否已经在说明书中被教导、记载或指引，这显然不符合专利法第二十六条第三款的立法本意。因此，原审法院的上述认定也是缺乏事实和法律依据的，本院依法予以纠正。"❶"本案中，无效决定和一审判决遵循了我国审查指南中的逻辑，对于已经在现有技术中有所

---

❶ 北京市高级人民法院. （2014）高行（知）终字第2935号《行政判决书》[EB/OL]. （2015－06－29）[2017－02－11]. http：//wenshu. court. gov. cn/content/content? DocID＝2936dbdd－d560－48d6－90a4－1e8095ed894d&KeyWord＝% E5% B0%8Fi% E6%9C% BA% E5%99% A8% E4% BA% BA.

记载的内容不必要求申请人予以赘述；二审法院则超越上述规定，要求说明书记载的信息量足够，或者给出足够的指引，才能完成对本领域技术人员的指引、教导。"❶ 说明书是否充分公开了发明创造应当结合现有技术进行判断，本领域普通技术人员具有获取全部现有技术的能力。"根据本领域的技术人员的定义，针对专利申请所要解决的技术问题，其具有寻找获知现有技术的能力，不存在必须说明书给出指引的问题。"❷ 要求申请人在专利说明书中提供现有技术的信息，不适当地提高了申请人的公开义务，不符合《专利法》的本旨。现有技术的内容是否记载在申请文件中不应作为判断说明书充分公开的必要条件，如果本领域普通技术人员结合现有技术即可以实现发明创造，即使关于现有技术的教导或指引未被记载，也应不影响说明书的充分公开。❸ 二审法院关于"小 i 机器人""游戏功能"公开不充分的说理与专利法学界长期以来的共识存在明显的背离和冲突，同样也不符合我国《专利法》的相关规定。智臻公司不服二审判决，向最高人民法院申请再审。2016 年 12 月 28 日，最高人民法院作出（2015）知行字第 143 号发明专利无效行政裁定书，决定提审该案，同时中止原判决执行。截至本书成稿，最高人民法院尚未就该案作出再审判决。

二、立体原则

权利要求所保护的技术方案是否能够实现，是判断专利公开是否充分的核心。任何一项技术方案都由所要解决的技术问题、

---

❶ 郭鹏鹏. 由小 i 机器人案再议专利充分公开制度 [J]. 知识产权，2016 (8)：65 - 74 +131.

❷ 万琦. 说明书公开的若干问题研究：以"小 i 机器人"案为基础 [J]. 知识产权，2015（5）：45 - 48 +91.

❸ 王健，温国永. 从"小 i 机器人案例"看说明书的充分公开问题 [J]. 中国发明与专利，2015（9）：93 - 95.

拟采取的技术手段，以及欲取得的技术效果组成。技术问题、技术手段和技术效果三者构成一个有机的整体。判断技术方案能否实现，技术手段的可实施性是中心环节，但是在判断技术手段的可实施性时，仍然必须考虑技术问题能否得到解决以及技术效果是否达到预期，也就是要坚持从因到果的立体性原则。❶

（一）考虑技术问题

发明创造就其本质而言是一种解决特定技术问题的技术方案。技术方案公开是否充分，往往取决于技术方案中的技术手段能否解决相应的技术问题。从理论上讲，解决特定技术问题是目的，所采用的技术手段仅是解决问题的工具。工具选择是否适当只能从是否能够满足解决技术问题的需要上判断。"手段，不是自我规定的东西，它的规定性、职能，是以其所要实现的目的为依据的。"❷ 我国《专利审查指南2010》第二部分第二章第2.1.3节规定，如果"说明书中给出了技术手段，但所属技术领域的技术人员采用该手段并不能解决发明或者实用新型所要解决的技术问题"，则应当认定说明书因不能满足"能够实现"的要求而致公开不充分。所以，技术问题能否得以解决影响着对专利充分公开的判断。要回答这一问题，首先就要明确发明创造所要解决的技术问题是什么？在专利说明书中，专利申请人一般会明确该发明创造旨在解决的技术问题，但是有时候也会出现技术问题阙如的情况。"发明所要解决的技术问题不需要明确地写出，但是必须能从说明书中解读出问题和解决方案。问题的初步描述可随着所请求保护的发明的改变在审查过程中重新形成（见T419/93 Rlhn GmbH案）。"❸ 根据国家知识产权局《专利审查操

❶ 石必胜. 专利说明书充分公开的司法判断［J］. 人民司法，2015（5）：41-46.

❷ 聂凤峻. 论目的与手段的相互关系［J］. 文史哲，1998（6）：74-77.

❸ 哈康，帕根贝格. 简明欧洲专利法［M］. 何怀文，刘国伟，译. 北京：商务印书馆，2015：313.

作规程》的规定，技术问题的确定一般包括如下步骤：第一步，根据最接近的现有技术确定发明的区别技术特征；第二步，如果说明书中记载了区别技术特征对应的技术问题，则一般该技术问题即为发明所要解决的技术问题；第三步，如果说明书中未记载技术问题，那么就要确定区别技术特征在发明中的作用及使发明达到的技术效果，并由此确定发明实际解决的技术问题。在判断"发明所要解决的技术问题"时，专利审查员可以根据自己对发明和现有技术的理解自行裁量确定发明所要解决的技术问题。❶确定发明创造所要解决的技术问题之后，根据发明创造实际产生的效果，就可以确定技术手段相对于所有解决的技术问题是否公开充分了。

　　在利用技术问题判断充分公开时，充分公开的判断常常和实用性的判断发生竞合。例如，在 In re Cortright 一案中，美国联邦巡回上诉法院仔细地对权利要求进行了分析解释，以决定一项声称能够"恢复头发生长"的专利所描述的实用性是否存在。❷ 美国联邦巡回上诉法院将权利要求中的"恢复头发生长"解释为"请求保护的方法能够增加头上头发的总量而不必然意味着生长出满头的头发"。基于这种解释，Cortright 的发明因为能够增加使用者头发总量的 25% 而满足了实用性要求，并且美国联邦巡回上诉法院不要求专利申请人通过展示其发明将恢复使用者头发原貌的方式来证实其发明的可实施性。实用性和美国专利法第112 条规定的"能够实现"存在内在的联系。那是因为"能够实现"要件要求专利权人就其申请专利保护的发明技术信息进行充分披露，以使本领域普通技术人员能够制造或者使用该发明。从逻辑上讲，不具备可操作性或者特定实用性的权利要求同样不可

---

❶　蔡艳园. 浅议"技术问题"与"技术效果"的区别［G］//中华全国专利代理人协会 .2015 年中华全国专利代理人协会年会暨第六届知识产权论坛论文集. 北京：知识产权出版社，2016.

❷　In re Cortright，165 F. 3d 1353（Fed. Cir. 1999）.

能满足"能够实现"要件中的"如何使用"层面的要求，因为这种发明根本就不能被使用。因此，"当一项权利要求请求保护一种试图完成那种根本不可能达到的效果的方法时，请求保护的发明创造必然被认定为不具有所陈述的可实施性，并且该权利要求应基于（美国专利法——笔者注）第 101 条（实用性）或者第 112 条（充分公开）的规定认定为无效。"❶ 相反，如果不能正确确定发明创造所要解决的技术问题，技术方案是否充分公开的判断也就无法得出科学的结论。在 In re Cortright 一案中，如果将发明创造的目的或者所要解决的技术问题确定为"生长出满头的头发"，则涉案的专利申请就会被判定为缺乏实用性以及技术方案公开不充分。

（二）考虑技术效果

技术效果是执行技术手段产生的客观结果，而技术手段则是为了解决技术问题而特别设计的技术措施。所以，在理想的状态下技术效果应当和技术问题是一致的，是技术问题得以解决之后的客观结果。但是实际上，在多数情况下，技术效果和技术问题仍然可以区分开来，在判断技术方案是否得到充分公开时，成为两项独立的考虑因素。技术问题可能一般比较抽象，技术效果则是具体的；技术问题相对于现有技术而定，是一个关系性概念，而技术效果与现有技术无关，是一个实体性概念。"技术问题则是为了获得更好的技术效果而需对最接近的现有技术进行改进的技术任务，这种任务与区别技术特征是什么以及有什么具体的技术效果均无关，而是与现有技术的所表现出来的缺陷更相关。"❷ 技术效果的公开主要集中在两个方面，技术效果是什么以及技术手段与技术效果之间的因果联系。有些技术手段的技术效果具有

---

❶ Raytheon Co. v. Roper Corp., 24 F. 2d 951, 956 (Fed. Cir. 1983).

❷ 蔡艳圆. 浅议"技术问题"与"技术效果"的区别 [G] //中华全国专利代理人协会. 2015 年中华全国专利代理人协会年会暨第六届知识产权论坛论文集. 北京：知识产权出版社，2016.

显而易见性，无须在技术手段之外单独描述技术效果的内容，如多数的机械和电学类发明创造。"只有在所属技术领域的技术人员无法根据现有技术预测发明的用途和效果的情形下，才需要在说明书中记载足够的实验数据以证实其效果。"❶ 如果技术手段的技术效果不能从技术手段直接推导出来，则需要在说明书中具体阐明技术效果，否则可能导致说明书公开不充分。例如，一件产品发明专利为了解决柜机空调器"出风不稳定而造成的喘振问题"，设计了一种新的空调器蜗壳。专利说明书中详细记载了该专利的结构，并给出了附图。所属技术领域的技术人员根据说明书记载的内容可以工业化的方式生产制造出该专利产品。但是说明书中没有具体介绍该专利产品如何解决的喘振问题，如何实现了降低噪声的效果，也没有说明解决喘振和降低噪音的具体程度。❷ 这就等于说说明书只给出了技术问题和技术手段，没有给出具体达到的技术效果，而技术效果又无法从技术手段中直接得出，所以该产品发明的说明书公开不充分。

更常见到的情况是，说明书披露了技术效果，但是无法提供证据证明技术效果与技术手段之间的逻辑或事实联系，属于断言性技术效果，同样会导致说明书对技术效果公开不充分。除非具有显而易见性，专利申请人应当在说明书中陈述技术效果与技术手段之间的关系，以使技术效果具有信服性。因为在专利审查的过程中，审查员只是对发明创造的可实施性进行书面审查，并不会实际实施该发明创造从而验证其技术效果，所以对技术效果必须进行充分的书面披露。虽然美国专利法第114条至今仍然保留着专利申请人可以通过提交发明模型或样本以说明实用性和充分公开的规定，但是美国专利商标局特别不鼓励这样做。说明技术

❶　许钧钧，潘珂，盛倩. 实验数据的缺乏会导致说明书公开不充分吗？［N］. 中国知识产权报，2015－08－19（10）.

❷　邹秋爽. 结构清楚是否等同于"能够实现"？［J］. 创新时代，2013（3）：58－61.

效果与技术手段之间的关联一般通过逻辑分析、实验结果或者两者的结合来证明。逻辑分析是根据已有事实和科学定律进行分析和推理，合乎逻辑地得出技术效果。机械、电学等具有较强可预测性技术领域的技术效果的证明经常使用逻辑分析法。如果技术效果不能通过逻辑分析法加以证明，则需要提供具体的实验结果进行证明，比如生物、化学领域等可预测性较弱技术领域内的发明创造。说明书虽然给出了技术效果，但是没有进行任何的逻辑分析，也没有提供任何实验数据，且技术效果与技术手段之间的联系不具有显而易见性，则说明书中的技术效果就属于断言性技术效果。生物领域专利申请说明书中仅给出断言性结论常常导致说明书公开不充分。❶ 对于专利申请中有益效果的公开问题，《专利法》第 26 条第 3 款没有明确提及，然而，在专利申请的审查，特别是化学领域的专利申请审查中，审查员常常对专利申请中的技术方案是否能够达到发明的目的提出怀疑，认为说明书虽然给出了具体的技术方案，但是没有提供实验证据证明其发明效果，因此说明书没有充分公开。❷ 正如专利复审委员会在第 4679 号复审决定中所说，一项发明不仅包括技术方案本身，还包括技术效果，尤其在现有技术的理论还不成熟的技术领域，效果实验数据对于确定发明已经完成是十分重要的。

三、协调原则

发明创造的可专利性，除了充分公开之外，还必须具备新颖性、创造性和实用性。新颖性指的是申请专利保护的发明创造不属于现有技术。现有技术是本领域普通技术人员公知的技术知

---

❶ 穆彬，张鑫蕊. 生物领域中断言性结论导致的说明书公开不充分问题浅析 [J]. 中国发明与专利，2013（3）：96－100.

❷ 张沧. 有益技术效果与说明书的充分公开：从第 4679 号复审决定看效果实验数据对说明书充分公开的重要性 [G] //国家知识产权局条法司. 专利法研究 2005. 北京：知识产权出版社，2006.

识，自然也为专利审查员所熟知，因此，一般不存在申请人必须披露现有技术的要求。所以，从理论上讲，无论申请人是否充分披露其发明创造都不应当影响新颖性的判断，充分公开与新颖性没有必然的联系。但是创造性和实用性的内容内在于发明创造自身，专利审查员对创造性和实用性判断常常取决于说明书对相关内容的披露情况。说明书对创造性和实用性的相关内容公开充分，创造性和实用性就能得以确证；否则，就会被否定。也就是说，充分公开的判断常常与创造性、实用性的判断交织在一起。在审查充分公开时，协调审查创造性和实用性，有助于就充分公开的判断形成科学的审查意见。

（一）协调实用性

虽说实用性和充分公开是两项独立的专利授权条件，各自存在不同的立法目的，但是由于从根本意义上讲二者均指向发明创造具有实际利用的可能性，所以在专利实践中，二者的共性远大于二者的差异。比如，合成一种新的化合物，没有披露其具体用途，就可能既被认为不具备实用性，又被认为因没有充分公开其用途，故而不符合"能够实现"的要求。❶ 从根本上讲，二者竞合的原因在于，专利法关于充分公开的要求——如何制造和使用发明——是对专利法实用性要求的具体执行。❷ 美国联邦巡回上诉法院在一则案例中曾说："第112条关于如何使用的要求作为一个法律问题涵盖了美国专利法第101条的要求即说明书要披露发明创造实用性这个事实问题。"❸ 甚至可以认为，实用性的要求是目的，充分公开的要求是实现这一目的的必要手段。在专利审查实践中，二者经常互为犄角，一个得不到满足，另一个常常也难以合乎要求。有德国学者就德国专利审查实践总结道，在对

❶ 崔国斌. 专利法：原理与案例 [M]. 北京：北京大学出版社，2012：330.

❷ USPTO. Manual of Patent Examining Procedure, Rev. 9, March 2014, pp. 2100 - 2280.

❸ In re Cortright, 165 F. 3d 1353, 1356 (Fed. Cir. 1999).

工业实用性判断时，实践中通常得出与充分公开的规定具有紧密联系的结论：如果发明被申请为专利、是可专利的或是实用新型注册的对象，那么将审查其在通过申请或专利被公开的形式上的可实施性。❶ 甚至有学者将专利法对充分公开的要求视为实用性要求的一个侧面，作为实用性含义的一部分来处理。"在专利获得的要件中，'实用性'还有一个含义，即申请人提交的说明书必须充分披露有关的发明，提供足够而清晰的信息，让相关技术领域中的人员能够制造或使用该项发明。"❷ 具体来讲，二者之间的联系包括两个方面：

第一，如果一项发明从本质上来讲缺乏实用性，则必然不能满足充分公开的要求，因为熟练技术人员根本就不能实施该发明。❸ 美国《专利审查程序手册》就此评论道：如果权利要求是因为不能使用（non‑useful）或不能实施（inoperative）导致无法满足专利法第 101 条关于实用性的要求，那么该权利要求必然不能满足专利法第 112 条第 1 款对于能够实现的要求。❹ 诚如美国法院常言，如果某制造品（compositions）实际上没有什么用途，申请人也就不可能通过说明书教导人们如何去具体使用它。❺ 因此，缺乏实用性不仅可以支持根据第 101 条作出的驳回决定，还可以支持基于第 112 条第 1 款的驳回决定。❻ 专利实用性包括特定的、本质的和可信的三个侧面的具体要求。美国《专

---

❶ 克拉瑟. 专利法：德国专利和实用新型法、欧洲和国家专利法 [M]. 单晓光，张韬略，于馨淼，等，译. 北京：知识产权出版社，2016：234.

❷ 李明德. 美国知识产权法 [M]. 北京：法律出版社，2014：67.

❸ ADELMAN M J, RADER R R, KLANCNIK G P. Patent law in a nutshell [M]. Thomson west, 2008：203.

❹ USPTO. Manual of Patent Examining Procedure, Rev. 9, March 2014, pp. 2100 - 2281.

❺ In re Fouche, 439 F. 2d 1237, 169USPQ 429（CCPA 1971）.

❻ MUELLER J M. An introduction to patent law [M]. Aspen Publisher, Inc., 2006：209.

利审查程序手册》规定，如果申请人对其发明实用性的陈述是不可信的，同时又不存在公认的实用性，则应基于专利法第101条关于实用性的要求驳回申请，同时还应当基于专利法第112条第1款关于充分公开的要求作出驳回决定，理由在于申请人未披露如何使用该发明。基于专利法第112条第1款作出的驳回决定，由于与基于专利法第101条的驳回决定有联系，所以其驳回理由中应包含了与第101条驳回决定相一致的根据。❶ 如果申请人未对其发明陈述任何特定的和本质的实用性，而且也没有公认的实用性，那么应以缺乏实用性的理由根据第101条作出驳回决定，同时基于未能教导如何使用该发明的理由，根据第112条第1款的规定再单独作出一个驳回理由。❷ 当然，为了避免专利审查实践中可能发生的混淆，即使对于同一项专利申请，在依据第112条第1款关于充分公开的要求驳回申请时，也应与基于第101条之规定以缺乏实用性为由作出的驳回决定分别表述。❸

　　第二，不能满足专利法对于充分公开要求的发明在大多数情况下同样也无法满足专利法对于实用性的要求。道理很简单，对于实用性的审查同样是以专利申请文件为基准，而不是离开申请文件抽象地去谈论发明是否有用。如果申请文件因为公开不充分，导致本领域技术人员不知道如何去实现申请人所宣称的实用性，那就有足够的理由怀疑这种实用性的存在。如果再无其他可靠的实验数据佐证实用性的存在，则由于申请人所宣称的实用性是断言性的，当然也不符合专利法对于实用性的要求。甚至有学者就此评论道：对于一项未"充分公开"发明的专利申请，审查员无论是以未"充分公开"为由，还是以不具有实用性为由

---

❶❷ USPTO. Manual of Patent Examining Procedure, Rev. 9, March 2014, pp. 2100 – 31.

　　❸ USPTO. Manual of Patent Examining Procedure, Rev. 9, March 2014, pp. 2100 – 281.

提出反对意见，都不存在所谓的"混淆概念"的错误。❶ 当然，这种观点有些言过其实，实用性与充分公开之间还是存在差异的，并非完全重合。但应该没有疑问的是，在大多数情况下，如果申请人未充分公开其发明，无法说服熟练技术人员相信该发明具有实用性，则审查员可能以没有实用性，也可能以没有充分公开为由驳回该申请。❷ 1998 年，由北京市高级人民法院审结的薛某清诉国家专利局专利复审委员会一案，即为典型案例。该案涉及一种用于治疗癌症的癌静注射剂的制作方法，因为申请人没有能够充分公开其药物的实际使用方法和疗效，有人据此向专利复审委员会提出了宣告专利权无效的请求，最后专利复审委员会以该方法缺乏实用性以及说明书公开不充分的理由作出了宣告专利权无效的决定。薛某清不服专利复审委员会的决定，起诉至法院。经北京市第一中级人民法院一审、北京市高级人民法院二审，法院最终维持了专利复审委员会的无效宣告决定。专利复审委员会认为，由于薛某清的专利申请书没有对发明所包含原料、制备方法、该方法所制得的产品（组成）及其效果（疗效）作出清楚和完整的说明，以致本领域普通技术人员在不涉及创造性条件的情况下不能将其实现，因而不符合《专利法》第 26 条第 3 款关于充分公开的要求。北京市第一中级人民法院在判决书中还提到，由于该案说明书存在说明不清楚、公开不充分的缺陷，因而使该领域的普通技术人员仅仅根据说明书的描述，无法再现发明所要制备的产品，实现发明的目的，即该发明同样缺乏实用性。北京市高级人民法院同意专利复审委员会和下级法院关于涉案专利不具备实用性并且不符合充分公开要求的意见，终审判决维持了专利复审委员会的无效决定。❸ 国家知识产权局《专利审

---

❶ 黄敏，张华辉."充分公开"与实用性：谈中国专利法第二十六条第三款与第二十二条第四款的关系 [J]. 中国专利与商标，1997（2）：58—64.

❷ 崔国斌. 专利法：原理与案例 [M]. 北京：北京大学出版社，2012：171.

❸ 参见北京市高级人民法院（1998）高知终字第 62 号行政判决书。

查操作规程》亦规定："如果是说明书记载的原理不清楚，审查员怀疑其原理违背自然规律时，审查员既可以以该申请不具备实用性为理由，也可以以该申请公开不充分为理由提出反对意见。"

（二）协调创造性

创造性，也称为非显而易见性，指的是与现有技术相比，发明具有突出的实质性特点和显著的进步，实用新型具有实质性特点和进步。法律对发明专利和实用新型专利创造性高度的要求有所不同，但本质是一样的。创造性由两个侧面构成，一是"突出的实质性特点"或"实质性特点"，二是"显著的进步"或"进步"。所谓"突出的实质性特点"或"实质性特点"指的是发明创造的技术特征与现有技术相比不是显而易见的；所谓"显著的进步"或"进步"指的是发明创造产生了比现有技术更好的技术效果。❶发明创造的创造性虽然是客观存在的，但是却无法进行有效的量化，所以创造性的判断往往带有很强的主观性。❷为了减少主观性所带来的随意性，增强审查结论的可预期性，各国专利法往往规定一些客观标志作为补充，比如对技术偏见的克服、在商业上取得成功，或者取得了预料不到的技术效果等。"取得了预料不到的技术效果"属于创造性之"显著的进步"或"进步"侧面的内容，在创造性的判断中属于运用较多的辅助因素。特别是在发明创造的技术特征相对于现有技术来讲区分度不是特别明显时，技术效果的价值就显现出来了。我国曾有案例❸认为，只有在预料不到的技术效果的情况下，才足以认定创造性的存在。日本特许厅《审查指南》（审查基準）规定，如果发明创造的有益技术效果非常突出，以至于本领域普通技术人员根据

❶ 冯晓青，刘友华. 专利法［M］. 北京：法律出版社，2010：114.
❷ 吴汉东. 知识产权法［M］. 北京：中国政法大学出版社，2012：174.
❸ 参见北京市第一中级人民法院（2005）一中行初字第373号行政判决书，北京市高级人民法院（2006）高行终字第499号行政判决书。

现有技术无法预料时，则可以认定创造性的存在。❶ 欧洲专利局在 T181/82 Ciba Geigy 案中评价道，让人意想不到的技术效果可以作为创造性的指针之一。在创造性的判断主要依赖于"预料不到的技术效果"时，说明书对于该效果的充分披露就是必不可少的。如果说明书缺乏对该效果的具体揭示，又没有其他证据证明此等效果的存在，则此时说明书存在公开不充分的问题，请求保护的技术方案存在缺乏创造性的问题，二者出现了耦合。

（原）国家知识产权局专利复审委员会在 2016 年 11 月 10 日作出的第 30520 号无效宣告请求审查决定书中指出："本领域技术人员根据现有技术不能预期的技术效果应当在说明书中予以记载，并应当在说明书中提供足以证明所述技术方案能够产生所声称效果的实验数据。申请文件中未记载、也未验证的技术效果不能作为预料不到的技术效果来证明涉案专利具备创造性。"专利复审委员会据此认定涉案专利不具备创造性。实际上，由于涉案专利的技术效果无法根据现有技术预期，专利申请人不披露该技术效果，同样不符合《专利法》第 26 条第 3 款的规定，也可以基于公开不充分宣告无效。不只是"预料不到的技术效果"，一般意义上的有益效果如果不能够从现有技术和技术方案中直接得出，说明书同样应该进行披露。如果说明书没有披露发明创造的任何有益效果，且又不能从技术方案中推出，则该专利申请因为缺乏"技术效果"而公开不充分，因为缺乏"显著的进步"或"进步"而不具有创造性，同样发生了充分公开与创造性判断结论的耦合。有专利审查员结合具体案例分析后认为："从技术效果上分析，实际上说明书公开不充分和不具有实用性属于不具有创造性的一种特殊情况，说明书公开不充分，则

对应的技术方案必然不具有创造性。"❶ 所以，在进行充分公开审查的时候，往往还需要协调对创造性的审查，二者相互参照进行，不但可以节省审查资源，而且可以避免隔离审查可能出现的审查结论上的矛盾。

第二节　判断标准之构成要素

关于专利充分公开判断标准的构成要素，或者说充分公开应当包含的具体内容，不同国家专利法认识不尽相同。请求专利保护的发明创造能够实现，也就是说可以让本领域技术人员运用专利中的技术手段，解决相应的技术问题，并且产生相应的技术效果，是各国专利法的共同规定。如果说明书对专利的公开不满足能够实现的要求，专利申请将无法获得授权或者应当宣告已经授予的专利权无效。在能够实现要件之外，多数国家的专利法还要求或建议申请人披露实施发明创造的最佳方式或优选方式，以保证社会公众从专利中所获取知识的充足性。但是对于最佳或优选方式披露的法律效力，各国规定存在较大差异。此外，美国专利法还明确要求专利申请文件对发明创造的披露要满足书面描述的要求，并赋予了书面描述与能够实现要件相同的法律效力。除美国之外的其他国家没有明确规定书面描述要件，而是将美国专利法对书面描述的要求确立为权利要求应当获得说明书合理支持的所谓支持要件。笔者认为，美国专利法关于专利公开的三要件规定，使得专利充分公开制度更清晰、更完整，更有利于实现专利制度的价值目标，值得我国在完善专利法时进行借鉴。从理论上来讲，能够实现、书面描述和最佳实施方式是判断专利充分公开性的完整构成要素。

---

❶ 孙平，马励. 从一个案例看公开充分、实用性和创造性的适用 [J]. 中国发明与专利，2013 (3)：78 – 82.

一、能够实现要件

所谓"能够实现"（Enablement）是指专利说明书必须提供关于如何制造和使用该发明（how to make and how to use the invention）的具体指导。"能够实现"要件的目的在于，要求专利说明书在描述发明时选用恰当的语词，以使本领域熟练技术人员根据该语词能够实际制造和使用该发明，以便于在发明和相关公众之间以一种有实际意义的方式建立起联系。❶ 这就要求专利申请文件中披露足够的信息，以满足相关领域技术人员制造和使用该发明之所需。根据专利充分公开判断的立体原则，能够实现要件不但包括技术方案之技术手段本身能够实现，还包括通过技术手段的执行能够解决技术方案中提出的技术问题并达到预设的技术效果。由于技术问题和技术效果对于充分公开判断的意义和作用方式前文已经述及，故本节重点讨论技术方案中技术手段能否实现的判断方法。笔者认为，技术手段要符合能够实现要件的要求必须同时满足下列条件：

（一）不违背科学原理或公知常识

专利作为工业产权的一种，旨在作用于客观物质世界，物质世界的客观规律当然是体现为专利形式的发明创造必须予以遵守的。自19世纪晚期科学和技术相互融合以来，发明创造往往被认为是自然规律的具体作用形式或者是人们对自然规律的有意识的运用。自然规律这个概念来源于西方的"自然法"观念，和自然法具有内在的相通性，❷ 一般是指未经人为干预的，客观事物自身运动、变化和发展的内在必然性联系。自然规律作用的发挥是不以人的意志为转移的，只要条件具备，它就必定会发挥作

❶ USPTO. Manual of Patent Examining Procedure, Rev. 9, March 2014, pp. 2100 – 2264.

❷ 吴忠. 自然法、自然规律与近代科学 [J]. 自然辩证法通讯, 1985 (6): 25 – 33 + 4.

用。在自然规律作用的限度内，任何违背规律的所谓技术方案都是不可能实现的，自然也就不可能教导社会公众能够实现。所以，具有可实施性的发明创造必然是不违背自然规律的。换句话说，那些从根本上违背了自然规律的发明创造必然不能满足专利法对于充分公开的要求。我国《专利审查指南2010》明确地将发明创造视为是对自然规律的运用，并规定了自然规律在专利审查中的基础性地位。我国《专利法》将发明和实用新型定义为一种技术方案，而《专利审查指南2010》则将"技术方案"解释为"是指对要解决的技术问题所采取的利用了自然规律的技术手段的集合"。只不过在我国《专利法》上将违背客观规律的发明创造一般处理为不具有实用性。《专利审查指南2010》规定："具有实用性的发明或者实用新型专利申请应当符合自然规律。违背自然规律的发明或者实用新型专利申请是不能实施的，因此，不具备实用性。"● 实际上，正如前文所述，不具有实用性的发明创造必然是无法满足充分公开要求的，无论处理为缺乏实用性还是公开不充分，都不存在不妥之处。根据美国《专利审查程序手册》的规定，违背自然规律的发明创造得同时以缺乏实用性和公开不充分的双重理由作出驳回决定。科学原理是人们对自然规律的认识，是对自然规律的主观反映。违背自然规律在现实中表现为违背科学原理。需要注意的是，人们对自然规律的认识不是一蹴而就的，有一个不断深化和完善的过程，科学原理的真理性往往受制于形成该原理的社会条件，有其发生作用的时空限制。如果发明创造不符合人们对科学原理的既有认识，但是有充足证据证明该发明创造确实能够实现，则不应以违背科学原理为由简单驳回。此时应该考虑的是对人们关于科学原理既有认识的突破和修正。

在专利审查过程中，审查员需要使用人类全部现有科学知

● 《专利审查指南2010》第二部分第五章第3.2.2节。

识。在人类现有科学知识的谱系中，有些是已经系统化、理论化了的科学知识，我们称为科学原理；另外，还有大量的科学知识，未经严格的科学证明，以更加灵活的形式存在，但是为本领域技术人员所熟知，我们称为"公知常识"。"公知常识是本领域技术人员职业生活的'认知工具'，可能没有在任何地方正式公开过。然而，它最常出现在标准的教科书、工具书、参考书之中。所以，它可能不实际的保存在真实个体的大脑记忆里。然而，这些信息仍旧为本领域技术人员所知。在需要时，本领域技术人员可以随时查阅。"❶ 公知常识在专利审查的过程中同样发挥着重要的作用，且为各国专利审查指南所明确规定。我国《专利审查指南2010》未给公知常识明确定义，但是多处提及了公知常识在专利审查中的运用，列举了公知常识的典型情形。美国《专利审查程序手册》也没有对公知常识进行严格的定义，但是抽象地圈定了公知常识的大体范围。根据美国《专利审查程序手册》的规定，公知常识指的是，能够立刻被毫无疑问地证实为众所周知（well－known）的事实，或者是容易证明的且没有与之相矛盾的记录的事实。❷ 日本特许厅《审查指南》同样对公知常识作出了规定：公知常识是为本领域技术人员普遍知晓的知识，包括普遍知晓的技术或普遍使用的技术，以及根据经验法则可以明显得知的事实。《欧洲专利审查指南》（Guidelines for Examination in the European Patent Office）也存在类似的规定。通观各国专利审查指南的规定可知，公知常识基本由两部分知识组成，一部分是为一般公众所知悉的生活常识，一部分是仅为本领域技术

---

❶ 哈康，帕根贝格. 简明欧洲专利法［M］. 何怀文，刘国伟，译. 北京：商务印书馆，2015：69.

❷ 孙瑞丰，曲淑君，范丽. 专利审查中公知常识的认定和举证［J］. 知识产权，2014（9）：73－77.

人员普遍知悉或普遍使用的技术常识。❶ 技术常识又包括公知技术知识和公知技术手段，而公知技术手段则包括惯用技术手段和常规技术手段。❷ 在专利审查的过程中，审查员对公知常识的利用一般无须举证，可以直接作为审查决定的根据。"公知常识由于其属于本领域技术人员完全知晓的现有技术内容，因此在专利审查中审查员无须举证，仅采用自由心证式的方式即可认定公知常识。"❸ 最高人民法院《关于行政诉讼证据若干问题的规定》第68条规定，对于众所周知的事实人民法院可以直接认定，当事人免于承担举证责任。在专利法范围内，对于技术问题的认定是以本领域普通技术人员为参照标准的，公知常识的认定亦不例外。❹ 对于本领域技术人员而言，作为公知常识的技术知识，就相当于行政诉讼法上所讲的"众所周知的事实"，自然免除审查员的举证责任。公知常识虽然有着较高的可信度，但是并非一成不变。随着技术的进步，公知常识完全可能被改写，因为所谓公知常识也是受到人类现有的认识条件限制的，公知常识完全有可能是一个历史时期的"技术偏见"。所以，应当允许专利申请人通过证据推翻审查员关于公知常识的认识。与科学原理一样，公知常识只是支持专利审查结论的一种证据，而不是审查结论本身。既然是证据，就应当允许提出反证，只不过对于反证的审查要以极其严格的方式进行，毕竟公知常识在被证伪之前具有很高的可信度。一般而言，如果能够断定申请专利保护的技术方案有悖于公知常识，即可断定该技术方案不具有可实施性。

❶ 张冬梅. 专利授权确权案件中公知常识的证明 [J]. 知识产权，2012 (10)：31 - 34.

❷ 石必胜. 专利创造性判断研究 [M]. 北京：知识产权出版社，2012：236.

❸ 李晓明. 在专利审查中的公知常识举证问题浅析 [J]. 电子知识产权，2010 (10)：59 - 61 + 67.

❹ 李宁馨. 浅析专利审查中的公知常识 [J]. 中国发明与专利，2014 (11)：70 - 72.

（二）技术单元清晰、具体和可用

我国《专利审查指南2010》指出："技术手段通常是由技术特征来体现的。"既然技术手段由一系列具有内在关联性的技术特征组成，技术手段能否实现也就取决于各个技术特征的可实施性。对于技术特征，我国《专利法》《专利法实施细则》和《专利审查指南2010》均没有给出定义。一些与专利有关的法律文件对技术特征的内涵进行了揭示。例如，"技术特征是指，在权利要求所限定的技术方案中，能够相对独立地执行一定功能、产生相对独立的技术效果的最小技术单元。在产品技术方案中，该技术单元一般是产品的部件或者部件之间的关系。在方法技术方案中，该技术单元一般是方法的原料、产物、步骤或者步骤之间的关系。"❶"技术特征是指在权利要求所限定的技术方案中，能够相对独立地执行一定的技术功能、并能产生相对独立的技术效果的最小技术单元或者单元组合。"❷ 技术特征就是具有"相对独立的技术效果"的最小技术单元。技术特征具有可实施性，也就是其所对应的技术单元能够发挥相应的技术效果。技术单元作为一个功能单位一般由质料和关系组成。如果一个技术单元的质料可得，关系可预期，则该技术单元的功能也就能够正常产出。所有技术单元的功能可以正常实现，则技术手段具有相应的可实施性。所以，技术单元清晰、具体和可用，是技术手段具有可实施性的关键环节。

技术单元中的质料可得，包括原料和设备均可以获得。这就要求说明书对于技术单元所需要的原料和设备作出清晰的描述，或者可以购买，或者可以制备。如果说明书对于材料或设备的描述不清楚、不具体，以至于本领域技术人员通过阅读说明书并结

---

❶ 参见国家知识产权局《专利侵权判定和假冒专利行为认定指南（试行）》第一编第一章第1.7节"技术方案、技术特征和技术手段"。

❷ 参见北京市高级人民法院《权利侵权判定指南》第5条。

合现有技术，无法获得实施该技术单元所需要的原料或设备，则本单元技术效果无法产生，从而导致整个说明书公开不充分。申请号为200810126730.0、名称为"一种金属铝生产的新工艺"的发明专利申请因公开不充分被驳回即为著例。该专利申请的权利要求为："一种金属铝生产的新工艺，是在特种催化剂作用下，使氧化铝还原为金属铝。生产过程连续，生产工艺简洁，产能高，低污染，低耗能和低成本。"结合其专利说明书记载的内容可知，"特种催化剂"的使用是解决该发明拟解决的技术问题的必要质料，但该说明书中并没有详述该特种催化剂的组成或制备方法，本领域普通技术人员根据说明书的记载也无法确定该"特种催化剂"到底为何物，属于因为质料不可能而产生的技术手段含糊不清，❶ 最终被专利局驳回。美国专利商标局《专利审查程序手册》指出："本发明所需的起始物料或设备是否可用，是判定说明书是否满足能够实现要件的关键问题。在生物技术领域，当产品或工艺需要特定菌株的微生物，而该微生物只有在广泛筛选后才可用时，尤其如此。"❷ 美国法院在 In re Ghiron 一案中指出，如果一项专利方法的实施需要一个特定的设备，而该设备不容易获得（the apparatus is not readily available），则专利申请必须就该设备提供足够充分的披露。❸ 在制备某种化合物或者进行某种化学反应时，如果某些化学药品必不可少，则也是这样。❹ 当然，对于某些不稳定的化学中间体，能够实现要件并不要求申请人就如何获得稳定的、永久的或可分离的产品形式提供教

❶　秦思，孙玉静，谭南，等. 材料领域专利申请中的常见公开不充分缺陷以及撰写建议［J］. 新材料产业，2014（2）：60 – 62.

❷　USPTO. Manual of Patent Examining Procedure，Rev. 9，March 2014，pp. 2100 – 2266.

❸　In re Ghiron，442 F. 2d 985，991，169 USPQ 723，727（CCPA 1971）.

❹　In re Howarth，654 F. 2d 103，105，210 USPQ 689，691（CCPA 1981）.

导。❶ 在软件发明专利中，如果发明中包括了申请人作为商业秘密保护的程序，与物质材料或设备的缺乏一样，将导致公开不充分。在怀特联合产业诉织女星伺服系统控制公司一案中，美国联邦巡回上诉法院曾无效了一项由计算机程序运行的机械工具控制系统。❷ 该发明的一部分是一个编程语言翻译器，用以将输入程序转化为系统可以执行的机器语言。专利说明书确定了一个翻译程序的例子，即所谓的"斯普利特"（SPLIT）程序。该程序是 Sundstrand 公司（后来成为原告怀特联合公司）的商业秘密。当专利申请递交时，斯普利特程序仅由 Sundstrand 公司独家享有。被告织女星公司针对侵权指控，主张专利无效作为抗辩。织女星公司尤其指出，斯普利特程序是唯一合适的翻译器程序，因此仅仅确定它，并不足以满足美国专利法第 112 条关于充分公开的要求。怀特联合公司则主张，有大量可获取的等同翻译器可供使用，无论如何，其说明书描述了翻译器程序的必要特征，该语言描述使普通水平编程人员可以从零开始去制造该发明。法院判决，该程序翻译器是发明的内部组件，仅确定该组件，并不足以履行专利申请人依据美国专利法第 112 条所承担的公开义务。看起来，法院关心的是，将该翻译器程序维持为商业秘密，将允许怀特联合公司将专利保护拓展到专利法确定的 17 年保护期限之后。❸ 技术单元的关系可预期，也即质料之间的作用机理及其作用效果，具有现有知识或证据的支持，是可信的。可信不但要求不得违背科学原理和公知常识，而且进一步要求具有现有知识或证据的支持，不存在逻辑上的断点，能够形成完整的因果链条。2016 年 11 月 25 日，专利复审委员会在第 30718 号无效宣告请求

❶ In re Breslow, 616 F. 2d 516, 521, 205 USPQ 221, 226（CCPA 1980）.

❷ White Consolidated Industries v. Vega Servo - Control, Inc. , 713 F. 2d 788（Fed. Cir. 1983）.

❸ 莱姆利. 软件与互联网法（上）[M]. 张韬略, 译. 北京：商务印书馆, 2014：285.

审查决定书中指出："根据本领域对于'固定'的通常理解，上述结构中由于内管与外管固定，外管与拉头固定，因而无法实现内管直线运动、外管的转动以及外管转动推动拉头伸缩，本专利的说明书中也没有对内管实现直线运动、外管实现转动以及外管转动推动拉头伸缩的相应结构及运动方式进行具体清楚的说明，因此本领域技术人员根据说明书的记载不能实现本实用新型的技术方案……本领域技术人员不能理解与电机机壳通过紧固件连接并与油烟机箱固定的外管如何实现在电机的带动下旋转并带动拉头伸缩，从而无法再现本实用新型。"该案中，专利申请中所披露的质料之间的作用机理及其作用效果，缺乏现有知识的逻辑支持，申请人也没有提供相应的证据，故专利复审委员会宣告该专利不具有可实施性。

（三）不需要进行过度实验

技术方案中设计的技术手段能否满足"能够实现"要件的披露要求，更为常用、因此也更为重要的一项条件是：本领域熟练技术人员在阅读和理解说明书之后，能否在无须过度实验的情况下，就能够实施技术方案。如果能够实施，就满足了"能够实现"的要求；反之，则没有满足专利法关于能够实现的要求。需要注意的是，满足"能够实现"的要求并不意味着在实施发明之前不再需要进行任何实验，它只是排除了需要过度的实验或不合理的实验的情况，并没有排除实验本身。也就是说，熟练技术人员在直接实施技术前，还需要经过简单的实验以确定具体的实施办法，并不意味着申请人的披露就不符合"能够实现"的要求。实际上，很多发明在被实施之前都要进行相应的实验，以确定实现该发明所需要的具体条件，只要该实验不属于过度实验就可以了，而且过度实验与实验本身的复杂程度无关。❶

---

❶　Massachusetts Institute of Technology v. A. B. Fortia, 774 F. 2d 1104, 227 US-PQ428（Fed. Cir. 1985）.

在确定实施发明所需要的实验是否为过度实验时，美国法院一般综合考虑以下几个方面的因素：（A）专利权利要求的宽度；（B）发明的性质；（C）现有技术的状态；（D）普通技术人员的水平；（E）本领域技术的可预测性水平；（F）发明人所提供的技术教导的总量；（G）实施例的存在；（H）基于所披露的内容制造或使用该发明所需要的实验的数量，等等。❶需要说明的是，在确定一项专利的公开内容是否具备可实施性的时候，并不需要考虑上述所有因素；而且，这些因素仅仅是"说明性的，而不是强制性的"。❷针对某个具体的案件事实，某些因素可能比其他的因素与该案件更加相关。❸例如，In re Wright 一案清楚地说明了在能够实现的分析中"本领域技术的可预测性水平"因素，也就是技术的可预知性或者不可预知性的影响。Wright 提交了一项专利申请，要求保护抗 RNA 病毒的活体、非致病疫苗的制造工艺及其使用方法。然而，Wright 的说明书描述非常窄，只详细描述了小鸡抵抗布拉格鸟类肉瘤病毒免疫力的重组疫苗的应用，这项技术开发无疑使捷克共和国的小鸡受益匪浅，但没有向希望抵御其他病毒的人提供任何指导。美国联邦巡回上诉法院判定允许涉及具体公开工艺的权利要求，但不许可描述保护活体生物体抵抗 RNA 病毒方法的较宽权利要求。美国联邦巡回上诉法院 Rich 法官推断，截至 1983 年 2 月申请日之时，根据该领域的技术水平，Wright 的申请仅仅为熟练技术人员提供了进行超长实验的建议。根据法院的意见，Wright 抗鸟类 RNA 病毒特定毒株的成功不能推知所驳回的权利要求主题的合理预期成功。换句话说，说明书中没有足够的信息来告知他人如何制造抵御布达佩斯

---

❶ In re Wands, 858 F. 2d 731, 737, 8 USPQ2d 1400, 1404 (Fed. Cir. 1988).

❷ Amgen, Inc. v. Chugai Pharm. Co., 927 F. 2d 1200, 1213 (Fed. Cir. 1991).

❸ 穆勒. 专利法（第 3 版）[M]. 沈超，李华，吴晓辉，等，译. 北京：知识产权出版社，2013：97.

猫病毒或者维也纳犬病毒。❶

《欧洲专利审查指南》在判断充分公开之能够实现要件时，也采纳了无须过度实验标准。"要求保护的发明必须可以在上文范围内可以重复，且不需要经过过度实验。合理范围内的试错，并不影响专利是否充分公开（T014/83 Swmitomo 案）……如果本领域技术人员只有通过偶然侥幸才能实现发明，则专利公开的实施发明的方法完全不可靠，本领域技术人员需要经过过度实验，才可以实现发明（《欧洲专利审查指南》C 部分第二章第4.11 节）。"❷ 日本法院在司法实践中也接受了过度实验的测试标准。日本知识产权高等法院在 2010 年 3 月 30 日的判决（特许消息 12783 号"局部微量营养剂输送系统以及用途"案判决）中认定，为选择可以达成发明的补充脂类需要进行过度的反复试验，因而涉案专利申请公开不充分。日本知识产权高等法院在2010 年 5 月 10 日的判决（特许消息 12802 号"抗血小板剂的筛查方法"案判决）中认定，通过筛查来对有效成分进行特定，对于从业者而言负担过重。❸

我国《专利法》和《专利审查指南 2010》中均没有出现有关过度实验的规定。不同于美日欧的"过度实验"标准，我国法院在司法实践中采用的是"无须付出创造性劳动"的标准。在章丘日月化工有限公司诉（原）国家知识产权局专利复审委员会一案的判决中❹，法院认为如果"无须付出创造性劳动"就

---

❶ 谢科特，托马斯. 专利法原理［M］. 余仲儒，译. 北京：知识产权出版社，2016：163.

❷ 哈康，帕根贝格. 简明欧洲专利法［M］. 何怀文，刘国伟，译. 北京：商务印书馆，2015：126.

❸ 增井和夫，田村善之. 日本专利案例指南［M］. 李扬，等，译. 北京：知识产权出版社，2016：100.

❹ 北京市高级人民法院.（2008）高行终字第 211 号行政判决书［EB/OL］.（2008 – 05 – 16）［2017 – 02 – 13］. http：//www. law – lib. com/cpws/cpws_view. asp？id = 200401247107.

能够实施该发明，则满足了所谓"能够实现"的要求，说明书也就完成了充分公开的义务。我国法院在司法实践中创立的"无须付出创造性劳动"标准与美国法院创立的"过度实验"标准相比，理论宽度相对狭窄，只考虑了实验的质量，而没有关注到实验的数量。根据专利充分公开制度的立法目的，说明书应当教导社会公众可以直接实施发明创造，如果实施发明创造前尚需要进行大量的、长时间的实验，即使这些实验都是常规性的，也难谓获得了"直接"实施发明创造的充足教导，似乎不尽符合专利法的价值取向。在怀特联合产业诉织女星伺服系统控制公司一案中，由于说明书未能公开涉案专利必须使用的计算机程序，虽然程序员可以从零开始进行编程，但是据估计一个熟练的程序员需要花上 2 年时间才能编写出说明书要求的那种类型的运行程序，美国联邦巡回上诉法院以专利的实现需要过度实验为由，无效掉了涉案专利。而在北方电信诉数据点公司一案❶中，虽然涉案专利的实施也需要特定的计算机程序并且说明书同样未公开该程序，但是考虑到专家证言指出不同计算机程序均可以用于执行该发明，并且"（根据说明书）熟练的计算机程序员设计一款程序去执行所主张的发明是相当简单的事情"，美国联邦巡回上诉法院肯定了涉案专利的有效性。美国联邦巡回上诉法院指出，如果权利要求涉及用以执行某个主张专利的设备或者方法的计算机程序的，根据被主张的发明的性质以及执行发明所需的计算机程序的地位和复杂性，法律对能够实现的要求各有不同。❷ 也就是说，说明书未公开计算机程序是否导致公开不充分，取决于编写实施发明所需要的计算机程序是否需要付出在充分公开情况下本可以避免的过度努力，即使这种努力是常规性的。这说明，对于

❶ Northern Telecom, Inc. v. Datapoint Corp., 908 F. 2d 931 (Fed. Cir. 1990)
❷ 莱姆利. 软件与互联网法（上）[M]. 张韬略，译. 北京：商务印书馆，2014：286.

过度实验的判断不但要考虑实验的性质，即是否是创造性的，还要考虑实验的数量，也即是否需要付出不可接受的努力，而这种过度努力在充分公开的条件下本来是可以避免的。

二、书面描述要件

就立法来看，将"书面描述"（Written Description）作为专利充分公开的要求之一，仅为美国专利法所明确规定。"美国专利法第112条（a）款和美国发明法案第112条第一段要求说明书应当包含'对本发明的书面描述……'这一要件分离和区别于能够实现要件。"❶ 美国的这种特色性规定，既与其专利法对说明书与权利要求书的独特结构性安排有关，更是美国法院为适应化学和生物技术等新技术领域内的专利保护需求而有意发展。书面描述要件的独立有助于为日益臃肿的能够实现要件瘦身，使得能够实现要件维持在一个逻辑自洽的适当范围之内；也有助于将权利要求上的合理支持要件归并到充分公开制度中来，促成专利充分公开制度的逻辑统一。笔者认为，书面描述要件的独立确有其必要性，可以使得充分公开的制度体系更加完整和清晰。

（一）价值定位

所谓"书面描述"是指，申请人在其专利说明书中应以书面方式完整地向社会公众陈述其发明的内容。将"书面描述"设定为专利申请人公开义务中的一项内容主要有三点考虑：其一，通过书面描述清晰地确证申请人已经完成特定主题发明的事实；❷ 其二，让社会公众了解专利权人占有的具体内容与范围，避免专利侵权的发生；❸ 其三，通过技术情报的交流，促进实用

---

❶ USPTO. Manual of Patent Examining Procedure, Rev. 9, March 2014, pp. 2100 – 2242.

❷ In re Barker, 559 F. 2d 588, 592 n. 4, 194 USPQ470, 473 n. 4 (CCPA 1977).

❸ Regents of the University of California v. Eli Lilly, 119 F. 3d 1559, 1566, 43 US-PQ2d 1398, 1404 (Fed. Cir. 1997).

技艺的进步。❶ 在现代社会，从专利中获益的不应当仅仅是普通的社会公众，而且（甚至更重要的是）专利所属技术领域的技术人员能够从专利人的发明创造中学习到有用的技术，作为进一步提高技术水平的知识储备。❷ 为了实现上述三项目标，美国《专利审查程序手册》对书面描述的标准作出了具体规定。判断专利申请人是否完成了书面描述的标准是：通过对专利说明书的阅读和理解，本领域熟练技术人员是否能合理地相信申请人已经实际完成并占有了该项发明，而不是在进行纯粹的理论上的推测或假设。"为了满足书面描述的要求，说明书必须让所属领域的普通技术人员毫无疑问地认识到，该发明人发明了其所要求保护的发明。"❸ 当然，对于书面描述来讲，申请人对发明创造客观上的占有仍然是不够的，它必须转换为书面上的占有，可为本领域技术人员通过书面的方式来确定这种占有的存在。美国联邦巡回上诉法院就此论述道："书面描述要求并没有要求实施例或者实际的付诸实践，以明确的推定付诸实践的方式界定发明也可以满足书面描述的要求……相反，我们不断强调真正的占有或者在说明书外付诸实践是不够的。也就是说，书面描述要求发明人必须显示占有，但真正的占有或付诸实践也是不够的。"❹ 当然，从本质上来讲，是否满足了书面描述的要求是一个事实问题，它需要以个案为基础作出具体判断。❺

---

❶ USPTO, Manual of Patent Examining Procedure, Rev. 9, March 2014, pp. 2100 – 2242.

❷ MERGES R P, DUFFY J F. Patent law and policy：cases and materials（part Ⅰ）[M]. New Providence, NJ：Matthew Bender & Company, Inc. , 2011：261.

❸ 哈尔彭，纳德，波特. 美国知识产权法原理 [M]. 宋慧献，译. 北京：商务印书馆，2013：214.

❹ 肇旭. 美国生物技术专利经典判例译评 [M]. 北京：法律出版社，2012：181 –182.

❺ Vas – Cath, Inc. v. Mahurkar, 935 F. 2dat 1563, 19 USPQ2d at 1116（Fed. Cir. 1991）.

专利法设定书面描述要求的一个基本考虑是，防止申请人在没有实际完成发明活动并不掌握技术方案的情况下，直接基于理论的推测或假设而撰写专利申请文件，以便赶到竞争对手的前面。❶"只要一个人能够通过对发明进行充分书面描述，他就可以显示其占有了该发明。因此，'披露中显现出的占有'是更完整的表达。"❷书面描述的目的是区分真正的发明与所谓的发明人对未来可能性的猜测性构思。❸书面描述还能够有效避免权利要求覆盖后生创新（after‑arising innovation）。书面描述与权利要求之间"不匹配"的现象常常发生在涉及后生创新的案件中。如果专利权人实际"掌握"的发明并不包括随后出现的某种原理、功能或用途，就会出现这种情况。宽泛起草的权利要求可能声称它覆盖远超专利权人观念的未来技术。❹由于后生创新不可能在说明书中进行具体描述，所以这些覆盖过宽的权利要求也就不可能通过书面描述要件的测试，从而能够阻止申请人获得不正当的垄断权。需要指出的是，书面描述要件与"能够实现"要件虽然存在重要关联，但是由于其立法基点不同，仍属于各自独立和不同的要件。❺书面描述要求有其学理和司法实践的基础和需求，有能够实现要求无法实现的功能。❻在通常情况下，如果技术方案的公开达到了"能够实现"的程度，申请人自然也就

❶　崔国斌. 专利法：原理与案例 [M]. 北京：北京大学出版社，2012：308.

❷　Regents of the Univ. of Cal. v. Eli Lilly，119 F. 3d 1559，1568，43 USPQ2d 1398，1406（Fed. Cir. 1997）.

❸　阿伯特，科蒂尔，高锐. 世界经济一体化进程中的国际知识产权法 [M]. 王清，译. 北京：商务印书馆，2014：268.

❹　博翰楠，霍温坎普. 创造无羁限：促进创新中的自由与竞争 [M]. 兰磊，译. 北京：法律出版社，2016：80.

❺　Univ. of Rochester v. G. D. Searle & Co.，358 F. 3d 916，920‑923，69 USPQ 2d 1886，1890‑1893（Fed. Cir. 2004）.

❻　张金玉. 论专利法中书面描述要求之独立性探析 [D]. 北京：中央民族大学，2016.

满足了书面描述的要求，但是在个别情况下，存在这样的可能：申请人并没有完成该项发明，而是基于单纯的理论假设提出了权利要求，熟练技术人员如果愿意，能够实现该发明，但是却仍未满足书面描述的要求。书面描述还具有限制专利申请人对说明书和权利要求书进行超范围修改的作用，以防止专利申请人在申请日确定之后，通过将申请日后创造的新技术方案加入已经提出的申请从而享受该申请所带来的时间利益情况的发生。"在现代法律科学中，最重要的推进也许就是从以分析性态度转向以功能性态度对待法律。"❶ 对书面描述要件的认识和评价，不应当满足于单纯概念的演绎，而应当着重评价书面描述要件所承载的制度功能。美国联邦巡回上诉法院认为，单独的书面描述要求具有重要的功能，对发明的书面描述可以提高专利局的审查效率，可以帮助法院理解发明和解释权利要求，也有利于社会公众掌握发明和进行后续研发。❷

（二）作用范围

美国专利法在两种情况下使用"书面描述"这个词。在通常情况下，书面描述指的是专利文件的一部分。一项专利的书面描述包括，除了权利要求以外的说明书的全部内容（书面描述包括专利说明书中的"技术背景""发明内容"以及"具体实施方式"的部分）。在另一种情况下，"书面描述"是专利说明书必须满足由美国专利法第 112 条（a）款（关于充分公开的规定——笔者注）所规定的法律要求的简称。❸ 第二种意义上对"书面描述"的使用是真正体现该制度价值的使用方法，本书也是在作为专利充分公开要件的意义上使用"书面描述"一词的。作为专利充

---

❶ 卡多佐. 司法过程的性质 [M]. 苏力，译. 北京：商务印书馆，2002：44.

❷ 吕炳斌. 专利说明书充分公开的判断标准之争 [J]. 中国发明与专利，2010（10）：100 – 103.

❸ 穆勒. 专利法（第 3 版）[M]. 沈超，李华，吴晓辉，等，译. 北京：知识产权出版社，2013：112.

分公开要素之一的书面描述，仍然具有传统功能与现代功能两种不同的用法。书面描述的传统功能主要是限制申请日后对权利要求的修改，以便正确地确定优先权。在美国专利法上，说明书中的书面描述从 1967 年 In re Ruschig 案开始承担着一项功能，即限制日后在对权利要求进行修改时加入超越说明书初始披露的新内容。❶ "对发明创造的书面描述要求的最好理解就是一种计时或者'优先权监督'机制。"❷ 专利申请递交以后，美国专利法允许申请人修改权利要求和增加新的权利要求。修改或增加权利要求遇到的实际问题是：修改后的权利要求和新增加的权利要求，能否享有与最初递交的权利要求相同的申请日，还是只能将其在后的实际递交日作为申请日？对这个问题的不同回答将会影响到修改或增加的权利要求能否被核准的问题。书面描述要求的目的在于，确保在专利申请日后修改和增加的权利要求能够在原始递交的专利申请中找到充分的支持。如果修改和增加的权利要求超出了说明书记载的范围，则是不可接受的。"书面描述要求通过确保后来的修改在早先申请中得到支持而预防这些滥用。如果修改实际上包含了先前没有公开的信息，则将针对修改实际提交日前的现有技术以及为其他目的对修改进行判断，最重要的是，不能获得在先专利申请的申请日的权益。"❸

1997 年的 Eli Lilly 一案提出，对专利申请递交时就提出的并且在后来没有修改过的权利要求而言，也存在一个单独的书面描述要求，由此开创了书面描述要件的现代功能。在该案中，美国联邦巡回上诉法院认为，"如果对发明创造的描述不能满足法定的要求，那么无论这种描述是出现在最初递交的权利要求中还是

---

❶ In re Ruschig, 379 F. 2d 990, 995, 154 USPQ 118, 123（CCPA 1967）.

❷ 穆勒. 专利法（第 3 版）[M]. 沈超，李华，吴晓辉，等，译. 北京：知识产权出版社，2013：112.

❸ 谢科特，托马斯. 专利法原理 [M]. 余仲儒，译. 北京：知识产权出版社，2016：168.

说明书中都无济于事。"❶ 在 Eli Lilly 案之前，对于未经修改的原始权利要求的充分公开而言，只存在能否实现的问题；在该案之后，对此类权利要求又增加了独立于能够实现要求之外的书面描述的要求，明显地提高了对说明书公开水平的要求。在 2010 年由全体法官全席审理的 Ariad v. Lilly 一案中，美国联邦巡回上诉法院再一次确认专利说明书中存在一个独立于"能够制造或使用"披露要求之外的书面描述要求。书面描述必须提供的信息并不局限于该发明的制造或使用方法，还必须具体表明申请人已经掌握该发明或其完整的概念。❷ 美国联邦巡回上诉法院就此论述道，一项上位权利要求也许覆盖了大量化合物，那么仍然存在这样一个问题：书面描述，包括原始权利要求语言，是否展示了发明人已经发明了足够多的下位种类以支持这种上位权利要求？当使用功能性语言界定上位权利要求的界限时，这个问题将尤其严重。在这种情况下，功能性权利要求也许仅仅主张了一种期待的结果，而并没有描述取得这种结果需要的种类，但是说明书通过展示发明人已经发明了足以支持以功能性定义的上位权利要求，从而展示发明人已经制造了取得其主张结果的上位发明。对上位权利要求的充分书面描述不仅仅要求对发明边界的概括性陈述。对上位权利要求的充分描述要求需要"公开具有代表性数量的落入该上位概念范围内的特定种类或者对上位概念来说具有普遍性的结构特征，使得本领域技术人员能够'设想或识别'上位概念覆盖的范围"。充分的书面描述要求一种明确的定义，例如功能、配方、化合名称、物理特征或者其他特征或者足以将落入上位概念范围内的特定种类与其他物质区分开。当已经建立起结构和功能之间的联系后，功能性权利要求语言就可以满足书面描述

---

❶ Regents of the Univ. of Cal. v. Eli Lilly, 119 F. 3d 1559, 1568, 43 USPQ2d 1398, 1406 (Fed. Cir. 1997).

❷ Ariad Pharm., Inc. v. Eli Lilly & Co., 598 F. 3d 1336, 1344 – 1345 (Fed. Cir. 2010).

要求。但是如果仅仅对上位概念划定四周边界，则不足以替代"对组成该上位概念的种类的描述，并且展示发明人已经发明了上位概念，而不仅仅是特定种类"。Ariad 的权利要求主张了一种制备可取得有用结果的方法，但是说明书没有公开能够取得这种结果的各种特定种类。因此，说明书仅仅描述了上位概念，未能满足书面描述要求。❶ 书面描述要件的新功能至少在如下几个方面发挥限制不合理权利要求的作用：使用概括性的语言就猜想或预测的发明创造请求保护；使用概括性的语言就其所掌握的种之外的属概念请求保护；通过方法和功能限定产品的方式对某种本来可以清晰表征的产品请求保护，❷ 等等。

（三）适用条件

除了美国之外的其他国家专利法上并没有一个独立的书面描述要件。那么美国专利法上用书面描述要件阻却的那些不适格的专利申请，在其他国家专利法上又是如何处理的呢？实际上，在美国专利法上无法通过书面描述测试的那些申请，在其他国家专利法上几乎同样不可能获得专利授权。也就是说，其他国家专利法上存在着和美国专利法上书面描述要件功能基本相当的制度阻击不适格的专利申请。据笔者观察，美国专利法上书面描述要件所承担的功能，在其他国家专利法上基本上是由能够实现要件和权利要求制度来承担。也就是说，其他国家专利充分公开制度中的能够实现要件和权利要求制度的内容要更丰富一些，涵盖力更强。换句话说，书面描述要件有无存在的必要或者生存的土壤，完全取决于一个国家专利法对能够实现要件和权利要求制度的管辖范围的界定。"当然，（美国专利法上的）专利说明书之书面

---

❶ 肇旭. 美国生物技术专利经典判例译评 [M]. 北京：法律出版社，2012：171 - 172.

❷ Fiers v. Revel, 984 F. 2d 1164, 1168, 25 USPQ2d 1601, 1604 - 05（Fed. Cir. 1993）.

描述要件的基本功能，必定暗含在《欧洲专利公约》第 83 条❶
以及其他国家/地区法律的相应规定之中，只不过（在 EPC 以及
其他国家/地区法律上）它不被视为是一项可以与居于首要地位
的能够实现要件的披露要求相分离的东西。"❷ Eli Lilly 案和
University of Rochester 案，是美国联邦巡回上诉法院确认书面描
述要件可以区别于能够实现要件而独立存在的经典判例。美国联
邦巡回上诉法院的 Rader 法官参与了这两起案件的审理，但是他
完全不同意多数法官的意见，认为这两个案件是违反可实施性问
题的案件而不是书面描述问题的案件。Rader 法官指出："例如
在 Eli Lilly 案和 Rochester 案中，根据记载发明创造 A（Eli Lilly
案中的鼠胰岛素；Rochester 案中的 COX – 1 和 COX – 2 的化验）
是具有可实施性的，但是发明创造 B（Eli Lilly 案中的人体胰岛
素，Rochester 案中的 COX – 2 抑制剂）是不具有可实施性的。"❸
除 Rader 法官外，Linn 法官和 Gajarsa 法官也对拒绝重审 Roches-
ter 案的全席决定持反对意见。三位法官认为，美国专利法"要
求对发明创造进行书面描述，但是使书面描述能够满足第 112 条
（a）款可专利性条件要求的充分手段，仅仅依赖于该书面描述
是否可以使本领域普通技术人员能够制造和使用该发明创造，并
且是否提供了实施该发明创造的最佳方式。"❹ Rader 法官还指
出："到目前为止，世界上还没有任何其他的专利制度包含了 Eli

---

❶ 《欧洲专利公约》第 83 条规定："欧洲专利申请应当对发明作出充分清楚和
完整的公开，以本领域技术人员能够实施为准。"

❷ CRESPI R S. Enablement and written description – a trans – atlantic view ［J］.
Journal of the Patent and Trademark Office Society，2005，87（4）：343 – 347.

❸ Univ. of Rochester v. G. D. Searle & Co.，375 F. 3d 1303，1312（Fed. Cir.
2004）.

❹ Univ. of Rochester v. G. D. Searle & Co.，358 F. 3d 916，1325（Fed. Cir.
2004）.

Lilly 要求。"❶ 也就是说，即使在美国，对于书面描述要件是否存在也有不同看法。如果给能够实现要件以宽泛的含义，就不存在书面描述要件适用的余地；相反，如果将能够实现要件的含义界定得相对狭窄，则需要一个独立的书面描述要件来填补在充分公开中所余下的空白。

笔者认为，书面描述要件的存在需要具备如下两项条件：其一，对能够实现要件进行严格定义，将那些本质上能够实施的断言性、预测性发明创造从缺乏可实施性范畴中区除出来，认定为属于不满足书面描述的情形。例如，在 1997 年的 Eli Lilly 案中，加利福尼亚大学的专利中包含了描述可用于分离人类胰岛素编码互补 DNA 基因方法的预言实例，但是直到 1977 年申请日后接近两年的时间，该大学研究人员实际上才完成此技术，❷ 故该预测性专利被判定没有满足书面描述的要求。在 2004 年的 Rochester 案中，美国联邦巡回上诉法院判定说明书不满足书面描述的理由在于，该院"认定发明人在递交其专利申请的时候，并没有掌握任何该种化合物，且要想推断出这种化合物，本领域的普通技术人员需要进行过量的实验。"❸ 在 2010 年的 Ariad v. Lilly 案中，美国联邦巡回上诉法院判定预测性权利要求不满足书面描述要求的理由在于，"专利申请人只是笼统地披露通过三类特定的生物分子来减少细胞内 NF-êB 的活性从而减少疾病症状的方法，而没有披露具体的生物分子，更没有披露如何应用具体的生物分子达到这一目的。也就是说这三种方法都未被尝试，申请人只是在

---

❶ 穆勒. 专利法（第3版）[M]. 沈超，李华，吴晓辉，等，译. 北京：知识产权出版社，2013：122.

❷ 谢科特，托马斯. 专利法原理 [M]. 余仲儒，译. 北京：知识产权出版社，2016：170.

❸ 穆勒. 专利法（第3版）[M]. 沈超，李华，吴晓辉，等，译. 北京：知识产权出版社，2013：120.

说明书中笼统地加以描述，更不用说展示其实验结果了❶。"美国专利法上书面描述要件所处理的这些预测性、断言性的发明创造，在其他国家专利法上都是以不满足能够实现的要求为由进行驳回的。相比较之下，美国的处理方式更合乎逻辑。因为这些发明创造虽然是预测性的、断言性的，但是确实能够实现，而且一般还不需要进行过度实验，以缺乏可实施性作为驳回理由，在逻辑上似乎难以自圆其说。以不符合书面描述作为驳回理由，不但契合专利占有理论，而且能够避免关于实验是否过度的争议，毕竟过度实验是一个颇不容易把握的概念。书面描述要件与能够实现要件的本质区别在于：书面描述要件要回答的问题是，在申请日之时，发明人是否已经掌握了要求保护的发明创造；能够实现要件要回答的问题是，在申请日之时，专利申请是否已经使假想的本领域普通技术人员掌握了该发明创造。❷ 一个侧重于发明人，另一个侧重于社会公众。

其二，限缩权利要求制度的功能，将无法得到说明书支持的权利要求解读为说明书缺乏相应的书面描述。欧洲、日本和我国的专利法均明确规定了权利要求应当得到说明书的支持，且将得不到说明书支持作为宣告专利权无效的一项独立事由。美国专利法没有关于权利要求必须得到说明书支持的特别规定，❸ 自然也就没有将不能得到说明书支持列为单独的无效理由。"美国的书面描述要求具有正反双重作用，正面用以考量原始权利要求是否

---

❶ 吕炳斌. 专利说明书充分公开的判断标准之争［J］. 中国发明与专利，2010（10）：100–103.

❷ 穆勒. 专利法（第3版）［M］. 沈超，李华，吴晓辉，等，译. 北京：知识产权出版社，2013：114.

❸ 美国专利法第112条（b）款规定："在说明书的结尾，发明人或共同发明人应该提出包括一项或一项以上的权利要求，具体指出并明确要求保护的其所认为的发明的内容。"

符合专利撰写的要求，反面则用以判断修改的权利要求是否超范围。"❶ 所以，欧洲、日本专利法和我国《专利法》上关于权利要求必须得到说明书支持的要求，在美国专利法上则是通过书面描述条件体现出来的。美国专利法上的书面描述要件同时发挥着其他国家专利法上权利要求必须获得说明书支持，以及权利要求修改不得超出说明书范围的双重功效。下面以美国联邦巡回上诉法院于 2008 年审理的 Garnegie Mellon University v. Hoffmann – La Roche Inc. 一案为例加以说明。卡耐基梅隆大学（Garnegie Mellon University，CMU）的涉案专利是关于重组质粒（small replicating circular loops of DNA）的，这种重组质粒包含来自细菌的"polA"基因编码区域，用于表达大量的"DNA 聚合酶 I"。CMU 案并没有引发由于在申请递交以后增加新的权利要求因而得不到说明书支持的书面描述问题。而该案件要解决的问题是，最初递交的有关基因的权利要求是否能够得到支持。CMU 的专利（在 1984 年递交）仅公开了来自一种细菌（E. Coli）的 polA 基因，但是其权利要求并没有限定任何特定的细菌种类。在发明创造产生时，在数以千计的细菌 polA 基因中只有三种被科学家成功克隆，而来自 E. Coli 的 polA 基因就是这三种中的一种。美国联邦巡回上诉法院发现，"该专利说明书仅仅公开了来自一种细菌源的 polA 基因编码序列，即 E. Coli。很明显，该说明书没有公开或记载来自其他种类细菌的 polA 基因编码序列。"❷ 根据 Eli Lilly 案的判决，法庭认为被质疑的基因专利权利要求没有得到书面描述的足够支持，因而被认定无效。❸ 该案属于比较典型

---

❶ 陈鋆瑛. 有关权利要求"修改不得超范围"审查标准研究［D］. 上海：华东政法大学，2015：19.

❷ Garnegie Mellon University v. Hoffmann – La Roche Inc. , 541 F. 3d 1115, 1125 (Fed. Cir. 2008).

❸ 穆勒. 专利法（第 3 版）［M］. 沈超, 李华, 吴晓辉, 等, 译. 北京：知识产权出版社，2013：122.

的从实施例中概括权利要求的情形。如果概括不适当，根据欧洲、日本和中国专利法，都是作为权利要求得不到说明书支持进行处理的。由于美国专利法没有权利要求得不到说明书支持的独特事由，故只能采用不满足书面描述或能够实现的要求来处理。自 1997 年的 Eli Lilly 案以来，美国联邦巡回上诉法院已经通过多份判例确定此时应该使用不符合书面描述要求作为驳回理由，虽然 Rader 等少数法官坚持传统的观点，主张以不满足能够实现的要求作为驳回理由。美国专利商标局指出，对涉及不可预测技术发明创造来说，如果仅仅公开了属于一类的多种可能中的一种，是无法满足书面描述要求的。美国联邦巡回上诉法院最后结论道，CMU 专利说明书没有能够体现出发明人已经掌握了足够多的种类，因而也无法证明该发明人"的确创造并且公开了其要求保护的全部内容"。❶ 所以，如果欲确立书面描述要件，则必须限缩权利要求制度的功能，将权利要求制度中关于得不到说明书支持的内容挪移到书面描述制度中去。

三、最佳实施方式要件

在专利实践中，专利说明书对发明创造的披露一般都会包括具体的实施方式，以便于审查员和社会公众更好地理解发明创造。但是各国专利法对于专利具体实施方式的要求差别很大，实施方式披露在专利法上的法律效力也不尽一致。美国专利法对实施方式披露要求较高，要求必须公开发明人所知的最佳实施方式（Best Mode）。美国专利法关于最佳方式的规定虽然不无质疑之声，但是自 1870 年专利法作出规定以来，稳定地存续到今天。美国专利法关于最佳实施方式的规定，对于完善我国的专利充分公开制度具有一定的借鉴价值。需要说明的是，最佳实施方式并

---

❶ 穆勒. 专利法（第3版）[M]. 沈超，李华，吴晓辉，等，译. 北京：知识产权出版社，2013：123.

不必然是一个具体的实施例。对此，美国《专利审查程序手册》规定："成文法并没有要求披露一个具体的实施例——专利说明书的意图不在于作为也不要求其作为一项生产规范。具体实施例的缺乏并不必然意味着最佳实施方式没有得到披露，当然它也不能证明最佳实施方式就是存在的。最佳实施方式可以用条件或反应物组的优选范围来表示。"❶

（一）各国立法例

关于在说明书中披露专利实施方式或实施例的规定，在多数国家的专利法规中均有体现。所不同的是，实施方式披露的强制性程度及其法律效力存在较大不同。相比较而言，美国专利法对实施方式披露要求最高，要求披露发明人在专利申请时所知悉的最佳实施方式。美国专利法第 112 条（a）款第二句规定："说明书还应该提出发明人或共同发明人所拟定的实施发明的最佳方式。"《欧洲专利公约（2000 年）实施细则》第 42 条第 1 款规定："说明书应包含：……（e）详细说明实现发明的至少一种方式，必要时，参考附图举例说明。"❷ 日本专利法实施规则第 24 条规定："发明的详细说明，在必要时为了让具有发明所属技术领域通常知识的人能够实施，可记载用来说明发明如何实施的实施方式，必要时还可以记载用来具体进行说明的实施例。"❸ 我国《专利法实施细则》第 17 条规定："发明或者实用新型专利申请的说明书应当写明发明或者实用新型的名称，该名称应当与请求书中的名称一致。说明书应当包括下列内容：……（五）具体实施方式：详细写明申请人认为实现发明或者实用新型的优

❶ USPTO. Manual of Patent Examining Procedure, Rev. 9, March 2014. pp. 2100 – 2286.

❷ 哈康，帕根贝格. 简明欧洲专利法 [M]. 何怀文，刘国伟，译. 北京：商务印书馆，2015：312.

❸ 青山纮一. 日本专利法概论 [M]. 聂宁乐，译. 北京：知识产权出版社，2014：136.

选方式；必要时，举例说明；有附图的，对照附图。"我国《专利审查指南 2010》第二部分第二章第 2.2.6 节"具体实施方式"对优选方式和实施例作出了更为具体的规定。可见，各国专利法基本都对实施方式作出了规定。TRIPS 第 29 条第 1 款也对最佳实施方式作出了明确规定，允许各成员方专利法要求申请人"指出发明人所知的实施该发明的最好方式"。从规范的强制性上来讲，除日本是非强制性规范外，多为强制性规范。从对实施方式性质的要求上来看，美国专利法要求披露最佳实施方式，我国《专利法实施细则》要求披露的是优选方式，欧洲和日本则只要披露实施方式，并没有明确实施方式的具体性质。但是各国基本上都没有给实施方式的披露赋予特别的法律效力，而是将其作为判断说明书是否公开充分的一项因素。如果因为缺乏实施方式的披露致使说明书公开不充分，则根据各国专利法的规定应当拒绝授予专利权或者宣告专利权无效，但此时的拒绝授权或宣告无效理由仍然是说明书公开不充分，而不是实施方式的缺失。可见，相较于能够实现要件，具体实施方式的法律效力相对较低。

（二）美国法评析

美国专利法对最佳实施方式的要求自 1870 年以来一直存在，但是最佳实施方式的法律效力在 2011 年美国发明法案（Leahy - Smith America Invents Act in 2011，AIA）通过前后存在根本不同。在 AIA 之前，如果所披露的实施方式不是专利法意义上的最佳实施方式，则该专利将被拒绝授权或宣告无效。在 AIA 之后，虽然专利法仍然要求披露最佳实施方式，但是第 282 条（b）款第（3）项大幅度地降低了最佳实施方式的法律效力。美国专利法第 282 条（b）款第（3）项规定："涉诉专利权或权利要求因不符合下述要求而无效：（A）第 112 条的要求，但是未披露实施发明的最佳方式不是撤销专利权利要求、使专利无效或不具有强制执行力的理由。"虽然在 AIA 之后从理论上来讲，在专利审查的过程中，美国专利商标局仍然可以专利申请未能披露最佳实施方式为由拒绝授予专利权，但是实际上美国专利商标局极少这样做。美国《专利审查程序手册》就此写道："在（只有申请人和审查员参与的）单方审查程序中，以（缺乏）最佳实施方式拒绝授权的情况是极为罕见的。"❶ 在某种意义上，AIA 之后美国专利法上的最佳实施方式已经成为没有牙齿的老虎，与中国、日本和欧洲专利法的规定已经没有本质上的区别。AIA 取缔最佳实施方式既有的法律效力，主要是出于如下几个方面的考虑：最佳实施方式的独特规定妨碍美国融入世界专利系统；对于最佳实施方式的法律分析太过于主观而导致其难以执行；该要求极大地增加了专利诉讼成本；无助于有效的专利披露且缺乏真正的价值。❷ 虽然饱受批评，最佳实施方式在 AIA 通过之后还是得以保留，只不过法律效力遭到严重降低。

美国专利商标局以美国法院形成的判例为基础，在专利审查实践中通过其所创立的"两步探询法"（a two - prong inquiry）来判断申请人对实施方式的披露是否为专利法所要求的最佳实施方式。该方法的具体操作步骤是：首先，必须决定在专利申请当时发明人是否已经占有了实施其发明的最佳方式。这是一种主观上的探询，它关注于专利申请当时发明人内心的状态。其次，如果发明人的确占有了一项最佳实施方式，还必须决定书面描述中是否披露了这一实施方式，以致使本领域技术人员能够将其付诸实施。这是一种客观上的探询，它关注于发明的范围以及本领域的技术水平。❸ 如果将最佳实施方式不加区别地与其他很多可能的方式罗列在一起，从而导致"埋藏"或实际上隐藏了该最佳

❶　USPTO. Manual of Patent Examining Procedure, Rev. 9, March 2014. pp. 2100 - 287.

❷　黄宇峰. 从美国专利改革看最佳实施例要求的价值与未来 [D]. 上海：华东政法大学，2014：8 - 12.

❸　Eli Lilly & Co. v. Barr Laboratories Inc. , 251 F. 3d 955, 963, 58 USPQ2d 1865, 1874 (Fed. Cir. 2001).

实施方式，就可能会违反有关最佳实施方式的要求。❶ 例如，如果发明人已经知道一种具体的材料可以最为有效地实现其发明的技术效果，但却将其隐藏起来，代而使用一个宽泛的类概念对其加以表述，那么在这种情况下，最佳实施方式的要求就没有得到满足。❷ 甚至，在发明人公开最佳实施方式的时候，如果公开在客观上不够充分，以至于它在事实上向公众隐瞒了最佳实施方式，也将被判定为未满足最佳实施方式的要求。美国法院在一则案件中曾认定，申请人对其最佳实施方式进行公开的品质如此低劣，以致该领域的技术人员无法实施，从而不符合最佳实施方式的要求。❸ 尽管公开最佳实施方式是必要条件，但发明人不必公开"商业考虑"或者"产生细节"，例如具体材料、材料来源、制造方法或特殊技能，如果有关信息是所属技术领域的人们能够轻易获知的。例如，在沃尔仪器公司诉埃克维尔斯公司一案中，埃克维尔斯对侵权之诉的抗辩理由是，沃尔的专利没有公开"（该发明）所使用的生产技能……材料以及材料供给来源"。❹ 地区法院以未能公开最佳实施方式为由判定专利要求无效。美国联邦巡回上诉法院推翻了初审意见，判决"最佳实施方式违法并不存在，因为发明人所未公开的是具体的生产技能，而这不属于专利可行性所必要的信息"。除了调查发明人的意见、发明的范围以及所属领域的技术外，人们还必须考虑到所未载信息是不是所属领域技术人员能够轻易获知的。如果是，那就不存在最佳实施方式违法。❺

---

❶ Randomex, Inc. v. Scopus Corp. , 849 F. 2d 592 (Fed. Cir. 1988)

❷ Union Carbide Corp. v. Borg – Warner, 550 F. 2d 555, 193 USPQ 1 (6th Cir. 1977).

❸ United States Gypsum Co. v. National Gypsum Co. , 74 F. 3d 1209, 1215 (Fed. Cir. 1996).

❹ Wahl Instruments, Inc. v. Acvious, Inc. , 950 F. 2d 1575 (Fed. Cir. 1991).

❺ 哈尔彭，纳德，波特. 美国知识产权法原理 [M]. 宋慧献，译. 北京：商务印书馆，2013：213 – 214.

（三）应然模式构建

笔者认为，在专利法上明确申请人对最佳实施方式的披露义务有其必要性。从本质上来讲，最佳实施方式的要求可以被视为可实施性要求的升级版。根据 CCPA 的看法，美国专利法要求披露最佳实施方式是基于这样的考虑：对最佳实施方式的要求乃是法律上的一项安全措施，以防止某些人想要得到专利保护但却不愿意根据法律的规定充分公开其发明，这项要求决定了发明人不能仅向社会公开其所知道的实现其发明的次优方案，而同时将最优方案保留给自己。否则在这种情况下，申请人就会兼得专利和商业秘密的双重好处，而社会公众在付出了同样代价的情况下收获不足，有违专利法的利益平衡精神。美国法院认为，设立最佳实施例要求的目的之一还在于，通过对最佳发明信息的了解，在专利过期以后社会公众在商业上能够与专利权人公平竞争。[1] 最佳实施方式要求是美国专利体系的关键所在。[2] 正是因为最佳实施方式内在的天然价值，虽然其曾经因为可执行性差而遭受广泛批评，但是仍然在 AIA 之后在美国专利法上得以继续保留。笔者认为，AIA 之后，美国专利法关于最佳实施方式的规定从一个极端走向了另一个极端，不适当地降低了最佳实施方式应有的法律效力，有矫枉过正之嫌。甚至有学者悲观地认为，由于最佳实施方式的法律后果被取消，在司法实践中被适用的可能性将难以存在。[3] 除美国之外的其他国家专利法虽然对实施方式作出了规定，但是没有规定必须披露最佳实施方式，也没有明确其法律效

---

[1] Christianson v. Colt Indus. Operating Corp., 870 F. 2d 1292, 1303 n. 8 (7th Cir. 1989).

[2] CARLSON D L, PRZYCHODZEN K, SCAMBOROVA P. Patent linchpin for the 21st century—best mode revisited [J]. The Journal of Law and Technology, 2005, 45 (3): 267–292.

[3] PETHERBRIDGE L., RANTANEN J. In memoriam best mode [J]. Stanford Law Review Online, 2012, 64: 125–130.

力，不利于实施方式要求真正发挥法律价值。最佳实施方式的重要价值在于其能有效促进技术扩散。英国知识产权委员会在其发布的《整合知识产权与发展政策：知识产权委员会报告》中指出："发展中国家应该采用要求专利申请人公开其最佳实施方式的规定，以确保专利申请人不隐藏对第三方有价值的信息。"作为世界上最大的发展中国家，中国正处在技术成长的关键期，在专利法上明确要求披露最佳实施方式是完全符合我国国情的。

　　一个可能的理想构建模型是，专利法上对实施方式的披露明确为最佳实施方式，如果披露的方式不是最佳的，并不影响专利权的法律效力；但是如果他人在申请日后发现了该最佳方式，且最佳方式的技术效果较发明人披露的优选方式有较大提升，则应当允许他人在现有专利基础上申请改进发明专利。这类发明一般称为数值限定发明，为日本专利法所明确承认。"如果发现与现有技术相比，公知的数值范围内的一部分存在显著的作用和效果，在此情况下有可能成立发明，这样的发明则被称为数值限定发明。这种发明中化学发明的例子比较多，但也存在于别的技术领域。这样的发明若要取得专利权，一般认为特定的数值范围与该边界值之外紧接的数值相比必须具有显著的作用和效果（临界效果）。数值限定发明是与选择发明相关的概念，如果与概括性的现有技术条件相比，特定的数值范围不具有显著效果，则认为该发明与现有技术是同一的，或是不具有创造性。"❶ 但是多数国家的专利法并不承认数值限定发明的可专利性。因为数值限定发明除技术效果之外，整个技术方案全部落入了既有专利的权利要求范围之中，往往被认为不具有实质性特点，从而缺乏专利法所要求的创造性。比如，欧洲专利局就认为："如果技术方案显而易见，即便发现意想不到的技术效果，也不因此而减少显而易

---

　　❶ 增井和夫，田村善之. 日本专利案例指南［M］. 李扬，等，译. 北京：知识产权出版社，2016：73－74.

见的程度。这只是意味着没有人在'发明人'之前注意到显而易见的技术所具有的意外效果，所以，发明不具有创造性。"❶笔者认为，明确承认数值限定发明的可专利性是解决专利法上最佳实施方式困境的有效出路。承认数值限定发明的可专利性，可以有效解决最佳方式披露中所遇到的法律分析太过于主观而导致的执行难问题。将最佳实施方式要求和数值限定发明的可专利性相结合，一来可以有效敦促发明人在提交专利申请时尽可能披露其所知悉的最佳实施方式，二来还给了社会公众对发明创造进行改进的机会和动力，最终有利于大幅度提升专利公开的充分性程度，促进社会科学技术情报的交流，加快技术创新的步伐。

第三节　判断标准之主体与依据

专利充分公开的判断标准除了作为实质部分的构成要素之外，还应当解决由谁作为判断的主体、依据哪些材料作出判断的问题。根据各国专利法的规定，专利充分公开判断的主体应当是本领域普通技术人员，但是对于本领域普通技术人员知识和能力的界定各国并不完全一致，特别是对于其创造能力的理解各国存在显著不同。还有，本领域普通技术人员是专利法上诸多可专利性条件判断的主体标准，就不同的可专利性事项的判断而言这一主体标准是相同的还是有所区别，也会对充分公开的判断产生重要影响。对充分公开之判断主体的科学界定，无疑有助于充分公开判断之正确结果的形成。专利充分公开判断依据哪些材料作出，是仅包括说明书，还是也包括权利要求书等其他申请材料，也在客观性上影响着判断的结果。就充分公开判断的材料依据而言，我国《专利法》未作出明确规定，专利实务界和理论界的

---

❶　哈康，帕根贝格. 简明欧洲专利法 [M]. 何怀文，刘国伟，译. 北京：商务印书馆，2015：74.

认识也未取得完全统一。专利充分公开判断的时间基准是申请日，似乎不存在什么争议。但是在申请日之时到底哪些技术构成现有技术，哪些是之后发展起来的新技术，认识上也未尽一致。总之，专利充分公开判断的主体和依据对判断结论的形成发挥重要影响，有必要进行深入的探讨。

一、判断主体标准：本领域普通技术人员

本领域普通技术人员（a person having ordinary skill in the art，PHOSITA）是专利法上的一个重要概念，既用于判断充分公开，也用于判断创造性、新颖性等其他事项。弄清楚本领域普通技术人员的知识和技能水平、创造力的有无、外在表现形态等法律规定性，对于正确运用这一概念有重要意义。此外，用于判断充分公开的本领域普通技术人员与用于判断创造性时这一概念的规定性有无不同，也是应当搞清楚的事情。

（一）概念界定

专利充分公开的判断以本领域普通技术人员为主体标准，为各国专利法所认可。我国《专利法》第 26 条第 3 款规定："说明书应当对发明或者实用新型作出清楚、完整的说明，以所属技术领域的技术人员能够实现为准。"这里所说的"所属领域的技术人员"也就是人们通常所说的本领域普通技术人员。根据美国专利法第 112 条（a）款的规定，说明书对发明创造的公开应当达到"使任何熟悉该项发明所属技术领域或与该项发明最密切相关的技术领域的人能够制造及使用该项发明"的程度。《欧洲专利公约》第 83 条规定："欧洲专利申请应当对发明作出充分清楚和完整的公开，以本领域技术人员能够实施为准。"欧洲专利申请是针对本领域技术人员，所以，《欧洲专利公约》第 83 条的法律标准是本领域技术人员是否可以实施发明。❶ 日本专利法第 36 条第 4 款第 1 项规定，说明书应当"清楚且充分地进行记载，达到使具有发明所属技术领域通常知识的人能够实施的程度"。各国专利法颇为相似的表述足以说明，本领域普通技术人员是世界范围内公认的专利充分公开判断的主体标准。作为知识产权领域内迄今为止最重要的国际公约，TRIPS 也对专利充分公开的主体标准作出了与各国专利法一致性的规定。虽然本领域普通技术人员为各国专利法和国际公约所规定，但是本领域普通技术人员却不是一个真实的客观存在，而是专利法为了满足对专利审查的需要所虚构出来的一个人，也即本领域普通技术人员是一种法律上的拟制。❷ 既然不是一种客观的存在，而是一种法律的拟制，那么不同的语词表达形式并不重要，无论使用"本领域普通技术人员""本领域技术人员""所属领域的技术人员"还是"具有发明所属技术领域通常知识的人"，都无关紧要。真正有意义的是法律对这一概念内涵的充分界定，因为人们是通过法律对其内涵的界定来把握和使用这一概念的。

（二）知识和技能

本领域普通技术人员这一概念之内涵的第一个重要方面，是本领域普通技术人员所具备的知识和能力问题。因为对这一概念的运用主要的就是要使用其知识和能力水平来对专利充分公开、创造性等事项作出评价。历史研究往往有助于我们通过对事物原初状态和"初心"的了解把握事物的本质，做到正本清源。本领域普通技术人员的概念滥觞于 1790 年美国专利法。1790 年美国专利法的表述采用的是"本领域的工人或其他技术人员"（workman or other person skilled in the art or manufacture），这一概

---

❶　哈康，帕根贝格. 简明欧洲专利法 [M]. 何怀文，刘国伟，译. 北京：商务印书馆，2015：125.

❷　张小林. 论专利法中的"本领域普通技术人员" [J]. 科技与法律，2011 (6)：22 - 29 + 60.

念在当时的主要价值即用于判断专利文本公开充分性的问题。
1850 年美国联邦最高法院在 Hotchkiss v. Greenwood 一案中，提
出了"普通技工"的概念用于发明可专利性判断，从而把"本
领域的工人或其他技术人员"进一步推向深入，并在此基础上最
终形成了本领域普通技术人员的概念。美国联邦最高法院在该案
中指出："除非（该发明的产生）需要具备比熟悉业务的普通技
工更高的创造性和技能，否则该方案欠缺构成发明所必需的技术
和创造性水平。"❶ 1952 年美国专利法正式采用了本领域普通技
术人员（Person of Ordinary Skill in the Art）的概念来判断发明专
利的非显而易见性。之后，本领域普通技术人员进一步扩展到专
利法对充分公开、新颖性的判断和权利要求的解释，成为专利法
中不可动摇的基石性概念。❷

美国专利法在判例的基础上采用本领域普通技术人员的标准
来判断可专利性事项被认为是富有科学性的。因为，根据技术水
平的不同，特定领域内技术人员大体上可以划分为高级技术人
员、普通技术人员和初级技术人员三个等级。如果采用高级技术
人员标准，则只有极少数具有高度创造性的发明创造才能获得授
权，这显然对于大多数从业者不具有鼓励创新的作用，不利于技
术特别是改进性技术的进步。如果采用初级技术人员标准，将导
致那些技术进步性极低的发明获得授权，造成专利的滥发，影响
专利制度的声誉，并最终阻碍技术的进步和应用。采用"普通技
术人员"标准，"至少在逻辑推演中，将可以鼓励多数人投入创
新，同时保障专利质量和专利法实施的信用。"❸ 本领域普通技术
人员的概念虽然在专利法演进的过程中主要从创造性判断中发展而

---

❶ Hotchkiss v. Greenwood, 52 U. S. 248 (1850) at 267.1.

❷ LEMLEY M A. The changing meaning of patent claim terms [J]. Michigan Law Review, 2005, 104 (1): 101 – 122.

❸ 张小林. 论专利法中的"本领域普通技术人员" [J]. 科技与法律, 2011 (6): 22 – 29 + 60.

来，但是对于充分公开的判断有完全适用的余地。通过本领域普通技术人员标准的历史嬗变过程可知，本领域普通技术人员所具备的知识和能力集中体现在"普通"二字上，也就是具备本领域一般水平的知识和能力，既不能估计过高，也不应估计过低。美国联邦巡回上诉法院列出了判定本领域普通技术人员技术水平的影响要素：（1）发明人的教育水平；（2）技术问题；（3）现有技术中对于问题的解决方案；（4）新发明出现的速度；（5）现有技术的复杂程度；（6）本领域正在工作岗位上的人员的教育水平。❶ 但是法院并没有给出关于如何使用这些要素的详细指南。❷ 一般来讲，本领域普通技术人员被假定为知晓本领域全部现有技术知识，并且具有应用常规实验手段的能力。

（三）创造能力

在有关本领域普通技术人员概念的理解中，其是否具有一定的创造能力成为理论上的争点。美国专利法认为，本领域普通技术人员具有"普通创造力"。在 2007 年之前，美国专利商标局在专利创造性判断上坚持的是 Graham 案❸确立的"教导－启示－动机"（Teaching－Suggestion－Motivation，TSM）准则，本领域普通技术人员被定义为是一位虽然掌握本领域全部现有知识和技术，但是却没有任何创造力的人。"随着这套准则在应用中的僵化，人们发现它降低了美国专利的门槛，导致专利权过多、过滥，妨碍了高科技领域中的竞争机制的发挥，有悖于专利制度鼓励创新的初衷。"❹ 在 2007 年的 KSR 案中，美国联邦最高法院修

---

❶　Environmental Designs, Ltd. v. Union Oil Co., 713 2d 693 (Fed. Cir. 1983).

❷　MEARA J P. Just who is the person having ordinary skill in the art? patent law's mysterious personage [J]. Washington Law Review, 2002, 77 (1): 267 - 298.

❸　Graham v. John Deere Co., 383 U. S. 1 (1966).

❹　涂赤枫，刘文霞. 本领域的技术人员能否具备创造能力：从中、欧、美、日专利局关于"本领域的技术人员"的定义说起 [J]. 中国发明与专利，2011 (12): 24 - 25.

正了美国联邦巡回上诉流院对本领域普通技术人员的传统认识，明确表示"本领域普通技术人员也是一个具备普通创造能力的人，而不只是一个机器人"。美国联邦最高法院就本领域普通技术人员的创造力解释道，本领域普通技术人员所具有的常识使得他们能够想出本领域熟悉的事物主要用途之外的其他明显的用途以及能够把从几个专利或者文献中学到的东西结合起来。❶ 经由此案，美国专利法上的本领域普通技术人员被赋予"普通的创造能力"，提高了对于非显而易见性要件的判断标准。日本特许厅《审查指南》认为，本领域普通技术人员"能够使用发明所属技术领域的研究开发（包括文献解析、实验、分析、制造等）的常规技术手段，能够发挥材料的选择、设计的变更等通常的创造能力。"❷ 可见，在日本专利法上，本领域普通技术人员具有一定创造能力，只不过其创造能力局限在选择、设计的变更等有限事项之上。《欧洲专利审查指南》与我国《专利审查指南 2010》一样，不认为本领域普通技术人员具有创造能力。根据《欧洲专利公约（2000 年）》的规定，"本领域技术人员应当是相关技术领域内的普通工作者，具有通常的技能，熟悉该技术领域的所有公知常识，并且接受与之相关的惯常错误认识。而且，他会认真而勤勉地理解和应用所有相关的已有技术。但是，他不具有创造能力（参见 T39/93 Allied Colloids 案）。"❸ 欧洲专利局在不承认本领域普通技术人员具有创造能力的同时，为其知识水平规定了较高的标准，对发明与现有技术之间的创造高度要求较高，❹ 其

---

❶ KSR International Co. v. Teleflex, Inc., 127 S. Ct. 1742 (2007).

❷ 青山纮一. 日本专利法概论 [M]. 聂宁乐, 译. 北京: 知识产权出版社, 2014: 102.

❸ 哈康, 帕根贝格. 简明欧洲专利法 [M]. 何怀文, 刘国伟, 译. 北京: 商务印书馆, 2015: 67.

❹ 石必胜. 本领域技术人员的比较研究 [J]. 电子知识产权, 2012 (3): 70 - 75.

实际达到的操作效果与本领域普通技术人员具有低水平创造力的情况下基本相同。我国《专利审查指南 2010》明确规定本领域普通技术人员"不具有创造能力"。本领域普通技术人员虽然不是一种真实的存在，但是毕竟以本领域中等技术水平的人员为参照而拟制，所以其参照对象的实际情况也会反映到该概念的实际运用之中。"在我国的专利审查和专利审判实践中，专利复审委员会和人民法院事实上隐含地认为本领域技术人员具备一定的创造性能力。"❶ 综上，本领域普通技术人员就其能力水平而言，无论是否为专利法和专利审查指南所明确认可，其实际上是具有一定的创造能力的。

（四）主体形态

另一个与本领域普通技术人员密切相关的问题是，本领域普通技术人员是一个人还是一群人？也就是说其外在形态如何？这一问题是近些年来随着交叉学科的兴起而凸显的，欧洲和日本专利局对此已经作出了明确的回答。根据传统认识，本领域普通技术人员是一个个人，他只熟悉本领域内的技术知识。韩国、波兰、巴拿马等国专利法认为，本领域普通技术人员只能是一个单一的人。❷ 然而，随着科学技术的深入发展，不同的学科相互交叉和融合的趋势越来越明显，越来越多的发明创造难以精确地归结到哪一个传统学科领域中去。交叉学科发明创造遇到的一个现实难题就是其专利审查时的主体参照标准问题，这一问题推动本领域普通技术人员的概念不断被更新。"对于一个复合领域的发明，我们应如何判断该领域技术人员的能力范围成为关注的焦

---

❶ 石必胜. 本领域技术人员的比较研究 [J]. 电子知识产权，2012（3）：70－75.

❷ 易玲，魏小栋. 多维度视角下的"本领域技术人员"之界定 [J]. 知识产权，2016（7）：60－66.

点。"❶ 法律上的若干概念都是法律的拟制，不存在与现实存在物的严格对应关系。但是法律拟制也有其限度，那就是不能过度远离其现实参照物，并且要根据参照物的变化进行概念内涵的动态调整。唯其如此，才能保证法律拟制的现实适用性。发明主要由一个单一的个人作出，这是 19 世纪发明英雄辈出时代的典型特征。"19 世纪之前，发明活动的从事者多为个体发明人，包括发明爱好者、手工业者和技术工匠等……工业革命前后，发明英雄（heroic genius inventor）的观念成为一种文化逐渐深入人心。"❷ 20 世纪中期以后，随着科学技术的日益复杂化，很多发明成果都是若干技术人员通力协作的结果，很难将其在整体上归结为哪一个人的创造，团队发明成为发明创造的主导形式。特别是随着交叉学科的兴起，执行同一发明创造的主体不但人数众多，而且往往来自不同技术领域。法律是对现实的反映，同时也必须根据现实的需要对既有观念和规范作出适应性调整。在 2010 年的 Schlumberger 案中，英国上诉法院表示，本领域普通技术人员不一定是来自统一技术领域，当对一件发明的可专利性进行评估时，应当首先确定专利要解决的技术问题所属的技术领域，再由该技术领域的技术人员进行评估。❸ 也就是说，如果专利要解决技术问题跨越不同领域，则本领域普通技术人员就是来自这些不同领域的一组人员。在 T986/96 M. A. I. L. Code Inc. 案中，欧洲专利局上诉委员会认为："根据上诉委员会确立的判例规则，公约第 56 条规定之下的本领域技术人员通常不知道远距离技术领域的专利或技术文献（T11/81）。然而，在适当的情

---

❶ 罗赟. 浅谈交叉领域的"本领域技术人员"：从"阿尔法"谈起 [J]. 中国发明与专利，2016（7）：16－20.

❷ 黄海峰. 知识产权的话语与现实：版权、专利和商标史论 [M]. 武汉：华中科技大学出版社，2011：176.

❸ 任晓玲. 英法院对"所属技术领域的技术人员"概念予以诠释 [J]. 中国发明与专利，2010（11）：98.

况下，可以考虑由不同技术专长人员所组成的团队的知识
（T141/87 和 T99/89）。例如，当要解决某一部分技术问题时，
需要找到这一领域的专家；而要解决另一部分技术问题时，又需
要找另一不同领域的专家，就属于这种情况。"❶ 所以，当要求
保护的发明针对多个领域的技能时，假想的本领域技术人员可能
要求具有若干领域的知识和技能，从而更适合看作一个团队。日
本特许厅《审查指南》亦认为，在某些情况下，本领域技术人
员与其说是个人，不如认为是多个技术领域的专家组成的"专家
组"。例如，"商业方法发明"为商业领域和计算机技术领域，
"生物信息技术发明"为生物领域和计算机技术领域。❷ 在美国
的专利实践中，本领域普通技术人员一般被视为是一个人，但是
根据具体案件的需要，本领域普通技术人员也可以被视为是一个
团队或群组。❸ 美国《专利审查程序手册》规定，如果一项发明
包含了两项不同领域的技术，只要任何一项技术领域内的普通技
术人员根据申请所披露的内容能够实施发明，则申请披露就是满
足要求的。❹ 我国《专利审查指南 2010》对于本领域普通技术人
员的形态未作出明确规定，但是从审查指南关于本领域普通技术
人员可以根据需要从其他技术领域获取知识和技能的规定推知，
在我国专利审查实践中本领域普通技术人员也没有严格局限在单
个人的范畴内。我国有专利法官就此总结道："如果发明本身涉
及多个技术领域的交叉，将本领域技术人员视为一组人可能更符

---

❶ 哈康，帕根贝格. 简明欧洲专利法 [M]. 何怀文，刘国伟，译. 北京：商务印书馆，2015：68.

❷ 青山纮一. 日本专利法概论 [M]. 聂宁乐，译. 北京：知识产权出版社，2014：102.

❸ Afros S. P. A. v. Krauss – Maffei Corp., 671 F. Supp. 1402 aff'd, 848 F. 2d 1244（Fed. Cir. 1988）.

❹ USPTO. Manual of Patent Examining Procedure, Rev. 9, March 2014. pp. 2100 – 2272.

合实际情况，并不一定会不适当地提高对专利创造性的高度要求。"❶

（五）不同标准

本领域普通技术人员这一概念在专利法中出现多次，被用于判断如新颖性、创造性、充分公开等诸多事项，那么在不同事项的判断上，本领域普通技术人员的概念是否完全一致呢？各国专利法对这一问题的回答并不完全一致。一般认为，本领域普通技术人员在专利法上存在两种基本面相，一个是用于判断创造性的面相，一个是用于判断充分公开的面相。在欧洲专利法上，由于本领域普通技术人员不存在创造性，所以认为专利法上用于判断创造性和充分公开时所使用的本领域普通技术人员的概念是完全一致的。美国专利法对这一问题没有作出明确说明，但是从其所用措辞可以推知，在美国专利法上二者是不完全等同的。美国专利法第 103 条关于创造性判断的主体标准使用的是"拥有本技术领域普通技术的人员"（a person having ordinary skill in the art）的概念，而在第 112 条关于充分公开判断的主体标准使用的则是"本技术领域的任何技术人员"（any person shilled in the art）这一概念。第 103 条强调的是本领域普通技术人员必须具备"普通技术"，第 112 条则没有作出同样的要求，似乎第 112 条旨在树立仅排除门外汉的主体标准。也即说，在美国专利法看来，用于判断创造性的本领域普通技术人员的水平要略高于用于判断充分公开的本领域普通技术人员的水平。所以，用于判断创造性的现有技术，并不能完全用于说明技术公开充分性要求中技术人员所掌握的通常知识水平。❷ 美国专利法第 112 条本领域技术人员与第 103 条本领域普通技术人员所具有的知识是不同的，因为只有

---

❶ 石必胜. 本领域技术人员的比较研究 [J]. 电子知识产权, 2012 (3)：70 - 75.

❷ TRESANKSY J O. PHOSITA – the ubiquitous and enigmatic person in patent law [J]. Journal of the Patent and Trademark Office Society, 1991, 73 (1)：37 - 55.

众所周知的信息才能在公开中省略，而新技术必须公开以满足能够实施的要求。根据美国专利法第 102 条第 e 款的规定，第 103 条中的本领域普通技术人员的知识包括不为公众所知悉的信息，比如正在审查中的专利申请，但是第 112 条中的本领域技术人员的知识范围不包括这些信息。❶ 根据日本特许厅《审查指南》中给出的定义可知，在日本专利法上，公开充分性条件中所规定的普通技术人员标准要低于创造性判断中的标准，后者不仅所掌握的现有技术水平要远高于前者，而且还拥有一定的创造能力。❷ 我国《专利审查指南 2010》在有关说明书充分公开审查部分规定："关于'所属技术领域的技术人员'的含义，适用本部分第四章第 2.4 节（用于判断创造性的所属技术领域的技术人员概念——笔者注）的规定。"也就是说，在我国专利行政机关看来，本领域普通技术人员的概念在专利法上是完全同一的，在不同专利事项的判断上其标准是一致的。

　　笔者认为，结合其制度目的可知，用于创造性和充分公开判断的本领域普通技术人员的概念是不完全相同的。相比较于创造性判断上的本领域普通技术人员而言，充分公开事项上的本领域普通技术人员在知识和能力上存在"一少"和"一多"，少的是普通技术人员的一般创造性，多的是申请专利保护的发明内容。根据专利法对于创造性的规定，申请专利保护的发明创造必须高于现有技术，具有一定程度的创造性。根据专利法关于说明书充分公开判断规则的规定，说明书应当做到本领域普通技术人员根据现有知识和技能，在无须付出任何创造性劳动和进行任何过度实验的情况下，就能够实现发明创造。所以，对于充分公开的判断而言，本领域普通技术人员的创造能力不但是多余的，而且是

　　❶　竹中俊子. 专利法律与理论：当代研究指南 [M]. 彭哲，沈旸，许明亮，译. 北京：知识产权出版社，2013：425.
　　❷　梁志文. 论专利公开 [M]. 北京：知识产权出版社，2012：309.

有害的，但是对于创造性的判断而言，它恰恰是必需的。如果用具有创造能力的本领域普通技术人员的标准去评价充分公开，就会不当降低充分公开的标准，无法有效实现专利法所承担的促进技术情报交流的使命。相反，如果用判断充分公开的不具有任何创造力的本领域普通技术人员的标准去进行创造性的审查，则会导致专利授权的滥发，无法有效发挥专利法激励有价值的新发明创造的功能。可见，在判断创造性和充分公开上，本领域普通技术人员的概念是不同的。判断说明书是否充分公开了发明创造，还要求本领域普通技术人员必须充分知悉申请专利保护的发明创造内容，只有将发明信息和现有技术结合起来，才可能进行申请专利保护的技术方案能否实现的判断。而进行创造性判断时，并不要求本领域普通技术人员掌握申请专利保护的发明创造的详细内容，只要它与现有技术存在能够满足法律要求的区别特征就可以通过创造性的审查。所以，用于判断充分公开的本领域普通技术人员比用于创造性判断时多出了知道申请专利保护的发明创造的内容这一知识。

二、判断材料依据：专利说明书

判断专利申请是否充分公开应当依据哪些材料进行，并未取得完全一致的结论。说明书是判断专利申请是否获得充分公开最重要的材料依据，对这一点理论界和实务界都基本没有争议。主要分歧所在是，权利要求书是否应当成为判断的依据之一。需要说明的是，权利要求在不同国家专利申请文件中所处的地位不完全相同。根据我国《专利法》的规定，权利要求是一份单独的专利法律文件，与说明书的地位相并列，它们与请求书和说明书摘要一并构成一份完整的专利申请文件。我国《专利法》的规定与《欧洲专利公约（2000 年）》的规定基本一致。《欧洲专利公约（2000 年）》第 78 条第（1）项规定："欧洲专利申请应当包括：（a）授予欧洲专利的请求书；（b）对发明的说明书；（c）一项或多项权利要求；（d）说明书或权利要求书所引用的附图；（e）摘要；并满足本公约实施细则规定的其他条件。"❶《欧洲专利公约（2000 年）实施细则》第 41、42 和 43 条分别对请求书、说明书和权利要求书的撰写方式作出了明确规范。日本专利法的规定大体上也是这样，只不过日本专利法将所有申请材料统称为申请书，和我国《专利法》上专利申请文件的概念基本一致。日本专利法第 36 条第 1、2 款规定："（1）欲获得专利者，必须向特许厅长官提交记载有以下所列事项的申请书：专利申请人的姓名或者名称、住所或者居所；发明者的姓名及住所或居所。（2）申请书必须附带说明书、专利请求保护的范围、必要的图纸和摘要。"在我国、欧洲和日本专利法上，说明书和权利要求（书）是两个不同的独立法律文件。美国的做法则是另外一番情形。在美国专利法上，权利要求不单独构成一份法律文件，而是置于说明书的结尾处，作为说明书的必要组成部分。美国专利法第 112 条的标题是"说明书"，该条共包括 6 款内容，对说明书应当包括的内容和撰写方式作出了明确规定。美国专利法第 112 条（b）款的标题是"结尾"，其规定："在说明书的结尾，发明人或共同发明人应当提出包括一项或一项以上的权利要求，具体指出并明确要求保护的其所认为的发明的内容。"也就是说，在美国专利法上并没有权利要求书这一法律文件，权利要求是作为说明书的一部分被撰写的。所以，在讨论专利充分判断的依据是否包括权利要求书时，应当注意不同国家专利法的语境，避免因为语词形式相同但含义各异可能引发的使用混乱。一般认为，专利说明书是一个涵盖力更强的概念，可以包括说明书及其附图和权利要求（书），但不包括请求书。请求书

---

❶ 哈康，帕根贝格. 简明欧洲专利法［M］. 何怀文，刘国伟，译. 北京：商务印书馆，2015：118.

的作用在于表达申请人请求授予专利权的愿望,❶ 一般不包含有关发明创造的技术性内容,所以对于判断发明创造是否得到充分公开没有意义。欧洲专利局上诉委员会认为,判断专利申请之公开充分性时,必须基于整个申请,包括说明书和权利要求书,而非单独考虑权利要求书。附图一般是说明书的附图,必要的情况下,权利要求也可以结合附图加以展示或说明。在完全使用语言说明专利技术特征有困难的时候,附图可以更直观、更清晰地展示发明创造的内容。所以,附图对于充分公开发明创造有时候同样具有重要作用。欧洲专利局上诉委员会在 T169/83 案中指出,当考虑专利申请是否满足充分公开的要求时,必须认为附图与专利申请的其他要素具有同等地位。❷ 世界知识产权组织《实体专利法条约(草案)》第 10 条第 2 款的标题为"用于评价公开充分性时应当纳入考虑范围的申请书内容",条文规定:"为评价本条第一款所要求的公开之充分性,包含在说明书、权利要求书和附图以及这些文件的修正和更正中的披露信息应当予以考虑。"❸ 笔者认为,判断充分公开应当以包括说明书、附图和权利要求书在内的广义的专利说明书的全部内容为依据,而不应当局限于狭义的说明书之上。

充分公开的判断应当以广义的专利说明书为依据,并非没有争议。比如,我国有学者认为权利要求的功能是"界定专利权的权利范围而非公开发明",并就此论述道:"权利要求并不是向公众提供发明自身的信息,也不是用来披露如何制造或使用的信息,权利要求的唯一目的是界定发明。"❹ 充分公开的判断依据

---

❶ 冯晓青,刘友华. 专利法 [M]. 北京:法律出版社,2010:135.

❷ 欧洲专利局上诉委员会. 欧洲专利局上诉委员会判例法 [M]. 北京同达信恒知识产权代理有限公司,译. 北京:知识产权出版社,2016:213.

❸ WIPO, Standing Committee on The Law of Patents. Draft Substantive Patent Law Treaty [Clean Text], Tenth Session, Geneva, May 10 to 14, 2004.

❹ 徐棣枫. 专利权的扩张与限制 [M]. 北京:知识产权出版社,2007:90.

应当排除权利要求的看法，在我国专利法学界颇有市场。这种看法并不是因为相关学者不知悉国外的规定，恰恰是在研究国外的不同规定之后所形成的对"中国特色"的认识。有学者在详细比较中外专利法的不同规定之后总结道："中国的专利申请，对于发明技术的公开，严格限定在'以说明书内容为准'的幅度内，而欧洲专利必须对发明作出清楚和完整的说明，则泛指说明书、权利要求及附图……实际上它指的是整个申请文件，不只限于说明书。而中国专利法第 26 条第 3 款所规定的说明书应当对发明作出清楚和完整的说明，是指只限于说明书的公开，才属有效，不包括其他文件。"❶ 如果单从《专利法》第 26 条第 3 款关于"说明书应当对发明或者实用新型作出清楚、完整的说明，以所属技术领域的技术人员能够实现为准"的文字表述来看，似乎根据我国《专利法》的规定充分公开的判断只能以说明书为准。而实际上，在专利审查的过程中，专利行政机关并没有完全拘泥于法律条文的限制，所持有的是一种更为开放性的立场，把权利要求的内容也考虑进去。国家知识产权局《专利审查指南 2010》第二部分第十章第 3.4 节规定："判断说明书是否充分公开，以原说明书和权利要求书记载的内容为准。"虽然我国专利审查指南的这一规定是针对化学领域内的专利申请提出的，但是鉴于审查指南在关于专利充分公开一般性的规定中并没有明确排除对权利要求的考虑，也没有任何理由可以支持在充分公开事项上化学领域专利申请与其他领域存在根本性不同，所以可以认为这一规定对于专利法的全部领域具有完全适用的余地。而且国家知识产权在发布发明和实用新型专利说明书的时候，将权利要求书也同样包括在内，将其放置在申请信息和摘要之后、说明书之前，这就印证了在我国专利审查实践中，专利充分公开的基础包括权利

---

❶　陈志刚，刘俊臣，刘贵祥. 比较专利法 [M]. 兰州：兰州大学出版社，1993：98.

要求书、说明书及其附图等材料在内这一判断的准确性。❶《欧洲专利公约（2000年）》的规定与我国《专利法》颇为相似，其第83条规定了"发明的公开"，第84条规定了"权利要求"，似乎充分公开与权利要求不存在交集。但是《欧洲专利公约（2000年）》第83条❷的用语与我国《专利法》不同，其规定"欧洲专利申请"（The European patent application）应当对发明进行公开，而不是像我国《专利法》第26条第3款那样将充分公开局限在说明书的范畴之内。《欧洲专利审查指南》C部分第2章第4.1节对此作出了更为清晰的规定："对充分公开的判断应当在整个申请文件的基础上进行，包括说明书、权利要求和可能存在的附图。"由于在美国专利法上权利要求构成说明书的一部分，所以美国《专利审查程序手册》关于专利公开的规定自然都是建立在整个说明书之上，从未明确排除权利要求的内容。美国专利法学者Jeanne Fromer所发表的一篇有重要影响力的学术论文《论专利公开》❸（Patent Disclosure）在讨论专利充分公开时，就是以整个"专利文件"（patent documents）为研究对象的，并未排除权利要求。❹ CCPA在20世纪40年代的一则判决中即宣布，包含在初始专利申请文件中的权利要求也可以被视为申请公开的一部分。❺ 可以说，专利充分公开的判断应当以包括权利要求（书）在内的广义专利说明书为依据已经获得了各国

---

❶ 吕炳斌. 专利申请中的"充分披露"的判断基础［J］. 大连理工大学学报（社会科学版），2011（1）：100 – 104.

❷ *European Patent Convention* Article 83：The European patent application shall disclose the invention in a manner sufficiently clear and complete for it to be carried out by a person skilled in the art.

❸ FROMER J C. Patent disclosure［J］. Iowa Law Review，2009，94（2）：539 – 606.

❹ 吕炳斌. 专利披露制度研究：以PRIPS协定为视角［M］. 北京：法律出版社，2016：27.

❺ McBride v. Teeple，129 F. 2d 328（CCPA 1942）.

专利法的普遍认可，并且也已经成为各国专利审查实践中的通行做法。我国《专利法》第 26 条第 3 款将充分公开的判断完全局限在狭义说明书范围内，难为适当。

三、判断时间基准：专利申请日

"对于一项给定的技术来讲，其所属技术领域的技术状态并不是一成不变的。完全有可能发生的是，一项专利申请如果在 1990 年 1 月 2 日提出尚无法满足可实施性要求，但是如果迟至 1996 年 1 月 2 日提出就变得可实施了。因此，每一项专利申请的现有技术状态必须以申请日为准进行评价。"[1] 专利申请是否满足充分公开的要求，应当以申请日为准。[2] 也就是说，在递交专利申请的当日，在结合现有技术的基础上，请求专利保护的发明创造就是可以实现的。换句话说，也就是不允许通过在申请日后增加新信息（法律上一般称为"新内容"）来补充说明书的教导，以达到满足专利法关于充分公开要求的目的。申请人也不能依赖申请日以后他人公开的技术信息作为补充，借以证明在该申请被授权的时候是满足法律有关充分公开的要求的。就算这些信息是包含在他人在先递交但是截至本专利申请之时仍未公开的专利申请材料中也是不符合要求的。如果申请人没有在递交其专利申请的时候提供具有可实施性的信息，那么就没有机会再提交这些信息了，[3] 即使他在申请日之前已经掌握了这些信息。"申请人应当特别注意，在向国家知识产权局提交发明或者实用新型专利申请时就应当确保说明书以及说明书附图符合本条第三款规定（《专利法》第 26 条第 3 款关于充分公开的规定——笔者注）的

---

[1]　USPTO. Manual of Patent Examining Procedure, Rev. 9, March 2014. pp. 2100 - 2271.

[2]　In re Glass, 492 F. 2d 1228, 1232（CCPA 1974）.

[3]　穆勒. 专利法（第 3 版）[M]. 沈超，李华，吴晓辉，等，译. 北京：知识产权出版社，2013：92 - 93.

要求。一旦提交了专利申请并获得申请日，则无论是申请人自己发现还是经审查员审查后发现说明书以及说明书附图存在不符合本条第三款规定的缺陷，均无法予以克服，从而导致已经提交的专利申请文件陷入'无可救药'的境地。"❶ 禁止在申请日后向原始申请材料中增加"新内容"，是各国专利法的共同规定。"禁止向原始公开内容中加入新内容。这项规定可以用于驳回向最初递交的摘要、说明书或者附图中加入新内容的修改。"❷ 但是究竟何为"新内容"，鲜有国家专利法作出明确规定。美国法院在 In re Oda 案中就此评价道："'新内容'这个词是专利法中的一项技术性法律词汇，即一项专业术语。其含义从来没有被清楚地定义过，并且也无法定义。其与侵权、显而易见性、优先权、放弃（专利申请）等术语类似，都是用来描述最终的法律结论，并且从本质上标志着基于事实分析的推理过程的结论。换句话说，法条并没有告诉我们如何判断什么是或什么不是所谓的'新内容'。我们必须根据实际情况来判断什么样的修改是被禁止增加的'新内容'，而什么不是。"❸ 禁止增加新内容的基本原则就是在专利或申请中所最初记载的发明创造不能被改变。但是对于本领域普通技术人员可以发现并知道如何修改的明显记载错误，则允许申请人申请补正。关于专利法禁止添加新内容的立法目的，欧洲专利局扩大上诉委员会认为，在于"禁止申请人通过增加原申请文件没有公开的内容而改变其原有法律地位，获得不正当的利益，损害第三方基于原申请文件内容的法律信赖利益（G1/93 Advanced Semiconductor Products 案，裁判理由第 9 点）。"❹ 日本学者也持类似的立场："如果允许申请人对说明书、

---

❶ 尹新天. 中国专利法详解 [M]. 北京：知识产权出版社，2011：361.

❷ In re Rasmussen, 650 F. 2d 1212, 1214 – 1215（CCPA 1981）.

❸ In re Oda, 443 F. 2d 1200, 1203（CCPA 1971）（Rich J.）

❹ 哈康，帕根贝格. 简明欧洲专利法 [M]. 何怀文，刘国伟，译. 北京：商务印书馆，2015：210.

权利要求书或附图无限制地进行补正，则会对其他申请不公平，与第三人的利益也无法调和，还可能导致审查延迟。"❶ 也就是说，不允许使用申请日后新出现的技术来说明专利申请符合专利法关于充分公开的要求。❷ 判断说明书在专利申请之时是否满足能够实现的要求，一般需要考虑发明的性质、现有技术的状态以及本领域的技术水平。首先要搞清楚的是发明的性质，即申请专利保护的发明所涉及的主题。在判断现有技术的状态以及本领域技术人员的技术水平时，发明的性质可以提供一种背景。现有技术的状态指的是本领域技术人员在专利申请之时已经知悉的有关该发明的主题。本领域技术人员的相关技术水平指的是在专利申请之时本领域技术人员所拥有的与发明主题有关的技能。特定技术领域的技术状态并不是静止不变的。完全有可能的是，某一发明披露在申请当日还是不能实现的，而在第二天却变得可以实现了。所以，现有技术的状态必须针对每一件申请在其申请日分别作出评价。如果本领域技术人员陈述说某项发明在申请日后几年之内都无法实现，这将会成为该发明创造在申请日不可实施的证据。❸ 书面描述要件和最佳实施方式的判断同样是以申请日为准的。不允许申请人在申请日后补入有关书面描述和最佳实施方式的信息。"如果在专利申请当时没有披露申请人已经掌握的最佳实施方式，那么这种缺陷是无法通过事后向原始申请书中添加（最佳实施方式）所要求的东西从而提交修改文件的方式克服的。此种类型（添加原始申请中没有描述的实施该发明的具体方

---

❶　青山紘一. 日本专利法概论［M］. 聂宁乐，译. 北京：知识产权出版社，2014：154.

❷　Chiron Corp. v. Genentech Inc. , 363 F. 3d 1247, 1254, 70 USPQ2d 1321, 1325 – 1326（Fed. Cir. 2004）.

❸　USPTO. Manual of Patent Examining Procedure, Rev. 9, March 2014. pp. 2100 – 271 – 272.

式）的任何修正提议都应当被视为添加新内容。"❶

Gould v. Hellwarth 案是美国法院所审理的有关专利公开审查时机方面的经典案例。Gordon Gould 和 Dr. Hellwarth 之间声称存在抵触申请。抵触的诉项涉及一种被称为"Q—开关"的激光发射的控制装置。Gould 的专利申请日早于 Hellwarth。根据通常情形，Gould 将很有可能胜诉。Hellwarth 提出了另外的抗辩事由，即尽管"Q—开关"公开内容本身是详尽的，但截至 Gould 的 1959 年申请日，Gould 或者任何其他人都没有制造出可操作的激光。因此，Hellwarth 声称 Gould 的申请没有满足专利法关于"能够实现"的要求。这个争辩对于 Hellwarth 来说是明智的，因为他是在休斯航空器公司、贝尔实验室和其他单位已经制造出可操作的激光之后的 1961 年提交的专利申请。美国专利商标局抵触委员会支持 Hellwarth，并且在 Gould 上诉后美国海关和专利上诉法院维持了该决定。法官 Lane 在为法院撰写的判决中认为，Gould 的申请没有包含足以构成激光的一组参数。尽管 Gould 把红宝石列为可能的激光介质，但缺少证明例如红宝石晶体型号、尺寸和取向的精确、必要数据的预言。1960 年以前，包括美国技术界领军人物的众多参与者都没有制造出激光，这个事实进一步支持 Gould 申请提供了不充分教导的结论。此结果看起来苛刻，特别是因为我们知道一旦产业最终制造出可使用的激光，则 Gould 的"Q—开关"实际上运行得很好。但是 Gould 的宽权利要求确实清楚描述了激光活性，这在 1959 年更多的是进入推理想象的王国而不是科学现实。❷ 这个案例告诉我们，在确定在先申请或者专利是否满足"能够实现"要求时，不应考虑申请日

---

❶ USPTO. Manual of Patent Examining Procedure, Rev. 9, March 2014. pp. 2100 – 2287.

❷ 谢科特，托马斯. 专利法原理 [M]. 余仲儒，译. 北京：知识产权出版社，2016：166.

后现有技术的进步。❶ 当然，并不是说满足专利法关于"能够实现"的要求必须要提供操作实例（working example），一个能够帮助本领域技术人员实现发明创造的预言实例（prophetic example），也完全能够满足"能够实现"的要求。在 Gould v. Quigg 一案❷中，截至 Gould 的专利申请日，尚没有人建造出一个光放大器，也没有人测量过气体放电中的粒子反转数。但是审理该案的法庭引用先例认为："以前无人作出过（发明创造）这一事实本身并不能成为拒绝就如何制作它所提出的专利申请的充足理由。"❸

本章小结

如何判断专利申请是否满足了充分公开的要求，是专利充分公开制度的核心内容。虽然不同国家的专利法对于充分公开设置的判断规则不完全相同，但是其共识性的东西要远大于差异性。结合各国专利法的规定和相关专利案例，笔者将专利充分公开的判断标准归纳为基本原则、构成要素、主体和依据三个大的方面。这三个方面的内容共同构成了有关专利充分公开判断的完整体系。专利充分公开的判断首先要坚持结合原则、立体原则和协调原则三项基本原则。可以说，三项基本原则是进行专利充分公开性判断的前提和基础，离开三项基本原则的指导，专利充分公开的判断就有可能迷失方向。专利，就其本质而言就是对特定发明创造的排他性保护，因此通过权利要求明确排他权的范围是至关重要的。根据以公开换取保护的专利权社会契约理论，专利权人要求保护多少就必须公开多少，所以充分公开的判断须臾离不

---

❶　In re Goodman, 11 F. 3d 1046, 29 WSPQ2d 2010（Fed. Cir. 1993）.

❷　Gould v. Quigg, 822 F. 2d 1074, 1078, 3 USPQ 2d 1302, 1304（Fed. Cir. 1987）.

❸　In re Chilowsky, 229 F. 2d 457, 461, 108 USPQ 321, 325（CCPA 1956）.

开权利要求。同时，专利生存于现有技术的土壤之中，就专利技术的可实施性进行评判时，必须将发明创造中的技术方案与现有技术相结合。发明创造能否实现不但要看技术手段是否具有可操作性，更要看能否解决其拟解决的技术问题，并达到预期的技术效果。因此，发明创造可实施性的判断是一个结合技术问题和技术效果的立体判断，而不是对技术手段的孤立判断。充分公开的判断往往还与专利的实用性和创造性判断存在一定范围内的竞合，所以，在就充分公开作出评判时还应当协调对该发明创造实用性和创造性的判断，以避免出现矛盾性评判结论。从构成要素来讲，专利充分公开的判断可以归结为能够实现、书面描述和最佳实施方式三个方面。这三个方面的要素各自承担着不同的功能，共同保证社会公众能够从专利中获得完整的技术情报利益。能够实现的要求为所有国家专利法和国际公约所认可。书面描述要求看似美国专利法上的独有制度，实际上它所发挥的作用在很大程度上可以等同于其他国家专利法对于合理支持要件的要求。最佳实施方式要求虽然备受争议，但是它对于社会公众技术受领的充足性而言十分重要，在对其制度的法律效力进行必要的改造以后，仍应作为专利充分公开的要素之一。专利充分公开判断的主体是本领域普通技术人员。虽然用于判断充分公开的本领域普通技术人员知晓全部现有技术和申请专利保护的技术方案，但是他没有创造能力，所以与用于判断创造性的本领域普通技术人员的内涵并不完全一致。专利充分公开判断的依据应当是广义上的专利说明书，包括说明书、权利要求书和附图在内，而不应局限在狭义说明书的范畴之内。专利充分公开判断的时间基准是申请日。申请日之后发展起来的新技术，既不允许添加到申请文件之中，也不应该作为判断原始申请文件公开充分性的因素。

第四章　专利充分公开的判断过程

　　专利法属于知识产权法，而知识产权法又属于民法的组成部门之一。无论是之前的《民法通则》，还是新近施行的《民法总则》，均明确规定了知识产权作为民事权利之一部分的法律地位。专利法在理论上虽然为民法的组成部门之一，但是与民法之物权法、债权法等传统组成部门不同之处在于，专利法不仅规定了专利权人实体上的权利和义务，还详细规定了取得权利的行政程序，具有集实体法和程序法于一身的鲜明特点。❶ 所以，专利法既是实体法，又是行政程序法，是以实体法为主，与程序法相结合的法律规范。❷ 行政程序法的要义在于规范国家行政机关的具体行政行为，保护行政相对人的程序权利，以最终保障行政相对人实体权利的享有和行使。专利权是需要国家依法授予的民事权利。对专利申请的行政审查，既关乎专利申请人能否取得专利权，又关乎社会公共利益的维护。因此，应当制定科学合理的专利审查程序，保障专利申请人在专利审查过程中的正当程序性权利，以确保专利审查过程的公正和透明。在专利申请是否满足充分公开要求的审查过程中，建议借鉴美国专利商标局《专利审查程序手册》关于表面证据案件的规定，合理匹配专利行政机关和专利申请人的程序性权利和义务。在无效宣告程序中，应当奉行职权探知主义，而非当事人主义，同时应当明确专利充分判断标准的不同构成要素所具有的不同法律地位。

---

❶ 吴汉东. 知识产权法［M］. 北京：中国政法大学出版社，2012：131.

❷ 冯晓青，杨利华. 知识产权法学［M］. 北京：中国大百科全书出版社，2008：154.

专利法的基本功用在于促进技术创新。技术进步的过程具有自身的规律性，专利法规范只有符合了技术进步的客观规律才能发挥促进技术进步的作用；反之，如果专利法的规范违背了技术进步的规律性，还会阻碍科学技术的进步。德国法学家海因里希·施托尔曾说："假使立法者忽视事物的本质……不久他就会体会到霍拉日的处世之道：逾界者还是会回返自然。"❶因此，在制定和实施专利法的过程中，科学技术规范的要求必须被充分加以考虑。专利法是社会规范与科学技术规范相结合的法律规范。❷专利公开是否充分，目标是由专利法规定的，属于社会规范的范畴，但是判断的过程却主要是根据科学技术自身的规范性来进行的。能够实现要件是专利充分公开判断的重心。一项专利申请是否达到了本领域普通技术人员不经过度实验即可付诸实施的程度，是应由科学规范加以决断的事情。在专利诉讼的过程中，法官一般并不是技术专家，即使其具有一定的专业背景，也无法保证对专业性技术问题作出科学的判断。为了解决专利案件审理过程中的技术难题，各国司法机关都在结合本国诉讼制度进行探索，并形成了各具特色的技术查明方法。2014 年 12 月 31日，最高人民法院发布了《最高人民法院关于知识产权法院技术调查官参与诉讼活动若干问题的暂行规定》，对我国技术调查官制度进行了框架性的顶层设计，丰富了我国的技术事实查明体系。有必要就技术调查官在专利充分公开查明过程中的作用展开深入研究。在专利审查和专利诉讼过程中，应当遵循相应的证据规则，包括可以接受的证据形式、举证责任和证明标准等问题。专利充分公开的证据规则在遵循一般证据规则的同时，也具有自身的特点，应当就其特殊性展开进一步研究，以为专利充分公开

---

❶ 拉伦茨. 法学方法论 [M]. 陈爱娥，译. 北京：商务印书馆，2003：292.

❷ 冯晓青，杨利华. 知识产权法学 [M]. 北京：中国大百科全书出版社，2008：154.

的查明提供必要的指引。

第一节　专利充分公开的行政程序

专利申请是否满足了专利法关于充分公开的要求，首先由专利行政机关作出判断。专利行政机关对于专利充分公开的判断，属于一种具体行政行为，且为自由裁量行政行为。在专利充分公开的审查过程中，要遵循听证原则和效率原则，以满足保障专利申请人权益和节约审查资源的双重需要。专利申请人提请进行审查的专利文件，首先被推定为符合充分公开的要求。专利审查员应当在充分听取申请人意见，且审阅全部申请材料后作出审查决定。专利审查员如果以不符合充分公开的要求作出驳回决定，应当满足表面证据案件的要求。在无效宣告程序中，专利行政机关应当以职权主义查明案件事实，根据充分公开构成要素的不同法律地位，作出维持有效还是宣告无效的审查决定。

一、行政程序的性质和原则

"没有法治，任何程序性保障措施的价值亦将不存在。"❶ 专利审查行为属于行政行为的一种，自然要遵循行政法的一般原则。美国学者威廉·道格拉斯就行政程序的价值曾评价道："行政程序法区分了依法而治与恣意而治，坚定地遵循严格之程序保障是我们在法律之下平等正义之保证。"❷ 专利法和专利审查指南所规定的审查程序，是专利充分公开审查的基本法律程序。

（一）专利审查行为的性质

专利申请的审查制度，是专利法的重要组成部分，各国都毫无例外地对专利申请实行审查制度，科学审查已经成为现代专利

---

❶　哈耶克. 自由秩序原理 [M]. 邓正来，译. 北京：三联书店1997：177.
❷　王学辉. 行政程序法精要 [M]. 北京：群众出版社，2001：28.

制度的重要标志。❶ 专利审查由专利行政部门代表国家作出，是国家行使行政权力的一种表现形式。所以，专利审查行为属于一种行政行为。根据行政行为针对一个具体的事项还是针对一类事项而发生作用，行政行为可以区分为具体行政行为和抽象行政行为。抽象行政行为是指行政主体制定、发布普遍性行为规则的行为，也就是制定行政性法规和规章的行为。具体行政行为是指，行政主体在行政管理活动中行使行政职权，针对特定的公民、法人或者其他组织，就特定的具体事项，作出的有关该公民、法人或者其他组织权利义务的单方行为。具体行政行为包括行政处罚行为、行政许可行为、行政检查行为以及行政强制执行行为。专利审查行为是专利行政机关针对特定公民、法人或其他组织的特定专利申请行为，所作出的授予或不授予专利权的行为。所以，专利审查行为属于具体行政行为中的行政许可行为。以行政主体在作出行政行为时对行政法规范的适用有无灵活性为标准，具体行政行为可以区分为羁束行政行为和自由裁量行政行为。羁束行政行为是指行政主体受法律、法规严格的约束，只能依照法律、法规的规定执行，毫无裁量的余地；而自由裁量行政行为则是指法律法规规定一个行为幅度，行政机关在此幅度内斟酌，其意志能够参与其间。从本质上讲，羁束行政行为与自由裁量行政行为的分类，是以行政行为受法律、法规规范的约束程度为标准的，而不是以行政主体对事实的认定是否具有灵活性为标准的。就事实的认定而言，两类行政行为都具有灵活性。❷ 羁束行政行为与自由裁量行政行为区分的法律意义在于，对羁束行政行为的评价只存在合法性的问题，对自由裁量行政行为的评价则还存在进一步的合理性问题。专利行政机关对于专利申请充分公开的审查以

---

　　❶ 冯晓青，刘友华. 专利法 [M]. 北京：法律出版社，2010：171.
　　❷ 姜明安. 行政法与行政诉讼法 [M]. 北京：北京大学出版社、高等教育出版社，2007：180.

专利法为依据，遵照专利审查指南确定的规程展开。无论专利法还是专利审查指南的规范，在专利充分公开的规定上，都具有相当的抽象性，需要专利审查员根据个案的具体情况灵活地作出判断。加之，充分公开的判断需要依据专利说明书、权利要求书等全部专利申请材料作出，在很大程度上属于对事实的认定，而不仅仅是对法律的适用，所以，对专利申请充分公开性的审查只能是自由裁量的行政行为。在法律规定的限度内如何把握合理性的问题，常常成为专利公开性审查中真正的争论点。

（二）专利审查程序的原则

在专利审查的过程中，审查员应当遵循一定的基本准则，也就是专利审查程序的原则，用以规范其全部审查行为。发明专利的审查包括初步审查和实质审查两个阶段。我国《专利审查指南2010》规定，发明专利的初步审查应当遵循保密原则、书面审查原则、听证原则和程序节约原则；实质审查应当遵循请求原则、听证原则和程序节约原则。可见，听证原则和程序节约原则是贯穿整个专利审查过程的共通原则。程序节约原则的目的是提高审查效率，在国际上通称为效率原则。也就是说，听证原则和效率原则是专利审查的基本原则。听证原则和效率原则虽然同为专利审查的基本原则，但是从价值取向上来讲却是相互矛盾的。[1] 如何既有效保护当事人利益，又不影响专利审查的行政效能，在二者之间作到综合平衡，是专利审查过程中需要处理好的基本矛盾。[2] 听证原则来源于英国普通法上的"自然公正原则"。"自然公正原则"在程序事项上有两项基本要求，一是任何人不得作为自己案件的法官；二是在对任何人作出不利决定之前，应当给他一个被公正地听取意见的机会。[3] 该原则经过美国法的继承和发

---

❶ 刘慧敏. 专利审查听证原则研究 [D]. 北京：中国政法大学，2012.

❷ 张景. 浅议专利审查程序中听证与效率的平衡 [J]. 知识产权，2012 (9)：57–60.

❸ 王名扬. 英国行政法 [M]. 北京：中国政法大学出版社，1987：152.

扬光大，成就了美国宪法上的"正当程序原则"。专利审查听证原则要求，告知拟作出驳回决定的事实、理由和证据，给予申请人至少一次陈述意见或修改专利申请文件的机会，以保护申请人的利益，维护法律上的公平公正。听证原则在专利审查实践中得到了绝大多数审查员的良好遵守。有统计数据显示，中国自1999年至2014年的15年间共有166件驳回决定在复审阶段因为违反听证原则被撤销，约占整体撤销驳回案件比例的1%。❶ 根据听证原则的要求，如果申请人根据第一次审查意见通知书，对申请文件进行了并非仅改正了错别字或者更换了表述方式的实质性修改，则审查员不能直接作出驳回决定，至少还应该发出一次审查意见通知书，给予申请人再一次陈述意见的机会。

效率是法律的基本价值之一。效率意味着从一个给定的投入量中获得最大的产出，也就是说，以尽可能少的资源消耗取得同样多的效果，或者以同样多的资源消耗取得更大的效果。❷ 对于行政程序法而言，程序节约原则是法律效率价值的具体体现。根据程序节约原则，在对发明专利申请进行实质审查时，审查员应当尽可能地缩短审查过程，设法尽早结案。这就要求审查员在发出第一次审查意见通知书时，将申请中不符合专利法和专利法实施细则的所有问题一次性全部告知申请人，并要求其在指定期限内一次性全部答复，尽量减少信息交流的次数，以节约审查程序。但是不能以程序节约原则和提高审查效率为借口剥夺申请人享有的听证权利。听证原则和效率原则的矛盾集中体现在申请人在修改专利申请文件情况下的专利审查问题。如果允许申请人对申请文件进行无限次的修改，势必导致审查程序不断被延宕，极大地降低审查效率。在专利申请体量巨大且审查人员数量有限的现实条件下，适当限制申请人的修改权也就成为不二选择。根据

---

❶ 张毅. 专利审查中的听证原则 [J]. 科技与法律，2015（4）：758 – 774.

❷ 张文显. 法理学 [M]. 北京：高等教育出版社，2003：419.

欧洲专利局和美国专利商标局的普遍做法，申请人对申请文件的
修改一般以一次为限，除非审查员认为确有必要给予其进一步修
改的机会。根据美国《专利审查程序手册》的规定，除非审查
员引入了新的驳回理由，并且该理由既不是申请人对权利要求的
修改所需要的，也不是基于在美国专利法细则中陈述的时期期间
在信息公开声明中提交的信息，审查员所作出的第二次或任何随
后的行为可以是最终的。❶ 当然，作出最终驳回决定的时点还需
要审查员根据个案灵活加以决定。在实际的专利审查中，在兼顾
"实体听证"和"程序节约"两个原则的条件下，应允许审查员
科学、合理地拥有对听证选择的自由裁量空间，实现依法行政的
理想目标。❷ 申请人修改权利要求或者补充提交实验数据，对于
申请充分公开的判断会发生重要影响，审查员更应当重视听证原
则在充分公开判断上的重要价值。当然，申请人对权利要求的修
改或者实验数据的补交必须符合专利法的规定才可以纳入考虑的
范围。

二、充分公开的授权审查程序

专利充分公开的审查，遵循对发明专利申请进行实质审查的
一般规则。专利申请应当首先被推定为符合充分公开的要求，专
利审查员如果欲作出驳回决定，应当完成表面证据案件所要求的
举证责任。在专利充分公开的审查过程中，应当注意申请人所享
有的程序权利与社会公共利益保护之间的平衡。

（一）一般程序步骤

一项专利申请被提交到专利行政机关进行可专利性审查的时
候，推定申请材料是符合专利法关于专利授权条件之要求的。该

---

❶ 刘慧敏. 专利审查听证原则研究 [D]. 北京：中国政法大学，2012.
❷ 杨晓佳. 论自由裁量权在专利审查中的应用 [J]. 中国发明与专利，2008
(8)：46－48.

推定是专利申请人所享有的一项重要程序权利。这也就意味着，如果专利行政机关要驳回一项专利申请，必须阐述其不符合专利授权条件的具体理由，必要时还得承担相应的举证责任，不允许专利行政机关在没有任何理由和证据支持的情况下驳回申请人的授权申请。专利申请人所享有的这项程序权利，来源于任何人都可以就其发明创造申请专利保护的自然权利思想，还可以发挥促进专利行政机关依法行政的法治价值。对专利充分公开的审查也是一样，首先应当推定申请材料满足充分公开的要求。当然，这种推定只是申请人享有的一项程序性权利，仅仅具有极其有限的效力。专利行政机关应当对申请材料是否满足专利法对于充分公开的要求进行细致的审查。如果专利行政机关认为专利申请不满足充分公开的要求，应当发出审查意见通知书，具体说明不符合充分公开的理由，并要求申请人进行答复或对申请材料进行修改。申请人收到审查意见通知书之后，应当有针对性地进行答复，阐明专利申请满足充分公开要求的具体理由，必要的时候应当提供相应的证据。当然，专利申请人也可以对申请材料进行修改，但是修改不能违反专利法对于申请文件修改限制的一般性规定。在申请人答复意见或修改申请材料的基础上，专利行政机关需要再一次进行专利申请是否满足充分公开的审查，而且还有可能发出第二次、第三次，甚至多次的进一步审查意见，与申请人进行多轮的往复意见交流，直至专利行政机关作出最终的审查决定。当然，在充分公开审查的过程中，应当处理好听证原则和效率原则的关系，在保障申请人陈述意见权利的基础上，尽早作出最终的审查决定，不能久拖不决。一般情况下，如果专利申请人未修改权利要求，只需进行一轮的意见交流，如果申请人修改了权利要求，则应当进行二轮的意见交流。权利要求修改一般以一次为限。在充分听取申请人意见的基础上，专利行政机关应当尽早作出审查决定。如果决定以不满足充分公开要求驳回申请，专利行政机关应当在驳回决定中说明具体事由，并且驳回决定应当满足表面证据案件的要求。

（二）表面证据规则

在专利充分公开的审查过程中，专利行政机关如欲作出驳回决定，必须符合表面证据规则的要求。"表面证据"（prima facie）一词来源于希腊语中的"illigihle words"，就其字面意思而言，是"乍看起来"（on/at first viewing）的意思。❶ "表面证据"在普通法系法院审判实践中，也常常被称为"表面上可以成立的案件"或者"表面上证据确凿的案件"（a prima facie case），简称"表面证据案件"。一般认为，表面证据具有两层含义：一层含义是指，原告已经完成了提供证据的举证证明责任，使得案件在表面上可以成立，他因此有权要求陪审团裁决他是否已经完成了他的说服义务；另一层含义是指，如果原告的举证符合了表面证据案件的要求，那么在没有其他证据能够与原告提供的证据相抵触的情况下，陪审团必须作出对原告有利的裁决。❷ 在专利审查过程中，表面证据规则广泛地应用于对各领域专利申请的审查。在审查过程的每一个步骤中，它分配应当由谁承担举证责任。❸ 美国专利商标局《专利审查程序手册》规定，表面证据是指在申请文本内容的基础上，根据审查员的直观印象并结合其个人的知识经验，在不进行进一步调查的情况下，对审查意见的存在性、有效性和可信性等作出的满足表面证据要求的初步判断。其已经具备了足以支持所作结论的最低限度的证据，而且不存在明显的缺陷，从而可以将举证责任转移给申请人，由申请人

❶ PRING J T. The Oxford dictionary of modern Greek（Greek – English）[M]. Oxford University Press，1982：247.

❷ 张华薇. 论"表面证据"：兼评我国诉讼证据制度的改革 [D]. 北京：对外经济贸易大学，2002.

❸ In re Rinehart，531F. 2d 1048，189 USPQ 143（CCPA 1976）.

提出反证。❶ 也就是说，根据表面证据的要求，由审查员来建立表面证据，以完成对请求保护的发明不具有可专利性的推定。然后再由申请人一方提出反证，如反证被审查员接受，则表面证据不成立，请求保护的发明具有可专利性；如反证不被接受，则表面证据成立，该申请被驳回或需进行其他修改。❷

　　Hyatt v. Dudas 一案❸，是美国联邦巡回上诉法院所审理的有关专利审查过程中表面证据规则的经典案例。原告 Gilbert P. Hyatt 自 20 世纪 70 年代起向美国专利商标局提出了多件专利申请，其中有 5 件形成了该案诉讼。涉案的 5 件专利拥有相同的说明书，它们均就由多种构造电子部件组成的某种设备主张专利权。在审查过程中，Hyatt 撤回了原先提交的权利要求，并依据原说明书提交了超过 1100 条新的权利要求。在审查过程中，专利审查员以申请不符合美国专利法第 112 条有关充分公开之书面描述要件的相关规定为由，驳回了其中部分权利要求，称 Hyatt 在说明书中描述各独立部件时，未能明确指出在说明书的哪个位置可以找到其所主张权利的设备的特殊结构或组合。专利审查员依据并遵照《专利审查程序手册》第 2163.04 节（I）（B）❹ 的规定，即美国专利商标局表面上不具专利性案例标准作出了驳回决定。在正式驳回通知书中，审查员就数条具有代表性的权利要求进行了详细分析，并据此得出其他相关权利要求也存在相同缺

---

❶　USPTO. Manual of Patent Examining Procedure, Rev. 9, March 2014, p. 2100 - 153.

❷　刘章鹏. 表面证据在中国专利审查中的运用 [D]. 北京：中国政法大学，2010.

❸　Hyatt v. Dudas, 492 F. 3d 1365, 1370, 83 USPQ2d 1373, 1376 (Fed. Cir. 2007).

❹　审查员应当"通过说明下列原因建立一个表面证据案件，即为什么本领域普通技术人员基于申请人的在先申请当时的披露，不认为申请人已经占有了其所主张的发明"。USPTO. Manual of Patent Examining Procedure, Rev. 9, March 2014, p. 2100 - 258.

陷。Hyatt 未就驳回通知书中的实质性意见进行回应，如解释在说明书的哪个地方可以找到其所列举的组合部件，而是向美国专利商标局表面上不具专利性案件规则的正当性提出质疑和挑战。结果审查员最终驳回了申请。此后，Hyatt 向专利申诉和抵触委员会（BPAI）提起上诉。专利申诉和抵触委员会以审查员已经确认了表面上不具专利性的情形为由支持了审查员的驳回决定。Hyatt 随即向联邦地区法院提起诉讼。联邦地区法院以美国专利商标局就有关缺乏书面描述的表面上不具专利性案件的解释并不充分为由，将该申请发回美国专利商标局重新审查。尽管联邦地区法院在判决中并未明确美国专利商标局的表面证据规则不合法，但是该判决却暗示美国专利商标局审查员依循专利审查指南确认表面上不具专利性的情形，以及要求申请人增补信息从而增加其负担的做法，从法律角度而言并不恰当。❶ 美国专利商标局向美国联邦巡回上诉法院提起上诉。美国联邦巡回上诉法院推翻了地区法院的判决，确认美国专利商标局专利审查中表面证据规则的合法性。在有关专利充分公开的审查中，专利行政机关必须满足表面证据案件的要求，即由专利行政机关提出不满足充分公开要求的初步证据，然后才能将举证责任转移至申请人。专利审查机关不能在不说明具体理由的情况下，径直以不满足充分公开要求为由作出驳回决定。

三、充分公开的无效宣告程序

我国《专利法》关于充分公开的要求规定在该法第三章"专利的申请"中，表面上看上去只是在专利审查阶段由审查员适用的规定，但该条款同时也是请求宣告专利权无效的法定事

---

❶　谢静. 美国专利法判例选析：《专利审查程序手册》规定及表面上不具专利性案件的合法性［J］. 中国发明与专利，2009（12）：81 – 84.

由。❶ 我国《专利法实施细则》第 65 条明确了充分公开在专利权无效宣告中的法律地位。在因为不满足专利法关于充分公开要求的无效宣告中，应当采取职权主义查明案件事实，同时应当注意充分公开要件的不同构成要素在无效宣告中的不同法律地位。

（一）充分公开的事实查明模式

与专利审查程序仅有申请人和专利行政机关双方参与不同，专利无效宣告程序由申请人、被申请人和专利行政机关三方参与，专利无效宣告程序具有准诉讼程序的鲜明特点。在专利无效宣告程序中，申请人和被申请人被模拟为诉讼的两造，专利行政机关居中裁判。由于申请人和被申请人具有平等的法律地位，所以无效宣告程序与民事诉讼程序更为近似。专利无效宣告程序与任何一种诉讼程序一样，最要紧的是对案件事实的查明。古罗马法谚有云："法官只知法，事实需证明。"❷ 对于民事诉讼而言，法庭查明事实的模式可以概括为职权主义和当事人主义两种基本模式。职权主义模式下，法庭对诉讼经营发挥主导作用；当事人主义模式下，则由当事人对诉讼经营发挥主导作用。❸ 职权主义，亦称职权探知主义，是指法庭不受当事人主张的事实和提供的证据之范围的约束，以其职权主动收集和调取证据。当事人主义，亦称辩论主义，是指主张事实和提供证据是当事人的权能和责任，法庭不得作出异于当事人诉讼上自认的判断。❹ 也就是说，在职权主义模式下，法庭不受当事人诉权处分原则的限制，而在当事人模式下，法庭严格受制于当事人诉权处分原则。一般认为，当事人主义适用于民事私益案件，而职权主义更适用于包

---

❶ 魏徽. "充分公开"在专利无效宣告程序中的理解和使用 [J]. 中国专利与商标，2005（3）：39-44.

❷ 黄风. 罗马法词典 [M]. 北京：法律出版社，2002：137.

❸ 张卫平. 民事诉讼：关键词展开 [M]. 北京：中国人民大学出版社，2005：35.

❹ 江伟，邵明. 民事证据法学 [M]. 北京：中国人民大学出版社，2011：154-161.

含公共利益的案件。判断公共利益的标准在于其基本性和公共性，也就是说案件涉及国家、社会共同体及其成员的生存和发展的基本利益。❶ 就专利无效宣告程序的本质而言，乃是专利审查程序的继续，其目的在于不当授权的矫正，而非当事人之间私益纠纷的解决，"定纷止争"不是专利无效宣告程序的主要价值取向。❷ 一旦涉案专利被宣告无效，不但可以维护无效宣告申请人的私人利益，更重要的在于可以有效维护曾被专利权人侵占的社会公共利益。在社会公共利益代表缺位的情况下，无效宣告申请人在无效宣告程序中还发挥着维护社会公共利益的客观价值。所以，专利无效宣告具有公益诉讼的基本属性。故，在专利无效宣告程序中，应当主要采取职权主义查明案件事实。这一点也可以从现行专利法律中找到根据。我国《专利法实施细则》第72条第2款规定："专利复审委员会作出决定之前，无效宣告请求人撤回其请求或者其无效宣告请求被视为撤回的，无效宣告请求审查程序终止。但是，专利复审委员会认为根据已进行的审查工作能够作出宣告专利权无效或者部分无效的决定的，不终止审查程序。"专利复审委员会在申请人撤回无效宣告请求的情况下，可以不终止审查程序的规定，即体现了浓厚的职权主义特色。在基于专利公开不充分而提起的无效宣告程序中，应当由申请人举证证明专利说明书公开不充分，而不是由专利权人证明其说明书已经对发明创造进行了充分公开。在专利侵权诉讼中，如果被控侵权人欲以专利公开不充分为由进行抗辩，同样应当由被控侵权人承担相应的举证责任。美国联邦巡回上诉法院在一则判决中曾就此论述道："挑战专利效力者，应当通过清晰和具有说服力的证

---

❶ 陈新民. 德国公法学基础理论［M］. 济南：山东人民出版社，2001：181－214.

❷ 张鹏. 专利无效宣告程序基本模式与阶段证明责任论：职权探知主义下的主观证明责任与客观证明责任分离［G］//国家知识产权局条法司. 专利法研究2011. 北京：知识产权出版社，2013.

据证明，专利说明书中设想的实施例和说明书中的所有其他部分都不具有可实施性。"❶ 这是因为专利权是经由国家专利行政机关审查后授予的，具有推定适法的法律效力，欲挑战国家授权行为法律效力者，应当就其主张的事实承担举证责任。同时，这也是为了保障专利权人之专利权的正常行使，防止其他人滥用诉权。

（二）不同要素的不同法律地位

专利充分公开制度由能够实现、书面描述以及最佳实施方式三个方面的要素共同构成。这三项要素在专利无效宣告中的法律地位不尽相同。能够实现在专利充分公开的判断中居于核心地位。如果本领域普通技术人员根据说明书的记载，必须经过创造性劳动或者进行过度实验，才能实现权利要求中的技术方案，则可以判定说明书的公开不符合能够实现的要求。是否需要过度实验往往成为能够实现要件判断中的关键问题。"在一个给定的案件中，判断何谓过度实验，需要采用理性标准，考虑发明的本质和现有技术水平。这一测试并非仅仅是量上的判断，如果实验仅仅是惯常的，或诉争的说明书对于实验进行的方向提供了合理的指导意见，则相当数量的实验都是许可的。"❷ 也就是说，过度实验的判断与其说是一种量的判断，毋宁说是一种质的判断。如果说明书对于发明创造的公开不满足能够实现的要求，就可以直接断定说明书公开不充分，从而宣告专利权无效。说明书不符合能够实现要件之要求的缺陷，无法通过修改说明书或权利要求书得到克服，对于专利来讲是一种致命的缺陷。

书面描述要件是在能够实现要件的基础之上对说明书的一个更高层次的要求。书面描述要件在我国《专利法》上体现为

---

❶ Atlas Powder Co. v. E. I. Du Pont de Nemours & Co. , 750 F. 2d 1569, 1577, 224 U. S. P. Q. 409（Fed. Cir. 1984）.

❷ In re Wands, 858 F. 2d 731, 737（1988）.

"权利要求书应当以说明书为依据"，也就是权利要求书应当得到说明书的支持。在专利审查实践中，权利要求书无法得到说明书的支持往往表现为权利要求对说明书中所揭示发明创造的过度概括。权利要求书对说明书中披露的发明创造进行适当概括，以使专利权更有价值，是一种惯常的做法。正如我国《专利审查指南2010》所指出的，如果本领域技术人员可以合理预测说明书给出的实施方式的所有等同替代方式或明显变形方式都具备相同的性能或用途，就应当允许申请人将权利要求的保护范围概括至覆盖其所有的等同替代或明显变形的方式。当然，权利要求书对说明书的内容进行概括也是存在客观限度的，那就是权利要求书的概括程度不得超出说明书公开的范围。正如《专利审查指南2010》第二部分第二章第 3.2.1 节所指出的那样："如果权利要求的概括包含申请人推测的内容，而其效果又难于预先确定和评价，应当认定这种概括超出了说明书公开的范围。如果权利要求的概括使所属技术领域的技术人员有理由怀疑该上位概括或并列概括所包含的一种或多种下位概念或选择方式不能解决发明或者实用新型所要解决的技术问题，并达到相同的技术效果，则应当认为该权利要求没有得到说明书的支持。"如果权利要求超出了说明书公开的范围，在无效宣告程序中应当允许专利权人对其权利要求的范围进行限制性修改，以使权利要求与说明书公开的发明创造的范围相一致。当然，如果专利权人拒绝修改，则应当以不满足书面描述要件或者说是权利要求得不到说明书支持为由，宣告该权利要求无效。

我国《专利法》没有披露最佳实施方式的明确要求。《专利法实施细则》第 17 条要求专利申请人在说明书中披露发明或者实用新型的"优选方式"，但是它并没有定义何谓优选方式，也没有明确要求申请人必须将其所知道的最佳的实施方式作为"优选方式"加以公布。❶ 所以，在专利权无效宣告程序中，说明书缺乏对最佳实施方式或优选方式的披露，不得作为宣告专利权无效的事由。2011 年美国发明法案对于美国专利法关于最佳实施方式的要求进行了修改，同样不再将其作为宣告专利权无效的事由。在最佳实施方式不作为专利无效事由的立法模式下，借鉴日本专利法的规定，允许他人就最佳实施方式申请数值发明专利，乃是调和最佳实施方式规定的僵硬性与专利充分公开要求之矛盾的可行出路之一。

第二节　专利充分公开的诉讼查明

说明书是否充分公开了发明创造，既是一个法律问题，也是一个事实问题，呈现出法律问题与事实问题相交织的复杂状态。法官知悉法律，而事实需要查明。在涉及专利效力的行政诉讼中，说明书是否充分公开了发明创造，首先需要从技术事实上进行查明。在诉讼过程中，专利技术事实查明具有多种方式，其中技术调查官制度是较为适应我国诉讼体制的模式。技术调查官制度在查明专利充分公开问题上具有独特的价值。

一、专利技术查明的主要路径

案件技术事实的查明是司法实践中的一个难题。❷ 知识产权技术案件中技术事实的查明往往成为案件审理中的焦点和难点问题。❸ 专利案件因为具有较强的技术性，不易为法律法官所把握，遂成为技术查明机制运用的典型场所。根据我国现行诉讼法

---

❶ 崔国斌. 专利法：原理与案例 [M]. 北京：北京大学出版社，2012：309.

❷ 杨海云，徐波. 构建中国特色的技术性事实查明机制：走"技术调查官制度为主、技术法官制度为辅"的机制之路 [J]. 中国司法鉴定，2015（6）：7–13.

❸ 张玲玲. 我国知识产权诉讼中多元化技术事实查明机制的构建：以北京知识产权法院司法实践为切入点 [J]. 知识产权，2016（12）：32–37，57.

律制度之规定，结合国外立法例，诉讼过程中的技术查明路径大体可以划分为技术鉴定模式、专家证人模式、技术法官模式和技术辅助官模式四种路径。

（一）技术鉴定模式

技术鉴定模式，是指法院委托专业鉴定机构对涉案技术问题进行专门检验、鉴别和判断，并提出鉴定意见的活动。技术鉴定模式是我国司法机关处理技术问题时最经常使用的查明方式。鉴定意见是我国《民事诉讼法》和《行政诉讼法》所规定的法定证据种类之一。《民事诉讼法》第 76 条至第 79 条还对鉴定的启动、鉴定人的权利和义务、鉴定意见的查明等问题作出了具体的规定。技术鉴定在司法实践中，既可以由当事人协商一致委托鉴定机构进行，也可以由当事人申请法院委托鉴定机构进行。2000年司法部发布的《司法鉴定执业分类规定》首次将知识产权司法鉴定纳入其中，其第 16 条明确了知识产权司法鉴定的定义和范围，使得知识产权司法鉴定有了法律依据。委托技术鉴定为进行技术查明的外部控制方法，为大陆法系国家司法机关所普遍采用。❶ 随着我国司法鉴定社会中介组织的发展壮大，鉴定机构的能力越来越强，能够解决的问题越来越多，鉴定意见成为辅助法庭进行技术查明的不可或缺的路径之一。但是也应当看到，在技术查明问题上，技术鉴定模式仍然存在一定的不足之处：首先，法官审读鉴定报告往往存在技术上的障碍。鉴定报告的价值在于解决诉讼中的核心技术争议问题，往往对于审判结果发挥着决定性影响，因此法官对鉴定报告的判读即成为当事人颇为关心的重要问题。技术鉴定报告出自专业技术人员之手，常常具有高度的专业性与极大的复杂性，对于鉴定意见的判断和取舍，除了需要具备一般的生活经验和常识外，还需要鉴定事项所涉及专业领域

---

❶ 杨海云，徐波. 构建中国特色的技术性事实查明机制：走"技术调查官制度为主、技术法官制度为辅"的机制之路 [J]. 中国司法鉴定，2015（6）：7－13.

的基本概念和理论，才有可能就鉴定意见的合理性作出准确的判断。面对充斥着专业术语、统计数据和推导公式的鉴定报告，缺乏专业背景的法官往往一头雾水，这使得法官在审读鉴定报告时倾向于放弃实质审查，满足于对鉴定报告之结论的简单依赖。这就导致在证据的证明力上，法官过度依赖鉴定人的专业知识，将鉴定意见凌驾于其他证据之上。这种将鉴定结论奉为圭臬、过分依赖的心态使得有些法官将存在严重缺陷的鉴定意见作为认定案件事实的主要证据，有可能形成错案。❶ 其次，法官与鉴定人之间往往存在信息沟通上的障碍。由于法官欠缺专业技术知识，而鉴定人欠缺法律专业知识，专业壁垒导致法官与鉴定人之间的沟通障碍时有发生，致使二者的关系会陷于一种两难境地：一方面，如果法官完全依赖鉴定人的鉴定意见，可能形成鉴定人主导裁判的局面；另一方面，如果法官情绪性地彻底排斥鉴定人的意见，则可能恶化法官与鉴定人之间的关系。❷ 在鉴定意见的质证阶段，由于欠缺专业知识与经验，法官难以就鉴定事项作出有价值、有针对性的发问，有时可能还会曲解鉴定意见，从而无法高质有效地完成鉴定意见的质证。❸ 最后，自2005年开始，我国的司法鉴定改由社会中介机构运行，政府有关部门对鉴定活动管理措施不到位，未能形成有效的监督，致使鉴定活动不规范、结论不科学、弄虚作假等现象时有发生。❹

（二）专家证人模式

专家证人是指具备某方面专业知识、技能与经验，能够就证

❶ 柳德新，夏伟，冯书炜，等. 规范司法鉴定，提升审判质效：重庆市长寿区法院关于司法鉴定的调研报告 [N]. 人民法院报，2011-01-06 (8).

❷ 张丽卿. 精神鉴定的问题与挑战 [J]. 东海大学法学研究，2004 (20)：153-184.

❸ 蔡学恩. 技术调查官与鉴定专家的分殊与共存 [J]. 法律适用，2015 (5)：90-93.

❹ 江澜. 专家证据的司法控制与技术法官制度的可行性 [J]. 法律适用，2009 (5)：92-93.

据或争议事实提供技术专业意见的证人。我国《民事诉讼法》将其称为"具有专门知识的人"。专家证人模式是采取当事人对抗主义诉讼制度的普通法系国家普遍采用的技术查明方式。美国证据法理论将专家证人所提供的意见称为"专家证据"。《布莱克法律词典》将专家证据（expert testimony）定义为，"由熟悉相关问题或者受过相关领域内训练的人所提供的关于科学技术的、专业的或者其他特殊问题的证据。"❶ 根据英美法律的规定，证人只能够就其所直接知悉的事实进行陈述，一般不允许基于其所知悉的事实发表个人意见或推论性结论。❷ 专家证人则是意见证据规则的例外，允许专家证人以意见或推论的形式提出证言，因为专家证人具有陪审员所不具备的专门性知识和技能，其意见恰恰是法庭所需要的。诉讼中，双方都可以提供专家证人，充分保障当事人就技术问题发表己方意见的权利；同时，专家证人对技术问题提供意见并接受交叉询问，有利于法庭对技术问题形成全面清楚的认知。当然，专家证人制度也存在其明显的不足之处。由于专家证人往往代表一方当事人发表意见，具有明显的利益倾向性，客观中立性较差，加之技术问题特别是知识产权诉讼中技术问题的极度复杂性，专家证人对技术问题的意见有时并不能使法庭脱离技术盲区，反而使诉讼陷入无休止的"专家之战"。诉讼迟延、诉讼不经济、诉讼中专家证人的利益倾向性，都成为专家证人制度令人不满的表现。❸ 为解决当事人所聘请专家证人"一边倒"、不中立的"鉴定大战"，美国法积极吸收大陆法系技术鉴定制度中的合理因素，创立了"共同专家制度"，

---

❶　GARNER B A. Black's law dictionary（8th ed.）[M]. Thomson West，2004：595.

❷　华尔兹. 刑事证据大全 [M]. 何家弘，译. 北京：中国人民公安大学出版社，2004：426.

❸　梁平. 我国知识产权诉讼技术查明机制研究 [J]. 知识产权，2015（8）：36－40.

即法庭既可以根据自己的选择指定专家证人，也可以采纳经控辩双方同意的任何专家证人。人们给法庭指定的专家证人套上了公正中立的光环，虽然共同专家证人未必能做到完全的客观公正，但其趋势是他们越来越受欢迎。❶ 我国的专家证人制度在运行中也遇到了同样的问题。目前，在我国的知识产权诉讼中，除法庭指定的专家证人外，当事人聘请的专家证人所发表的专家意见都具有非常明显的利益倾向性。一些法院正在积极探索，力求在提高专家意见客观中立性方面有所突破。如江苏省高级人民法院探索由当事人聘请的专家证人与法庭指定的专家证人共同出庭，以查明机械、化学、植物新品种等领域技术类案件中的技术事实，并获得了初步的积极经验。❷

（三）技术法官模式

所谓技术法官，是相对于典型的法律法官而言的，指的是具有一定领域内技术知识背景，同时精通法律专业知识的法官。技术法官由于兼有"理工背景"和法律知识，属于典型的"复合型人才"，特别适合于从事知识产权技术案件的审判工作。技术法官制度肇始于德国和美国，并为其他国家所借鉴。在设立专利法院或知识产权法院的国家，在此类专门法院中技术法官都占有一定的比例。例如，专司专利案件审判的美国联邦巡回上诉法院，目前在职的 11 名法官中有 6 名具有理工技术背景，❸ 属于技术法官。德国现有技术法官 70 多名，他们必须取得相关领域理工科学位，并曾经从事专利审查员的工作，经由司法委员会决定、总统任命后，按照专利审查的技术领域被分派到不同案件中

---

❶ 华尔兹. 刑事证据大全 [M]. 何家弘，译. 北京：中国人民公安大学出版社，2004：450 - 451.

❷ 宋健. 专家证人制度在知识产权诉讼中的运用及其完善 [J]. 知识产权，2013 (4)：25 - 34.

❸ 杨海云，徐波. 构建中国特色的技术性事实查明机制：走"技术调查官制度为主、技术法官制度为辅"的机制之路 [J]. 中国司法鉴定，2015 (6)：7 - 13.

从事审判工作，其权利及义务与法律法官相同。技术法官制度是一种优越的技术查明模式，但该制度的不足之处也很明显。首先，适于担当技术法官的复合型人才严重短缺。法律知识和科学技术知识分属于明显不同的知识领域，兼通这两个方面的知识并且实践经验丰富的人才，在实践中是短缺的。北京知识产权法院是按照中央司法改革的精神和要求建立的专门法院，现有员额制法官44名，其中具有理工科背景的法官只有8名。❶ 相对于每年数以千计的知识产权技术案件，8名法官的审判力量显然是远远不够的。其次，技术法官能够涉猎的技术领域无法满足审判实践的需要。知识产权技术案件涉及科学技术的所有领域，不但任何一位法官都不可能精通所有的技术领域，而且由于法官数额在法律上的限制，全体技术法官所精通的技术领域之和也远远小于技术领域的整体宽度。美国联邦巡回上诉法院首席法官 Rader 曾说："一个熟悉所有技术领域的所谓技术型和专业型法官是不可能获得的。"俗话说，隔行如隔山。技术法官在审理非其所通晓技术领域的技术类案件时，并不比法律法官有多大的适应性。最后，技术法官的技术知识更新速度往往无法满足技术发展的客观需要。科学技术是不断发展变化的，任何人都需要密切地跟踪永无止境的前沿，才能使其知识储备与技术发展实践相一致。技术法官由于其角色所限，虽然在司法实践中法律知识和经验不断增长，但是技术知识常常难以追踪技术发展的步伐，从而使得其在审理前沿技术案件时同样显示出一定程度的力不从心。我国司法实践中的技术陪审员制度在一定程度上能够缓和技术法官模式的不足。专家陪审员通过人民陪审制度参与知识产权技术案件的审理，在选任范围上具有较大的开放性，能够有效吸纳各领域的不同技术人员参与，缓和技术法官知识领域宽度不足的困境。但

---

❶ 张玲玲. 我国知识产权诉讼中多元化技术事实查明机制的构建：以北京知识产权法院司法实践为切入点 [J]. 知识产权，2016（12）：32–37，57.

是，专家陪审员制度作为人民陪审制度的一部分，只能参与一审案件的审理，不能参与二审案件的审理；专家陪审员因专业背景、工作经历、道德品质等多方面因素的影响，作为合议庭成员参与案件评议时，往往主观上存在偏见，难以保证案件最终结果的公正性。❶

（四）技术辅助官模式

技术辅助官模式是通行于日本、韩国和我国台湾地区的一种技术查明机制。技术辅助官是法院内部常任的司法辅助人员，类似于法官助理，协助法官理解涉案的技术问题，并遵从法官的指示协助调查技术事项，作出口头说明或制作书面报告，但其意见不作为证据使用，仅供法官裁判案件时参考，亦无案件表决权。技术辅助官制度由日本知识产权高等法院于 2004 年初创，后为韩国和我国台湾地区所借鉴。日本的技术辅助官属于法院的在编人员，多数来自日本特许厅的专门审查员，个别出身于执业律师。目前，日本法院系统共有 21 名技术辅助官在职，韩国专利法院的技术咨询室有 17 名技术辅助官，我国台湾地区智慧财产法院有 9 名技术辅助官，他们一般分布在机械、电子、化工、医药等专业技术领域。技术辅助官的遴选一般要具备两个方面的条件：获得一定水平的工科学位；具有相应技术领域的工作经验。技术辅助官的工作职责：根据法官的要求就某一技术问题进行研究，并向法官提供咨询和建议；参与庭审诉讼程序，经法官许可向当事人进行询问，查明涉案技术问题；参与案件评议，就技术问题发表意见，但是不参与裁判结论的表决。技术辅助官所发表的意见仅为咨询意见，不作为证据使用，亦不向当事人公开，也不接受当事人质询，仅供法官在认定事实时作为促成心证的参

---

❶ 杜颖，李晨瑶. 技术调查官定位及其作用分析 [J]. 知识产权，2016（1）：57－62.

考。❶ 技术辅助官制度具有明显的优越性：技术辅助官作为法院的正式工作人员，其地位相对于由一方当事人聘请的专家证人等诉讼参与人而言更具超然性和立场的客观公正性，其专业意见对于法院而言，相对更具参考价值；技术辅助官并非合议庭成员，无权主动发起对案件技术事实的认定，其启动向当事人发问的程序需经法官的同意，能够避免技术专家对合议庭影响过大，甚至导致合议制名存实亡的问题。当然，技术辅助官制度在实践中同样存在一定程度上的不足之处，比如在职技术辅助官对应的专业领域过少，以及在专利行政案件的审理中可能存在的立场冲突等问题。技术辅助官制度虽然存在一些需要改进之处，但在总体上还是获得了知识产权业界的一致认可，对于我国技术查明机制的构建也很有借鉴意义。❷ 在某种意义上，我国的技术调查官制度正是脱胎于日韩的技术辅助官制度。

二、我国的技术调查官制度

司法诉讼中专业问题的查明制度，在我国诉讼制度中已经有了很长时间的发展历程，也形成了较为完善的工作机制。知识产权专门法院建立之后，针对知识产权诉讼中的技术查明问题，特别是专利案件的技术查明问题，从既有的专业问题查明制度中发展出了专利调查官制度。实践表明，知识产权专门法院的技术调查官制度较好地适应了我国国情，在知识产权技术问题查明上发挥了重要作用。

（一）技术调查官制度的创建

2006 年 9 月，最高人民法院发布《关于地方各级人民法院设立司法技术辅助工作机构的通知》（以下简称《通知》），要求

---

❶ 刘新平. 台湾知识产权审判制度对大陆的借鉴［M］// 马新岚. 海峡两岸司法实务热点问题研究（2011）（上册）. 北京：人民法院出版社，2012.

❷ 强刚华. 试论中国知识产权法院技术调查官制度的建构［J］. 电子知识产权，2014（10）：84 - 90.

地方各高级人民法院、中级人民法院以及有条件的基层人民法院设立独立建制的司法技术辅助工作机构，为审判工作和执行工作提供法庭科学技术保障。在人民法院内部设立司法技术辅助工作机构是最高人民法院根据中央关于司法体制和工作机制改革的部署以及《全国人大常委会关于司法鉴定管理问题的决定》精神，为改革和完善司法鉴定管理制度，调整和加强人民法院司法技术辅助工作，保障审判工作和执行工作的顺利进行而作出的一项重要的司法改革措施。❶ 根据《通知》的规定，人民法院司法技术辅助工作机构的主要任务是，为人民法院的审判工作和执行工作提供技术咨询、技术审核服务工作。2014 年 8 月，第十二届全国人大常委会第十次会议通过了《关于在北京、上海、广州设立知识产权法院的决定》，知识产权专门法院在我国正式设立。2014 年 12 月，最高人民法院发布《关于知识产权法院技术调查官参与诉讼活动若干问题的暂行规定》（以下简称《暂行规定》），技术调查官制度在我国大陆地区正式建立。知识产权法院审理有关专利、技术秘密、计算机软件、植物新品种、集成电路布图设计等专业技术性较强的民事和行政案件时，可以由技术调查官参与诉讼活动。根据《暂行规定》的规定，技术调查官围绕与案件有关的技术问题履行下列职责：（1）通过查阅诉讼文书和证据材料，明确技术事实的争议焦点；（2）对技术事实的调查范围、顺序、方法提出建议；（3）参与调查取证、勘验、保全，并对其方法、步骤等提出建议；（4）参与询问、听证、庭审活动；（5）提出技术审查意见，列席合议庭评议；（6）必要时，协助法官组织鉴定人、相关技术领域的专业人员提出鉴定意见、咨询意见；（7）完成法官指派的其他相关工作。

---

❶ 杨海云，徐波. 构建中国特色的技术性事实查明机制：走"技术调查官制度为主、技术法官制度为辅"的机制之路 [J]. 中国司法鉴定，2015（6）：7-13.

（二）技术调查官的性质

技术调查官作为司法诉讼技术查明模式的一种，在性质上与其他技术查明模式存在显著区别，这也决定了其运作机理上的特别之处。技术调查官的法律性质主要包括两个方面。首先，技术调查官属于司法工作人员。技术调查官从属于知识产权法院，由知识产权法院的技术调查室统一管理，属于人民法院内部的司法工作人员，以此明显区别于技术鉴定人、专家证人、技术咨询专家等外部技术力量。人民法院运用技术调查官查明案件技术事实，属于技术查明事项上的内源控制，而不是技术鉴定等外源控制，有利于加强人民法院对技术查明过程的把控力，自然有利于提升查明结果的可信性。正是由于技术调查官属于人民法院的司法工作人员，为法官所信赖，技术调查官才得以全程跟进诉讼进程，向当事人进行技术问题的询问，就技术问题向合议庭发表意见。由于技术调查官属于司法工作人员，所以在享有诉讼权利的同时，还承担着回避、在裁判文书中表明身份等义务。其次，技术调查官属于司法辅助人员。人民法院内部工作人员分为审判人员、司法辅助人员和司法行政人员。技术调查官属于司法辅助人员，与作为审判人员的法官分属于不同类别，处于不同的法律地位。技术调查官虽然可以参与庭审，经法官许可向当事人发问，列席案件的评议会，并就技术问题发表意见，但是技术调查官对案件裁判结果不具有表决权，技术调查官提出的技术审查意见也仅可以作为法官认定技术事实的参考，对法官并没有必然的约束力。所以，我国知识产权法院的技术调查官不同于德国的技术法官制度，也不同于作为人民陪审员的技术陪审员。我国的诉讼制度属于职权主义模式，法官在诉讼过程中居于主导者和指挥者的地位，不仅组织审判活动的展开，必要时还可以职权调查取证。所以，在职权主义模式下，法官有责任查明知识产权审判中的技术问题，相应地也就有权力动用司法辅助人员和社会力量。技术调查官的设置符合了我国司法诉讼职权主义模式下法院查明案件

事实的要求。❶

（三）技术调查官制度的实践

技术调查官制度在北京知识产权法院得到了先行先试。2015年10月22日，北京知识产权法院技术调查室正式成立。在技术调查室成立仪式上，北京知识产权法院为首批 37 名技术调查官颁发了任命书。首批技术调查官主要由来自国家机关、大专院校、科研机构、行业协会、企事业单位中的专业技术人员构成，涵盖了机械、光电、通信、材料、生化、医药、计算机等专业技术领域。北京知识产权法院的技术调查官分为在编式、聘用式、交流式和兼职式四种类型。受制于岗位编制限制，北京知识产权法院在编式的技术调查官只有 5 个名额。聘用式的技术调查官面向社会公开招聘人员，并与其签订劳动合同，是对在编式的必要补充。交流式的技术调查官，是指每年由国家知识产权局等机构派遣到北京知识产权法院进行任职交流的工作人员。兼职式的技术调查官，则采用一案一聘的形式，根据案件的需要不定期参与工作，没有案件时就仍在原单位工作。北京知识产权法院首批任命的 37 名技术调查官中，除 3 名是交流式的，其余 34 名全是兼职式，尚未产生在编式和聘用式的技术调查官。北京知识产权法院选聘技术调查官的条件是：首先，需要具备大学本科以上学历，同时要有相关技术领域的教育背景；其次，至少需要从事相关技术领域工作 5 年以上的时间，并达到中等技术水平。北京知识产权法院技术调查官协助法官查明技术问题的方式包括两种情形，一种情形是，对于相对简单的技术类案件，法官直接咨询技术调查官，无须技术调查官出庭参与诉讼；另一种情形是，对于比较复杂的技术类案件，法官向技术调查室提出申请，由技术调查室委任相应领域内的技术调查官全程参与案件的诉讼过程。据

---

❶ 杜颖，李晨瑶. 技术调查官定位及其作用分析 [J]. 知识产权，2016（1）：57－62.

统计，在北京知识产权法院技术调查室成立一周年的时候，共有25名技术调查官参与了250件案件的技术调查工作，包括参与出庭（包括保全和勘验）128件，进行普通技术咨询122件，技术调查官共出具技术审查意见110份。北京知识产权法院技术类案件审判质效得到明显提升，技术类案件结案率同比上升87%。❶ 2016年3月，上海知识产权法院聘任了首批11名技术调查官，其中9人为兼职，2人为常驻技术调查官。这是继2015年该院聘请科学技术咨询专家和选任专家陪审员后，在构建知识产权案件技术事实查明体系上迈出的关键一步。技术调查、技术咨询、技术鉴定、专家陪审，构成了上海知识产权法院"四位一体"的知识产权案件技术事实查明体系。❷

三、技术调查官在专利充分公开查明中的作用

技术调查官的作用在于协助法官理解、查清涉案的技术事实，而与技术有所关联的法律事实则应当主要由法官负责查明并作出判断。技术调查官与法官在技术案件事实问题的查明上，存在比较明确的分工，不可相互取代。专利充分公开的查明，既涉及技术事实，亦涉及法律事实，应当准确界分技术调查官和法官在专利充分公开事实事项上的查明责任。

（一）技术事实与法律事实的界分

在知识产权技术类案件中，存在技术事实和法律事实两类事实问题。所谓技术事实，是指与法律的价值判断无涉，纯粹以自然规律为依据进行判断的事实问题。比如特定的技术背景、技术

---

❶ 李万祥. 北京知产法院引入技术调查官，结案率提升87%［EB/OL］. (2016 – 10 – 25)［2017 – 04 – 03］. http：//www. ce. cn/xwzx/gnsz/gdxw/201610/25/t20161025_17137989. shtml.

❷ 陈伊萍. 上海知识产权法院首聘11名技术调查官，专责高新技术争议［EB/OL］. (2016 – 03 – 16)［2017 – 04 – 03］. http：//www. thepaper. cn/newsDetail_forward_1444810.

术语、技术原理、技术方案等就属于较为明确的技术事实的范畴。技术事实判断是知识产权技术类案件所涉及的法律事实、法律问题判断的基础。因为多数法官不具备所审理案件的技术知识背景，所以在技术问题的认识和理解上往往存在一定的困难。技术调查官的主要作用就在于帮助法官理解知识产权审判中遇到的技术难题，也就是说，技术调查官相当于法官的技术翻译，用法官能理解的语言来告诉他与案件相关的技术事实，用技术的方法为其提供技术审查意见，最终为法官裁判案件提供技术帮助。从技术事实所覆盖的横向范围来看，法官往往需要查明大量的技术事实问题，比如在专利侵权诉讼中，根据权利要求记载的全部技术特征，以专利法上的本领域普通技术人员为标准，判定被控侵权技术方案与权利要求是否相同，即是否落入专利权的保护范围。❶ 在所有这些技术事实问题的查明过程中，法官都可以要求技术调查官进行参与，从纯技术视角作出专业判断。❷ 对于此类具有较为纯粹的技术性质的事实，法官应当主要听取技术调查官的意见，尊重技术调查官形成的技术结论。

所谓法律事实，是指以法律的价值判断为基础，与技术判断呈现出一定结合度的事实问题。在知识产权技术类案件中，与纯粹的技术事实相并行的是法律事实，它们具有技术问题和法律问题相结合的特点，对案件裁判结论的形成常常具有直接的现实意义。例如，对于相关技术方案是否属于公知常识，技术特征是否等同，技术改进是否容易想到等，则属于技术与法律相互纠缠、难以界分的法律问题。对于与技术相互交织的法律事实的查明，技术调查官应当如何发挥其司法辅助作用，技术审查意见应当如何撰写或撰写到何种程度，才能有效避免技术审查意见异化为实

---

❶ 吴广强. 知识产权专家陪审之正当性与制度完善 [J]. 人民司法，2014（23）：80 – 83.

❷ 杜颖，李晨瑶. 技术调查官定位及其作用分析 [J]. 知识产权，2016（1）：57 – 62.

质上的判决书，❶ 已经成为技术调查官制度实施中的核心问题。其实，对于这类技术问题与法律问题相互交织的法律事实的查明，法官应当基于法律的视角，对于其中涉及的法律问题和技术问题进行更为精细化的区分，由法官和技术调查官在动态协同下共同进行查明，而不应当单纯依赖于法官或者技术调查官中的任何一方。在知识产权技术类案件中，由于法官难以理解复杂的技术问题，常常倾向于过度依赖技术调查官所形成的技术意见，对技术意见不加法律审查而直接据此作出判决，形成了技术意见异化为裁判，技术调查官异化为法官的错误倾向。社会公众对法官变相让渡司法裁判权的质疑一直存在。法律创建技术调查官制度的目的在于帮助法官提升涉知识产权技术类案件的审理水平，而不是为让法官远离技术问题或者是为法官回避技术问题提供替代途径。虽然大多数法官缺乏审理案件所必要的技术背景，但司法审判中的技术问题终将转化为法律问题，需要从法律上作出判断，而适用法律则是法官之所长。因此，法官不应简单地将技术调查官作出的事实认定直接转换为法律认定，从而在实质上放弃司法裁判权并将其让渡给技术调查官，长此以往必将致使技术调查官制度发生异化。❷ 为此，应当从制度层面上进行规范，细化法官和技术调查官各自的职责范围，确保其既能够相互配合，又不至于相互替代，最终回归到技术调查官作为司法辅助人的角色本位。

（二）专利充分公开事实的查明

专利说明书是否充分公开了申请专利保护的发明创造，既包含技术事实的成分，也包括法律事实的因素。应当根据专利充分公开不同层面的不同性质的要求，决定哪些事项应当由技术调查官查明，哪些事项应当由法官和技术调查官共同查明。专利充分公开由能够实现、书面描述和最佳实施方式三要件构成，应当具体分析三要件所涉及技术事实和法律事实的查明方法。根据前文分析，能够实现要件由三要素构成，分别是不得违背科学原理和公知常识，构成技术手段的各技术单元清晰、具体和可用，以及不需要进行过度实验。科学原理是一项纯技术事实，技术方案是否违背科学原理应当交由技术调查官从专业的视角进行查明并作出判断。公知常识主要是一项技术事实判断，同时也包含了一定程度的法律价值判断，应当在法官的指导下主要由技术调查官来查明技术方案是否违背公知常识。具体来说，就是技术调查官在判断一项技术是否为公知常识时，应当接受法官的指导和监督，而一旦公知常识得到确认，专利保护的技术方案是否违背了该公知常识，则应当交由技术调查官作出判断。技术手段是技术方案的构成要素，而技术手段又由一系列技术单元组成，只有构成技术手段的各技术单元清晰、具体和可用，技术手段才可能发挥效用，技术方案才能符合能够实现的要求。技术单元是否符合清晰、具体和可用的要求，是一项纯技术事实的判断，应当交由技术调查官基于其专业知识作出判断，法官原则上应当接受和尊重技术调查官所形成的调查结论。不需要进行过度实验，往往是能够实现要件判断的中心问题。能够实现要件"并不要求专业人员能够马上并且没有任何失误地实现所主张的技术效果；毋宁是，只要向专业人员指明该决定性的方向，据此他——不以申请的措辞为限——以所属技术领域的平均知识水平，能够成功地实施发明并能够发现最合适的技术解决方案，就足够了。如果专业人员就此仍必须进行试验，只要该尝试没有超过通常合理的范围，并且可以立即有效地获知如何达到该技术效果，这也同样符合要求"。❶ 因此，实验是否超过通常合理的范围，乃是判断是否构成过度实验的根本标准。虽然判断过度实验需要通过一些公认的常规性测试，比如实验的数量、现有技术的水平、技术所属领域的可预见性、权利要求范围的宽度等，但是最终需要通过法律上的价值衡量形成判断结论，诸事实因素和判断结论之间只具有相关性，而不具有严格的因果性，所以过度实验属于一项法律事实。既然过度实验是一项法律事实，就应当主要由法官根据过往的司法经验作出判断。当然法官在判断是否构成过度实验时需要依赖一系列的技术事实要素，而这些技术事实要素则应当主要由技术调查官负责查明。法官的主要工作就是将技术调查官所查明的诸多技术事实要素，根据法律的规定进行整合，揆诸专利法的价值取向作出最终的综合判断。

说明书是否满足书面描述的要求，主要是看权利要求对说明书中所披露实施方式和实施例的概括是否得当，也就是说是否存在过度概括的问题。"绝大多数权利要求从申请书记载的一个或多个发明实施例概括得来。欧洲专利局根据个案事实和相关的现有技术，具体决定可以允许的概括程度。所以，相比于已知领域的技术改进，开拓新领域的发明可以享受相对高程度的概括，取得相应更大的潜在垄断权。"❷ 也就是说，概括是否得当终究是一个个案决定的问题，并没有统一的规律可循。书面描述或者说权利要求应当获得说明书支持要件从根本上来讲取决于如下法律原则：由权利要求界定的专利保护范围，应当与说明书对现有技术的贡献一致，或者说是专利垄断权不应该超过发明创造所作出的技术贡献，也就是收益与贡献相一致的原则。收益与贡献是否一致，与其说是一项事实判断，毋宁说是一项价值判断。当然，

---

❶ 克拉瑟. 专利法：德国专利和实用新型法、欧洲和国家专利法 [M]. 单晓光，张韬略，于馨淼，等，译. 北京：知识产权出版社，2016：605.

❷ 哈康，帕根贝格. 简明欧洲专利法 [M]. 何怀文，刘国伟，译. 北京：商务印书馆，2015：135.

这并不是说是否满足书面描述要件的判断完全由法官作出。权利要求对实施方式和实施例的概括是否适当，常常微妙地落脚于实施方式中所使用的种概念事物，与权利要求中所使用的属概念事物中的其他种概念事物，在专利技术事项上的共性与差异程度。而不同种概念事物之间在特定事项上的共性与差异，则主要是一个技术事实问题，应当主要由技术调查官作出判断。有"基因魔剪"美誉的 CRISPR – Cas9（以下简称 CRISPR）基因编辑技术的专利权归属之争，是这方面的一个很好的例证。CRISPR 是在大多数细菌和古细菌中发现的一种天然免疫系统，它可用来对抗入侵的病毒及外源 DNA。2012 年 5 月，加州大学伯克利分校的詹妮弗·杜德娜发现 CRISPR 能在试管中精确切割 DNA。伯克利分校就 CRISPR 切割 DNA 技术，向美国和欧洲专利局分别递交了专利申请。虽然加州大学的科学家仅就 CRISPR 在细菌中的应用进行了试验，但是在提出专利申请时却将对 CRISPR 的专利权扩张至一切细菌、动物和植物细胞。2012 年 12 月，麻省理工学院（MIT）和哈佛大学博德研究所（Broad Institute）的科学家将这一方法第一次用在了真核细胞上——包括利用小鼠和人类细胞进行了试验，并就 CRISPR 在真核细胞或任何有细胞核的物种上申请了专利。也就是说，加州大学伯克利分校的专利权覆盖了博德研究所的专利权保护范围。博德研究所在美国专利商标局选择了加快审查程序，旋于 2014 年 4 月 15 日获得了关于 CRISPR 的第一个专利授权。伯克利分校就博德研究所的专利授权提出了异议，认为将 CRISPR 运用到老鼠和人类细胞上只需要常规技术，伯克利分校的专利申请构成了博德研究所专利申请的抵触申请。博德研究所不同意伯克利分校的意见，他们认为伯克利分校只是预测 CRISPR 会在人类细胞上有效，但是并没有指出如何将这一技术应用于老鼠或人体细胞等真核细胞，是博德研究所首先将 CRISPR 运用到人类细胞中去的。美国专利商标局专利审理与上诉委员会（PTAB）审理后认为，在博德研究所之前，没有人能够绝对确认 CRISPR 能用于真核细胞，博德研究所的发明并非简单扩展，他们据此裁定，博德研究所可以保留其专利。❶ 与美国专利商标局的态度截然不同的是，2017 年 3 月 23 日欧洲专利局宣布它将给加州大学伯克利分校授予一件保护范围宽泛的 CRISPR 基因编辑技术专利（专利号 EP13793997B1），这件专利的权利要求包括将 CRISPR 用于原核生物细胞、原核生物、真核生物细胞和真核生物中。❷ 2017 年 6 月 19 日，加州大学伯克利分校方面宣称，其已经接到中国国家知识产权局就 CRISPR 基因编辑技术授予专利权的通知。加州大学伯克利分校在中国获得专利权亦是一项覆盖范围宽广的专利，包括利用 CRISPR 基因编辑技术对脊椎动物如人类或其他哺乳动物细胞的修改。❸ 针对同样一件专利申请，美国与欧洲、中国专利局形成了截然相反的审查结论，充分说明书面描述要件的判断不仅有技术事实因素，更有法律事实因素发挥着重要影响。因此，解决书面描述要件同样需要法官和技术调查官的通力协作。

关于最佳实施方式的要求，在 2011 年美国发明法案不再将其作为宣告专利权无效的事由之后，最佳实施方式在专利充分公开判断中的地位大为降低。中国、日本和欧洲专利法更是从未将最佳实施方式作为专利充分公开的法定要求。因此，在专利充分公开的司法查明中，一般都不会涉及最佳实施方式的问题。为了平衡专利权人利益和社会公众利益，避免专利权人兼取专利和商业秘密的双重惠益，日本专利法明确规定允许他人在专利权人未

---

❶ 刘霞. "基因魔剪"专利之争，张峰团队赢了！[N]. 科技日报，2017 - 02 - 20（2）.

❷ 生物谷. 专利大战有望再起！加州大学伯克利分校等在欧洲获得 CRISPR/Cas9 专利权 [EB/OL].（2017 - 03 - 26）[2017 - 04 - 03]. http：//www.bioon.com/3g/id/6700763/.

❸ 王盈颖. "基因魔剪"专利之争：中国专利没授予张锋，给了他的对手 [EB/OL].（2017 - 06 - 21）[2017 - 07 - 21]. http：//www.thepaper.cn/newsDetail_forward_1714074.

能披露最佳实施方式时，就最佳实施方式申请数值发明专利。我国《专利法》也应当借鉴日本专利法的规定，以保障专利信息交流价值的充分实现。如果他人就基于最佳实施方式的数值发明申请专利，则会涉及数值发明与原专利说明书中优选方式的关系问题，特别是技术效果的差别性问题。这一问题同样既是一个技术事实问题，也是一个法律事实问题，需要技术调查官在帮助法官充分理解相应技术效果的基础上，由法官作出最终的判断。

通过对专利充分公开三要件之查明过程的分析可知，在专利充分公开判断方面，技术事实与法律事实判断交织在一起，需要法官与技术调查官协同工作，二者虽然存在职责的不同，但是不存在泾渭分明的工作领域。需要查明的技术事实派生于相应的法律事实，法律事实则派生于法律规范和法律的价值取向，法官知悉法律规范、谙熟法律的价值取向，故技术调查官所需要查明的技术事实的范围和内容应当由法官进行确定，在法官的指挥下参与技术事实调查。同时随着技术事实查明的展开，查明案件所需要的法律事实也逐步得以确定，并且有可能产生需要进一步查明的新的法律事实，由此又派生了新的技术事实查明任务，所以法官和技术调查官在技术事实和法律事实查明上的配合是一个动态的过程，不大可能事先将其分工做到泾渭分明。而且法官和技术调查官的协同是一种动态的协同，需要根据案件事实的查明进度，由法官确定技术事实与法律事实查明上的动态分工，技术调查官根据法官的要求进行技术查明工作，随时提供技术方面的意见和阶段性判断。也就是说，技术调查官应当做好法官的技术助手和技术翻译工作，真正体现技术调查官的司法辅助人员的基本定位。当然，法官也应当尊重审判规律和科学规律，在应当由技术调查官作出专业判断的地方，做到不错位、不越位，尊重技术调查官的地位和意见，充分发挥技术调查官在技术事实查明方面的重要价值。

第三节　专利充分公开的证据规则

专利充分公开的审查是一项具体行政行为。根据行政法治的原则，专利行政机关作出的审查决定应该建立在相应的证据基础之上。根据诉讼法的规定，证据的搜集、运用有着具体的制度规则。证据规则是指认定证据、调整和约束证明行为的规范的总称，是证据法的集中体现。从内容上来讲，证据规则包括了证据资格规则、举证责任规则和证明标准规则。专利行政机关的专利审查行为、司法机关的专利诉讼行为均需要遵循法律规定的证据规则进行。将诉讼法上的证据规则与专利充分公开的行政审查和司法审查相结合，厘清专利充分公开的证据规则，对于专利充分公开的判断具有重要意义。

一、证据资格规则

证据资格是指证据的可采信性，证据资格规则就是判断证据可采信性的标准。证据资格规则在专利法领域尤为重要，因为专利审查中的核心问题乃是证据问题，而证据问题主要是围绕着对其证据资格的认定来展开。[1] 专利审查中所运用到的证据，与普通民事诉讼、行政诉讼案件存在较为明显的不同，专利法应当构建更具开放性的证据体系，适度放开对于申请日后证据的运用。

（一）证据内容的特殊性

客观性、关联性与合法性是证据所应具有的基本品格。其中，客观性往往被认为是证据首先应当具备的基本条件。只有符合客观性的证据才进一步谈得上证据的关联性和合法性。证据的客观性包括两个方面的基本要求：首先，证据的形式必须具有客

---

[1]　王荣霞，刘品新. 浅析专利审查中对一般性证据规则的适用 [J]. 中国发明与专利，2013（12）：69-72.

观性，就是说证据必须是人们可以某种方式感知的东西。这就要求证据必须具有客观的外在表现形式，应当是看得见摸得着的东西，而不能是仅仅存在于人脑中的信息。❶ 其次，证据的内容也应该具有客观性。证据内容的客观性，主要指的是证据应当是在案件发生过程中形成的，是对案件发生过程的一种客观记录和反映。比如，就民事案件而言，"当事人之间民事权利义务关系的发生、变更和消灭均源于一定的法律事实，这些事实发生在诉讼前，法官无法直接感知，但法律事实发生时会形成并留下一定的材料或物品，会被别人所了解。无论是事实发生时留下的材料或物品，还是证人耳闻目睹的事实，都是客观存在。法院正是通过这些客观存在的证据，才能够切实地把握案件事实的真实情况，作出正确的裁判……因此，民事诉讼证据必须是客观存在的事实，客观性是它最本质的属性。"❷ 专利审查中的证据在客观性的表现形式上，与普通案件的诉讼证据有所不同。专利审查中的证据，在证据形式上仍然具有客观性，但是在证据内容上其客观性的来源存在较大不同。在专利申请和审查的过程中，证明和否证专利申请可专利性的证据，既有来源于发明创造过程中的，也有来源于发明创造过程之外的。用于证明专利申请充分公开的证据，除了发明创造过程中形成的实验数据之外，还依赖于发明创造完成之前已经存在的现有技术。用于证明现有技术的证据，往往是一些工具书、公开发表的科技论文或者已经公开的专利。这些证据并非来源于申请人所完成的发明创造过程之中，其内容上的客观性来源于其他人已经完成的发明创造或科学研究，而与申请人的发明创造过程无关。如果严格恪守证据来源于案件发生过程中的信条，用于专利审查的很多"证据"其实并不是诉讼法

---

❶ 何家弘，张卫平. 简明证据法学 [M]. 北京：中国人民大学出版社，2013：25.

❷ 江伟. 民事诉讼法 [M]. 北京：高等教育出版社、北京大学出版社，2004：130－131.

意义上的证据，而仅仅是一种用于证明特定技术方案可行性的科学技术资料。如果考虑到那些从未付诸实施的、设想型的发明创造也可以申请专利，于此情形，甚至可能它们都不曾有任何证据法意义上的所谓"证据"的存在。

（二）构建开放型的证据体系

在专利申请和审查的过程中，可以提交哪些类型的证据用于证明可专利性？对此，《专利法》《专利法实施细则》和《专利审查指南2010》均未作出正面规定。在专利审查实践中，专利行政机关所接受的证据形式主要是书证和物证，尤以书证为主，其他的证据形式很少涉及和采信。在书证和物证中，除了工具书、科技论文和在先专利以外，专利行政机关倾向于接受实验证据作为可专利性的证据，甚至在很多情况下要求申请人必须辅之以实验证据。由于工具书、科技论文和在先专利等书证只能用于证明现有技术，对于发明创造技术方案中的非现有技术部分，我国专利行政机关一般要求申请人只能通过实验证据加以证成，一般不接受证人证言等其他形式的证据。近年来，外国专利申请人及其代理人，就我国专利行政机关在专利充分公开的审查中对相关实验证据的要求愈发苛刻的倾向抱怨甚多，争辩说他们已经在国外获得授权的专利在中国专利局却常常被以公开不充分为由驳回。❶

专利法就其本质来讲，属于产业振兴法，而不是科学技术促进法。"若不从财产法或民法的角度，而改从贸易规制法或商法的角度看待知识产权法，则更为符合知识产权法的历史与现实。版权、专利及商标等制度的产生，源于商人的需要和推动。从其内容来看，版权、专利及商标等制度的共同规范目的在于限制竞争，规制商业贸易，确立商人对于某一贸易形式为独占经营的权

---

❶ 李越. 与充分公开有关的实验证据问题的探讨［G］//国家知识产权局条法司. 专利法研究2010. 北京：知识产权出版社，2011.

利，并以此激励投资与创新。"❶ 专利申请文件对于发明创造的披露程度只要满足能够在产业上制造或使用的要求即可，并不需要对发明创造过程进行严格的科学意义上的定性和定量分析。考虑到正常情况下，专利的价值最终由市场来决定，发明创造实施不能的风险最终由申请人承受，专利行政机关亦无必要对专利的可实施性审查过苛。所以，即使缺乏相应的实验数据，但是根据现有技术可以推知发明创造的实施是可能的，则也应当认定专利申请满足了充分公开的要求。"对化学产品的用途和/或效果的实验数据的要求不应当脱离现有技术生搬硬套具体的规定，而是应当在准确理解现有技术的整体状况、发明相对于现有技术所作的改进等因素的基础上，以所属技术领域技术人员的视角进行客观的判断，而不能仅仅局限于申请文件文字记载的内容。"❷ "如果相关发明属于在现有技术的基础上作出的改进型发明，并且所属领域技术人员根据现有技术的整体状况能够确定发明所要求保护的技术方案能够产生基本的效果，那么，除非有相反的证据表明其不能够实现其技术效果，否则不应认定这类发明必须依赖实验结果加以证实才能成立。"❸ 例如，在一起涉及一种芳胺聚合物的产品发明专利中，审查员以申请中没有记载任何有关该芳胺聚合物本身和由其制得的器件的光电性能数据从而导致其公开不充分为由驳回了申请，但在复审的过程中驳回决定被撤销。复审决定认为："鉴于实施例中的化合物都是本领域公知的电致发光材料，因此本领域技术人员基于公知常识即能够预期通过上述化合

❶ 黄海峰. 知识产权的话语与现实：版权、专利和商标史论 [M]. 武汉：华中科技大学出版社，2011：278.

❷ 王轶. 判断说明书公开充分过程中对相关数据的把握 [EB/OL]. (2015 – 11 – 26) [2017 – 04 – 30]. http://www.sipo – reexam. gov. cn/alzx/scjdpx/fswxjdpx/19870. htm.

❸ 韩世炜. 专利法第二十六条第三款审查中的举证责任分配 [EB/OL]. (2016 – 01 – 04) [2017 – 04 – 30]. http://www.sipo – reexam. gov. cn/alzx/scjdpx/fswxjdpx/19873. htm.

物制备的半导体聚合物同样具有光电性能，也能预期权利要求
19－20 的器件在磷光掺杂剂的作用下能够发出磷光。"若掌握相
关现有技术后，能够确认在没有实验数据的情况下也能判断出技
术方案能够解决最基本的技术问题，则此时实验数据就是非必
要的。❶

　　特别值得注意的是，对于像中医药等传统领域内的发明创
造，很多时候实验数据的获得具有极大的困难，甚至是不可能
的。"按照国际惯例，对于药品专利的保护一定要能讲出具体的
化学结构，然而中药复方成分的功效无法具体到哪个成分发挥了
哪个具体作用。由此，中药在现代国际医药科学界和医药竞争市
场上一直处于困顿地位。"❷ 也就是说，对于中医药来讲，在现
有技术条件下，用于定义西药的那些实验数据基本无法获得，其
根本原因在于我们简单地照搬了西药的那套与中医药格格不入的
理论体系来对中医药的可专利性作出评价。例如，2011 年 4 月
22 日专利复审委员会作出第 31837 号复审请求审查决定，维持了
专利局对一项名称为"癌萌芽检测液及制备工艺"发明专利申
请的驳回决定。驳回申请的基本理由是，"本申请书中没有对该
检测液产品的医药用途或药理作用提供具有说服力的实验数据。"
就专利复审委员会在复审通知书中提到的维持驳回决定的理由，
复审请求人陈述了如下意见："复审请求人经多年试验摸索，总
结出了检测癌萌芽的定性定量组方，解决了需要解决的问题，达
到了预期的效果，可以实施，像是中药秘方，虽能药到病除，发
明者没有条件或未必需要作药效药理试验，但不能以此否认其功
效"，要求提供相应的药理或药效试验数据，"为复审请求人设

---

❶　姜小薇. 浅议专利法第二十六条第三款审查过程中"实验数据"的非必要性
[EB/OL]. (2016－04－19) [2017－04－30]. http：//www. sipo－reexam. gov. cn/
alzx/scjdpx/fswxjdpx/19881. htm.
❷　张冬. 透视中国传统技术专利新发展的瓶颈问题：以中药专利为视角 [J].
知识产权，2009 (4)：78－82.

置了一个难以逾越的门槛，使得一些民间秘方或精髓在申请知识产权保护方面难以实现，即便是方法可行，效果再好，因为自己感觉没有必要，同时也没有条件去做所要求的实验检测，面对多面堵截的审查，只能是无奈地放弃，将技术创新的成果无偿地公诸社会，结果很伤积极性。"中国传统的中医药领域就属于典型的难以使用定量数据试验描述的技术领域。西药的疗效以定量的生理生化指标变化为衡量基础，其疗效数据完全可以由科学统计学方法予以支撑；而中医药的药理分析大都属于描述性的，且疗效判断本身多也属于定性描述，往往难以使用定量数据描述其客观疗效。[1] 中医药较于西药所存在的这种不同植根于东西方文化的差异，[2] 要求该领域内的发明创造必须提供试验数据，确实有强人所难之嫌，很可能会造成该领域内技术创新成果保护的不足，最终影响创新的步伐。

在专利充分公开的审查过程中，应当克服唯实验数据论的错误倾向。应当允许申请人提交民事诉讼法所规定的各种类型的证据用于证明其申请的可专利性，构建更具开放性的证据体系。欧洲专利局上诉委员会认为，《欧洲专利公约》并没有对可接纳证据进行明确的逐条列举，公约亦没有规定事实问题只能通过某些形式的证据来证明，所以任何类型的证据均被可接纳用以证明任何事实。欧洲专利局上诉委员会对公约中"取证"一词进行了宽泛的解释，认为其不仅指代陈词当事方、证人和专家口头证据，而且指代任何类型文件的作品、宣誓书以及以各种形式提供和获取的证据。经"公证人"认证的宣誓证明也构成可接纳的

---

[1] 刘菊芳. 医药专利审查中有关"公开"问题探析 [D]. 北京：中国政法大学, 2005.

[2] 王琦. 论中医学与东西方文化差异与认同 [J]. 中国医药学报, 2002 (1)：4-7.

证据，尽管其证明价值取决于具体案件情况。❶ 美国专利商标局明确规定，缺乏实验数据是可辩驳的授权障碍，申请人可以通过提交宣誓书或者证人证言的方式弥补实验数据的不足。考虑到实验数据的获得并非轻而易举，美国专利商标局要求审查员不要轻易提出对于实验数据的要求从而加重申请人的负担。在充分公开的判断上，美国专利商标局充分考虑申请人提供的各种类型的证据，从而相对弱化了实验证据的作用。❷ 在信息网络技术迅猛发展的今天，电子证据正日益成为专利证据的一种重要表现形式。在电子证据来源合法、内容真实和取得方式完整、客观，并且反对方不能提出有效证据证明的情况下，同样应当采信电子证据作为定案的依据。❸

（三）申请日后证据的运用

在专利审查实践中，针对专利行政机关所提出的公开不充分的问题，申请人可能希望通过补交实验数据的方式证明发明创造的可实施性。补充提交的实验证据的可采性，对申请人利益影响甚巨，往往会成为案件争议的焦点。我国国家知识产权局所发布的《审查指南1993》和《审查指南2001》均规定，在后补交的实施例仅供审查员审查申请的可专利性时作为参考。《审查指南2006》和《专利审查指南2010》在这一问题上的立场进一步收窄，明确规定在判断说明书公开是否充分时，申请日后补交的实施例和实验数据不予考虑，而只能基于原说明书和权利要求书作出判断。我国最高人民法院在一则涉及后补实验数据的可采性案件的判决书中评论道，申请日后补交的实验数据由于在原申请文

---

❶ 欧洲专利局上诉委员会. 欧洲专利局上诉委员会判例法 [M]. 北京同达信恒知识产权代理有限公司，译. 北京：知识产权出版社，2016：504.

❷ 李越. 与充分公开有关的实验证据问题的探讨 [G] //国家知识产权局条法司. 专利法研究 2010. 北京：知识产权出版社，2011.

❸ 胡向莉，周雷鸣. 专利案件中网络证据效力之判定 [J]. 中国发明与专利，2009（5）：67 - 70.

件中没有显示，社会公众无从获知，如果这些数据也不属于现有技术的范畴，则就不能用于作为判断专利申请之可专利性的依据，否则就会违背专利申请的先申请制原则，同时也会背离"以公开换取保护"的专利制度本质，损害社会公众利益。

查考其他国家专利法对于申请日后证据的规定，则往往相对缓和，对其可采信性留有余地。日本东京高等裁判所在一则判决中认为，如果申请人申请日后提交的实验数据，是对技术人员基于原始说明书记载的内容和申请时的技术常识可以预期得到的技术效果给予支持确认，则相关实验数据应被采用。❶ 该法院在另一则案件的判决中表达了同样的看法：对于是否应当考虑申请日后补交的用于证明发明效果的实验数据，应从平衡申请人和第三方利益的公平视角出发，对于原说明书没有记载的发明效果，如果其能从原说明书公开的内容中认识到或者可以推导得出，那补交的实验数据应当被接受并予以考虑。❷ 欧洲专利局认为，后提交的实施例或新效果虽然不允许加入到原申请中去，但是可以作为审查员判断申请可专利性的参考证据。对于在后提交的用于证明效果的实验证据，在该效果在原申请中有记载或者隐含或至少与原申请公开的效果有关时可被接受。❸ 在医药领域，考虑到将化合物正式认证为药物的特殊困难，欧洲专利局上诉委员会的做法是，为了使疗效应用的充分公开得到认可，并不总是需要在相关日期提供临床实验的结果，但是该专利或专利申请必须提供一些信息表明要求保护的化合物对疾病特别涉及的新陈代谢机制有直接效果。一旦从专利或专利申请可获得这些证据，就可以考虑

---

❶ 参见东京高等裁判所平成 15 年（行ケ）第 467 号判决书。

❷ 参见东京高等裁判所平成 21 年（行ケ）第 10238 号判决书。

❸ 参见《欧洲专利局审查指南》第 C 部分第 VI 章第 5.3.5 节关于"证据"部分的规定。

后出版的证据来支持专利申请的充分公开（T433/05）。❶ 德国法院认为："基于原始申请材料的可实施的发明的优点，可以在可专利性的判断上——据现行法主要是创造性活动——予以考虑，即便申请人最初并不知晓这些优点而且在申请的时间点没有加以公开。与此相反，如果这些优点赋予了遵循技术原理（借助技术原理实现了这些优点）的真正意义并确定了技术方案的内容和本质，法院的判决并不认可这些后来提出的优点。毫无疑问，一个增补优点的说明，只要没有改变或者补充已公开的操作说明，且遵循该操作说明就必然会实现该优点的，那么它并没有改变申请中已陈述的可实施发明的内容。"❷ 美国联邦巡回上诉法院认为，如果预料不到的技术效果可以从专利文件中公开的方法隐含得出，或者与公开产品的预期用途具有紧密的联系，在后提交的实验证据则应当被考虑。❸

综合美日欧专利行政机关的规定或法院案例可以看出，对于申请日后补交的实验证据的可采性的规定，国外的规定比我国稍显柔和。如果申请人在申请日后补交的实验数据只是对说明书中所描述技术信息的确认和支持，若不接受这些后补的实验数据，对申请人的利益将构成损害。❹ 专利审查本身的客观性、公正性要求决定了，在不导致权利冲突的情况下，应当采用申请日后证

❶ 欧洲专利局上诉委员会. 欧洲专利局上诉委员会判例法［M］. 北京同达信恒知识产权代理有限公司，译. 北京：知识产权出版社，2016：222.

❷ 克拉瑟. 专利法：德国专利和实用新型法、欧洲和国家专利法［M］. 单晓光，张韬略，于馨淼，等，译. 北京：知识产权出版社，2016：609.

❸ Weather Engineering Corp. of America v. United States，614 F. 2d 281（Fed. Cir. 1980）

❹ 徐方明，傅晓亮，吴静，等. 往者不可谏，来者犹可追？——在后提交实验数据能否用作专利性判断证据的讨论［G］//中华全国专利代理人协会. 提升知识产权服务能力，促进创新驱动发展战略：2014年中华全国专利代理人协会年会第五届知识产权论坛优秀论文集. 北京：知识产权出版社，2015.

据用于确定发明的可专利性。❶ 2017 年 2 月 28 日，国家知识产权局发布《关于修改〈专利审查指南〉的决定》，将指南"关于补交的实验数据"条目中相关内容修改为："判断说明书是否充分公开，以原说明书和权利要求书记载的内容为准。对于申请日之后补交的实验数据，审查员应当予以审查。补交实验数据所证明的技术效果应当是所属技术领域的技术人员能够从专利申请公开的内容中得到的。""通常，如果补充实验数据表明的效果在原申请文件中已经明确记载，或者本领域技术人员根据现有技术能够合理预期该补充实验数据所表明的效果在申请日时已经存在，则应认为原申请文件对该补充实验所证实的效果是具有相关指引作用的，在此情况下，补充提交的实验证据可以用来补强申请日时已经完成的发明的客观事实。"❷ 经此修改之后，补充提交的实验数据对于专利充分公开的证明作用正式得以确认，基本符合了美日欧等国和地区专利法通行的一般惯例。

二、举证责任规则

在专利审查的过程中，由于只有审查员和申请人两方，不同于诉讼程序中的三方结构，本无三方结构下所存在的举证责任分配的问题。但是考虑到专利审查行为的可诉性，在专利审查过程中专利行政机关就应当遵循专利行政诉讼三方结构中的举证责任规则，合理地配置专利审查员和专利申请人的举证责任。只有这样才能有效防范专利行政诉讼中的败诉风险。❸

---

❶ 周胜生，刘斌强，欧阳石文，等. 申请日后证据及其在专利审查中的应用探析 [J]. 电子知识产权，2011（4）：76 - 79.

❷ 李婉婷. 专利复审中对补充实验证据的考量 [N]. 中国知识产权报，2015 - 11 - 11（7）.

❸ 郑永锋. 民事诉讼证据制度在专利审查中的应用 [J]. 知识产权，2001（2）：30 - 33.

（一）抽象证明责任与具体证明责任的结合

抽象证明责任，是指对证明责任的预先分配，与具体的案件事实和诉讼活动无关，表现为一种抽象的法律规则。抽象证明责任是传统证据法研究的重点问题。抽象证明责任又区分为行为证明责任和结果证明责任。行为证明责任是从"提供证据"或者"行为意义"的立场来认知和规定证明责任的内涵，是指提出"有利于己方的实体要件事实"（以下简称"利己事实"）的当事人，对该事实有责任提供充足证据加以证明。行为证明责任的主要功能在于，通过行为证明责任的分配和承担，确定由何方当事人提供证据来证明事实。❶ 结果证明责任是指，在"利己要件事实不被法官采信"时，负有行为证明责任的一方需要承担不利的法律后果。结果意义上的举证责任承担的实质意义在于确定什么事实处于真伪不明时，谁应当承担相应不利后果。❷ 可见，结果证明责任是从"说服法官"或者"结果意义"的角度来认知和规定证明责任的内涵，是指在案件审理终结时，法律所许可的证据或证明手段已经穷尽，要件事实真伪不明的，法官不采信该事实，可能判决证明责任承担者败诉。❸ 抽象证明责任分配的一般原则是"谁主张谁证明"，从行为意义上也常称为"谁主张谁举证"。具体来讲就是，原告有义务就其提出的诉讼请求所依据的事实提供证据，被告则应当就其反驳原告诉讼请求所依据的事实提供证据。但是该规则也存在例外，那就是提出消极事实者不负举证责任。提出消极事实者不负举证责任的理由在于，消极事实是指未发生的事实，未发生的事实无法证明或不易证明；依据因果关系法则，积极的事实可能引发一定的结果，而消极的事实不可能引发任何逻辑结果，自然不能成为某种结果的原因。❹ 就专

---

❶ 江伟，邵明. 民事证据法学［M］. 北京：中国人民大学出版社，2015：151.

❷ 何家弘，张卫平. 简明证据法学［M］. 北京：中国人民大学出版社，2013：252.

❸ 江伟，邵明. 民事证据法学［M］. 北京：中国人民大学出版社，2015：152.

❹ 叶自强. 举证责任及其分配标准［M］. 北京：法律出版社，2003.

利充分公开的举证责任而言，对于主要争论焦点在于积极事实的情形，应当由审查员负举证责任；而主要争论焦点在于消极事实是否成立时，审查员应当提出理由，即阐明案件中所涉及的消极事实，然后由申请人为其提出的反对理由负担举证责任。❶

近年来，具体证明责任的研究悄然成为证据法的热点问题。这是因为传统的抽象证明责任理论，注重证明内容上的宏大叙事，却忽视了对具体证明活动中证明规律的探究，理论的实用性不是很强，理论与实践脱节现象较为明显。具体证明责任是指，在具体诉讼活动中，法官对于案件中的待证事实已经获得一定的事实信息并且形成了暂时的心证，确定此时应当由哪一方当事人提供证据加以证明。具体证明责任是推动案件事实发现活动的中继推进力，根据案件事实的查明进度而在诉讼过程中不断发生移转，往往呈现出在当事人之间交替轮流承担的现象。而且，具体举证责任与证明评价密切相关，但与客观证明责任分配无关。❷德国法学家汉斯·普维庭首倡具体证明责任的概念。他认为，具体证明责任关涉诉讼双方当事人的具体证明活动，而不局限于负"证明责任"一方当事人的单方证明责任。在自由心证主义证明模式下，由于审判员必须在充分考虑案件言辞辩论全旨趣的条件下作出判决，所以法官同样必须重视不负举证责任的一方当事人的主张和证据。为法官的自由心证提供支持，不再局限于负有举证责任的一方当事人，不负有举证责任的当事人同样必须承担相应的任务。在此仅取决于被证明的内容是什么，而不取决于应当由谁提供证据加以证明，即当事人双方都负有具体的证明责任。具体的证明责任会随着诉讼的进程在当事人之间不断发生转换，关键的问题在于这种具体的举证证明责任在满足何种条件时才会

---

❶ 张旭，朱莹，胡晓珊. 我国《专利法》第 26 条第 3 款审查中举证责任分配的探究 [J]. 科技与法律，2013（3）：54－56，74.

❷ 胡学军. 从"抽象证明责任"到"具体举证责任"：德、日民事证据法研究的实践转向及其对我国的启示 [J]. 法学家，2012（2）：159－175，180.

发生转换，即由一方当事人承担转移至另一方当事人承担。❶ 我国过去过度关注于抽象证明责任理论研究，致使司法实践中对具体举证责任及其分配的规范严重欠缺，导致事实查明活动呈现出较大的随意性，法官对事实认定的自由裁量权过大，严重影响了案件裁判质量，降低了裁判结果的可预期性，影响了裁判结论的公信力，亟须在理论上加强对诉讼中具体证明责任的研究并促进形成相应的基本规范。❷ 就专利充分公开的审查过程而言，不但要明确在审查员与申请人之间相对抽象的证明责任的配置，更要结合具体案件在专利审查的过程中动态地、有的放矢地分配证明责任，使得证明责任的匹配更为公平合理，审查结论更能经得起辩驳。美国《专利审查程序手册》即规定了专利审查过程中审查员和申请人举证责任转移的具体规则，而从未将举证责任固化在任何一方，较好地体现了具体举证证明责任的要求。欧洲专利局上诉委员会亦认为，各方均应就其指称的事实承担举证责任。如果一方就其指称的事实提供可信证据，则就另一方提出的相反指称而需承担的举证责任就转移至该另一方。举证责任可能随着证据的作用分量不断发生转移。❸ 我国《专利法》和《专利法实施细则》未就充分公开的证明责任分配问题作出规定，实践中出现了审查员将举证证明责任过度推诿于申请人的现象，加重了申请人的负担，有违公平原则。

（二）充分公开证明责任的分配

我国《专利法》和《专利法实施细则》对于专利审查过程中可能存在的举证责任分配问题没有作出任何规定。《专利审查

---

❶　普维庭. 现代证明责任问题［M］. 吴越，译. 北京：法律出版社，2006：16.

❷　胡学军. 从"抽象证明责任"到"具体举证责任"：德、日民事证据法研究的实践转向及其对我国的启示［J］. 法学家，2012（2）：159 - 175 + 180.

❸　欧洲专利局上诉委员会. 欧洲专利局上诉委员会判例法［M］. 北京同达信恒知识产权代理有限公司，译. 北京：知识产权出版社，2016：525.

指南 2010》有关专利充分公开审查过程中的举证问题仅仅作出了如下说明:"审查员如果有合理的理由质疑发明或者实用新型没有达到充分公开的要求,则应当要求申请人予以澄清。"这一规定虽然难谓对于举证责任的分配,但其关于申请人有解释专利申请说明书充分公开的义务的规定,却把充分公开的证明责任更多地推给了申请人。在专利审查实践中,审查员在对专利申请提出充分公开的质疑时,往往并不提供证据,而是将举证责任分配给申请人,因此实务界习惯上将《专利法》第 26 条第 3 款称为"无证据条款"。❶《专利审查指南 2010》虽然也要求审查员在质疑申请的充分公开性时提出"合理的理由",但是何为"合理的理由"并不清晰。为了公平合理地确定充分公开的说明义务,有必要就审查员与申请人的举证责任进行具体分析。

充分公开的证明责任同样也可以区分为抽象的证明责任和具体的证明责任两个方面。就抽象的证明责任而言,如果审查员对申请的充分公开性提出质疑,则首先应当承担相应的证明责任。这是因为,出于维护申请人权益和行政法治的考虑,专利申请首先被推定为满足专利法的要求。美国《专利审查程序手册》规定:"专利说明书被推定为满足(专利法的要求),除非(直到)专利审查员提供了充足的证据或理由足以推翻这种推定。"❷ 审查员承担证明责任的方式是,如果质疑公开充分的理由是公知常识,则进行充足的说理即可;如果质疑理由是公知常识之外的其他事由,则审查员还应当提供相应的证据予以证明。审查员的证明必须满足表面证据的要求,即其证明力已经大于说明书的证明力,在申请人不提供进一步证据的情况下,审查员的理由即足以推翻对申请充分公开性的推定。"审查员必须有合理的基础来质

❶ 张旭,朱莹,胡晓珊. 我国《专利法》第 26 条第 3 款审查中举证责任分配的探究 [J]. 科技与法律,2013(3):54-56+74.

❷ USPTO. Manual of Patent Examining Procedure, Rev. 9, March 2014, pp. 2100 -2258.

疑书面说明的充分性，审查员对此承担初始举证责任，他有义务提供一个证明力占优势的证据，来说明为什么本领域技术人员不认为发明创造已被说明书所充分公开。"❶ 在作出驳回决定时，审查员必须提出专利申请不满足充分公开要求的明确根据。这些根据包括：（1）确定涉案专利权利要求的边界；（2）构建起一个表面证据案件。❷ 这也就是说，审查员仅仅提出公开充分性的质疑是远远不够的，相应的根据或证据是不可或缺的。一旦审查员就专利申请的充分公开性提出质疑并且提出了足以构建起表面证据案件的根据，则申请人有义务就审查员的质疑作出回复，必要时还得提供相应的证据，此时证明专利充分公开的责任转移至申请人一方。如果申请人一方的说理或证据足以推翻审查员的质疑，则证明责任又回复到审查员一方。在审查员作出最终决定之前，证明责任的如此往复可能会发生多轮。出于效率原则和程序节约原则的考虑，审查员应当尽量一次性提出所有的质疑，尽快作出最终审查决定，而不应久审不决。

就充分公开审查过程中的具体证明责任而言，需要由审查员根据个案的具体情况进行公平合理的分配，基本不存在一般的规律性。对说明书充分公开的探究必须以个案为基础，这是一个事实问题。❸ 欧洲专利局上诉委员会认为，异议人通常负有确立披露的不充分性的举证责任。当专利没有给出一个发明特征如何付诸实践的任何信息时，认为发明被充分披露的推定是容易被推翻的。在这种案件中，异议人可能通过辩称公知常识无法使技术人员实施这个特征，就可以尽到举证责任。专利的所有人则负有证明相反主张的举证责任，即公知常识确实能使技术人员实施发明。如果发明似乎违反了普遍认可的物理定律和既定理论，披露

---

❶ In re Wertheim, 541 F. 2d 257, 262, 191 USPQ 97 (CCPA 1976).

❷ USPTO. Manual of Patent Examining Procedure, Rev. 9, March 2014, pp. 2100 – 2258.

❸ In re Wertheim, 541 F. 2d 257, 262, 191 USPQ 90, 96 (CCPA 1976).

应当足够详细能向精通主流科技的技术人员证明本发明确实可行，这是申请人的责任。新发明与之前认可的技术知识的矛盾越多，在申请中就需要的技术信息和解释越多以使仅具有常识的普通技术人员能够实施发明。❶ 日本学者在汇集日本法院所作出的有关专利充分公开的案例时，是根据发明创造所属技术领域来总结法院的裁判规则的，说明专利充分公开的具体证明问题是一个因不同技术领域而有不同的复杂事项。日本学者举例说："关于化学发明，很多案例认为如果没有对每个具体效果进行确认，则应认定说明书记载不足或发明未完成。若构成与效果之间的关系的可预测性较低，则对效果进行确认并记载在说明书中就非常重要。特别是医药用途发明的情况下，要求在说明书中记载药理数据或其同等内容以验证有用性的案例引人注目。"❷ 总之，有关专利充分公开的具体证明责任是复杂多样的，需要根据专利所属技术领域的不同，以个案为基础，在专利审查过程中动态地、具体地作出判断，是一个法律实施层面的问题。

三、证明标准规则

在充分公开的举证责任确立之后，随之而来的问题是负担证明责任的主体应当将待证事项证明到什么程度才算完成了证明要求，进而可以免于承担不利后果并将举证责任推给对方。也就是证明的标准或证明应当达到的高度。在证明标准的问题上，对于充分公开的证明应当采纳民事诉讼中的证据优势标准。

（一）证明标准的种类

证明标准是指在诉讼证明活动中，对于当事人之间争议的事实，法官根据证明的情况对该待证事实作出肯定或否定性评价的

❶ 欧洲专利局上诉委员会. 欧洲专利局上诉委员会判例法 [M]. 北京同达信恒知识产权代理有限公司，译. 北京：知识产权出版社，2016：233.
❷ 增井和夫，田村善之. 日本专利案例指南 [M]. 李扬，等，译. 北京：知识产权出版社，2016：100.

最低要求。❶ 简而言之，证明标准就是司法证明必须达到的程度和水平，是法官认定待证事实为真时所须达到的确定性程度。❷ 证明标准具有主观性和客观性相统一的特点。人的活动往往带有价值取向性，容易受到各种情感的干扰。当由人来认识和把握证明标准，并对证据的证明力进行评价与判断时，难免会掺入各种主观因素。当然，"证明永远不可能是法官（无任何客观标准）单纯的意见或者信仰"，法官心证的正确内容只能是法官有限制的主观的"视其为真"，是"思想、自然和经验的耦合"。❸ 证明标准还具有无形性和模糊性的特征。证明标准虽然存在于诉讼之中，但是却看不见、摸不着。证明标准是诉讼参与者内心的一种尺度，人们可以感知但却无法精确地说明。人们"对证明标准的种种表达描述都只能是一种形容甚或比喻。"❹ 对于一种具体的、客观的、外在的证明标准的追求，是一个注定无法实现的"乌托邦"。❺ 证明标准的模糊性是对事实裁判者进行证据评价时的自由的赋予，这也是自由心证本身的要求。证明标准还具有多元性和阶段性。不同性质的诉讼所采用的证明标准是不同的，同一种性质的诉讼在其不同的发展阶段采用的证明标准仍然可能存在区别。上述特征决定了证明标准适用上的极度复杂性，证明标准完全不同于自然科学原理或数学公式的运用，它的价值的发挥最终依赖于法官在具体个案中的把握和技巧。即便如此，证明标准对证明活动的指引价值仍然是不容否认的，它具有指引诉讼行为、

❶ 江伟，邵明. 民事证据法学［M］. 北京：中国人民大学出版社，2015：181.

❷ 吴泽勇. "正义标尺"还是"乌托邦"？——比较视野中的民事诉讼证明标准［J］. 法学家，2014（3）：145 – 162 + 180.

❸ 普维庭. 现代证明责任问题［M］. 吴越，译. 北京：法律出版社，2006：94 – 95.

❹ 王亚新. 对抗与判定［M］. 北京：清华大学出版社，2002：214.

❺ 张卫平. 证明标准建构的乌托邦［J］. 法学研究，2003（4）：68.

约束事实裁判者和调解诉讼的多重功用。❶

英美法系国家对于不同性质的案件适用不同的证明标准。对于刑事案件，英美法系国家采用"排除合理怀疑"的证明标准，对于民事案件则采用"优势证据"或"优势盖然性"的证明标准。由于涉及人权保障，刑事诉讼中的"排除合理怀疑"标准明显高于民事诉讼中的"优势证据"标准。行政案件采纳民事案件的证明标准。大陆法系国家的证明标准并不因民事案件、刑事案件或公法案件而有所不同。在所有的诉讼中，大陆法系国家都要求证明标准应达到"内心确信"或者"高度盖然性"，即在一般日常经验法则中已无怀疑且接近于真实的盖然性。❷根据我国《刑事诉讼法》《民事诉讼法》和《行政诉讼法》的规定可知，在我国不同性质诉讼的证明标准是一致的，那就是"案件事实清楚，证据确实、充分"。刑事、行政和民事三类诉讼的性质不同，所要解决的问题不同，关涉的公民、法人权利的种类和层次也不同，从而决定了法官处理案件所秉持的慎重态度以及当事人在诉讼过程中的自由意志不同，进而决定三类诉讼判决对案件事实清楚程度的要求也应当有所区别。实行一元化证明标准是将证明标准的性质定位为客观真实的必然结果，既不科学，也不合理。❸我国应当改革当前证明标准一元化的体系，对于不同性质的诉讼采用不同的证明标准，使裁判真正做到体现诉讼规律的要求。具体来讲，就是刑事案件采用"排除合理怀疑"标准，民事和行政案件采用"优势证据"标准。

（二）充分公开的证明标准

专利审查行为不同于诉讼，不存在居中裁判的第三方，既无

---

❶ 江伟，邵明. 民事证据法学［M］. 北京：中国人民大学出版社，2015：182 - 184.

❷ 江伟，邵明. 民事证据法学［M］. 北京：中国人民大学出版社，2015：187.

❸ 何家弘，张卫平. 简明证据法学［M］. 北京：中国人民大学出版社，2013：311.

举证责任的问题，亦无证明标准的问题。但是基于司法最终原则，专利审查行为有发展为诉讼行为的可能。专利审查行为是国家专利行政机关的具体行政行为，由此引发的诉讼属于行政诉讼的范畴。在证明标准上，行政诉讼采用民事诉讼的证明标准，即"优势证据"标准。因此，在专利审查的过程中，审查员也应当根据"优势证据"标准来审查申请的充分公开。所谓"优势证据"标准是指，一方的证据证明某事实主张为真的可能性大于其为假的可能性。按照这一标准，审查员通过对证据的审查，认为申请人主张的案件事实为真的概率高于审查员主张的案件事实，就应该判定专利公开充分；反之，则公开不充分。申请人提供的（能够实现）证据不一定是决定性的，只是对本领域技术人员来说应当是有说服力的。❶ 审查员如果要以公开不充分为由驳回申请，则所述理由或所举证据应当符合表面证据案件的要求。也就是说，根据美国《专利审查程序手册》，"优势证据"标准是判断专利申请是否满足充分公开的根本准则，无论对于申请人，还是审查员，都是如此。当然，判断哪一方的证据属于"优势证据"时，审查员必须考虑在案的全部证据，结合专利充分公开的判断规则形成最终的结论。"审查员必须权衡呈现于他面前的所有证据，包括专利说明书、申请人提供的任何新的证据，以及在先前驳回审查意见中所提到的所有证据和科学推理，然后决定申请专利保护的发明创造是否能够实现。审查员绝不应根据个人意见作出决定。（审查员的）决定应始终取决于所有证据的分量。"❷ 由于所要考虑的证据可能体量巨大，而且证据是否占优不唯数量上的简单对比，更在于内在于证据的证明力的对照，所以理论上相对清晰的"优势证据"标准在实操的过程中不可避

---

❶ USPTO. Manual of Patent Examining Procedure, Rev. 9, March 2014, p. 2100-2270.

❷ USPTO. Manual of Patent Examining Procedure, Rev. 9, March 2014, p. 2100-2271.

免地产生一定的主观性和模糊性，由此给审查员留下了相当的自由裁量空间。

为了尽量减少审查员自由裁量可能带来的判断误差，各国专利行政机关往往通过审查指南或指导案例细化充分公开的具体判断规则，以此给审查员提供具体和清晰的指引。比如，欧洲专利局上诉委员会认为，合理范围内的试错，并不影响专利是否充分公开发明（T014/83 Sumitomo 案）。但是，如果本领域技术人员只有通过偶然侥幸才能实现发明，则专利公开的实施发明的方法完全不可靠，本领域技术人员需要经过过度实验，才可以实现发明。❶ 经过过度实验才可能实现的发明创造不满足充分公开的要求。关于专利充分公开之能够实现的要求，德国联邦最高法院认为，它并不要求专业人员能够马上并且没有任何失误地实现所主张的技术效果；毋宁是，只要向专业人员指明该决定性的方向，据此他——不以申请的措辞为限——以所属技术领域的平均知识水平，能够成功地实施发明并能够发现最合适的技术解决方案，就足够了。如果专业人员就此仍必须进行试验，只要该尝试没有超过通常合理的范围，并且可以立即有效地获知如何达到该技术效果，这也同样符合要求。无论如何，前提都是专业人员无须付出创造性的劳动就能取得技术效果。然而，虽然有时明确了，为实施某一方案，专业人员无须采取创造性行为，但如果一个平均水平的专业人员根据申请日时的专业知识以及申请的说明，在克服巨大困难后，依然无法实际地实现该方案，或者仅在偶然情况下无须在先失败才能实际实现该方案的，则该方案也不被承认是充分公开的技术原理。❷ 欧洲专利局上诉委员会在 T792/00 案中针对假想的实施例进一步指出，如果专利权包括一个具有假想的

---

❶ 参见《欧洲专利审查指南》C 部分第二章第 4.11 节。
❷ 克拉瑟. 专利法：德国专利和实用新型法、欧洲和国家专利法［M］. 单晓光，张韬略，于馨淼，等，译. 北京：知识产权出版社，2016：605 - 606.

实验规程的示例，且基于这个示例展现充分性，则专利权人负有举证责任来表明这个规程在实践中会如所述的一样工作。证明这个方案的变体起作用的证据不太可能是充分的。❶ 各国专利局在专利审查实践中总结了有关充分公开审查的大量细则。这些细则本身往往既是对具体举证责任的分配，也是对证明标准的申明。在专利审查实践中贯彻那些被实践证明行之有效的充分公开的判断规则，比抽象地谈论证明标准更有实际意义。

本章小结

专利权是一种需经国家授予的权利，故专利审查程序对于专利权的申获具有重要影响。专利法既规定了授予专利权的实质条件，也规定了对专利申请进行审查的具体行政程序，具有实体法和程序法合一的特点。对专利充分公开的研究，不但要洞悉其实体规则，还要精化其判断过程。专利充分公开的判断过程，一方面遵从专利审查的一般程序，另一方面还具有自身在程序方面的特殊性。专利充分公开的行政程序包括授权审查程序和无效宣告程序。专利审查行为是一种具体行政行为，遵从行政法的一般原则。在专利审查的过程中，在程序方面应当坚持听证原则和程序节约原则，既尊重申请人的申辩权利，又要满足行政效能的要求。在专利授权审查的过程中，首先应当推定申请人在说明书中对发明创造的公开是充分的；如果审查员欲以公开不充分为由作出驳回决定，则审查员应当提出相应的理由或证据，并且做到符合表面证据案件的要求。在专利权无效宣告程序中，公开不充分是专利权无效宣告的事由之一。但是值得注意的是，专利充分公开的三个要件——能够实现、书面描述和最佳实施方式——在专

---

❶　欧洲专利局上诉委员会. 欧洲专利局上诉委员会判例法［M］. 北京同达信恒知识产权代理有限公司，译. 北京：知识产权出版社，2016：232.

利权无效宣告中的法律地位存在重大不同。在无效宣告程序中，应当坚持职权主义模式查明与专利充分公开相关的案件事实，以切实维护社会公共利益。专利案件多属于法律问题与技术问题的交织。案件所涉技术事实的查明，乃是专利案件审判中的重要一环。目前国际上主流的专利案件技术查明模式有技术鉴定模式、专家证人模式、技术法官模式和技术辅助官模式。我国目前试行的技术调查官模式，基本适应中国的诉讼制度，但是也应当注意与其他技术查明手段的配合使用。技术调查官属于司法辅助人员，其主要职责是辅助法官查明案件所涉的技术事实。法官应当在案件审理的过程中结合专利充分公开的实质性要件合理划分技术事实与法律事实，做好技术调查官与法官在专利充分公开事项查明上的职责分工。专利行政程序和司法程序的展开离不开证据规则的恰当运用。证据规则包括证据资格规则、举证责任规则和证明标准规则三个方面。在证据资格的审查上，应当构建更加开放的证据体系，同时注意申请日后证据在专利充分公开审查上的价值。证明责任包括抽象证明责任和具体证明责任。应当根据专利法的规定，确定审查员和申请人在专利充分公开上的抽象证明责任，同时由审查员在审查的过程中，公平合理地确定各自的具体证明责任。专利充分公开的证明标准同于一般民事和行政案件的"优势证据"标准。但是"优势证据"标准在实操过程中仍然具有相当的主观性和模糊性，审查员在充分公开的审查过程中应当遵循专利行政机关基于既往审查经验制定的具体审查规则，以增强充分公开审查结论的可预期性，降低因为审查员的个人主观认识所造成的随意性。

第五章　专利充分公开的环境营造

能够实现、书面描述和最佳实施方式，作为专利充分公开判断的标准，是专利充分公开制度的核心。专利充分公开制度运行于专利制度乃至整个知识产权制度的整体框架之下，其作用的发挥受到其他关联制度的制约。建立和完善其他关联制度，营造有利的实行环境，对于专利充分公开制度效用的发挥亦具有重要意义。笔者认为，确立申请人之信息披露义务，厘定专利说明书的版权问题，设立社会公众参与专利评审的工作机制，对于专利充分公开制度价值的发挥意义重大。提高专利授权质量，防范问题专利的产生，进行有效的专利审查是最为关键的一环。❶ 专利审查的基础是获取现有技术等关联信息。审查员只有掌握了专利审查所必需的信息资料，才有可能形成高质量的审查结论。在现有的专利审查实践中，专利审查员获取审查所必需的信息资料，主要依靠自身的力量。而作为最了解与专利有关信息的发明人、申请人或专利代理师，却未能在提供专利审查信息资料方面发挥应有的作用。我国《专利法》虽然规定了专利申请人负有提供审查所需的信息资料的义务，但是由于没有规定义务不履行可能产生的法律后果，加之该义务可能和申请人渴望获取专利权的利益存在一定程度的潜在冲突，在专利审查实践中该义务呈现出虚置化的状态，未能发挥出应有效用。参酌国外法例的可资经验，重置申请人的信息披露义务，明确该义务的法律约束力，对于提升专利审查质量具有不可替代的价值。作为发明人、申请人或专利

---

❶ 梁志文. 论专利申请人之现有技术披露义务 [J]. 法律科学，2012（1）：130 – 138.

代理师所撰写的科学技术文献，专利说明书具备著作权法所要求的最低限度的独创性，构成著作权意义上的作品。既然构成著作权法意义上的作品，专利说明书也就存在通过著作权法进行保护的空间。但是专利说明书又明显不同于普通的作品，它承载着专利法所赋予的进行科技信息情报交流的重要使命，客观上要求其所内含的科技信息能够最大限度地自由流动，从而与版权保护可能产生的信息阻滞存在内在的矛盾。各国在专利说明书的著作权问题上态度不一，缺乏统一的成例可资借鉴。❶ 出于协调专利法和著作权法价值目标的考虑，在以传递专利技术信息为目的的使用范围内，应当限制专利说明书著作权的行使；于此目的之外，则应当尊重专利说明书之著作权。囿于资料信息、审查员时间精力和技术能力的有限性，传统的审查员封闭审查存在无法突破的瓶颈。利用现代信息技术提供的物质技术条件，开放专利审查的公众参与，激励社会公众为专利审查员提供有价值的资料和意见，是提升专利审查质量的重要举措。❷ 专利申请人的信息披露义务、专利说明书的版权厘定以及专利评审的公众参与，虽然不是专利充分公开制度的独有问题，但客观上有助于对专利说明书公开是否充分的查明以及促进专利技术信息的有序扩散，构成了专利充分公开制度运行的重要外围环境。

第一节　申请人之信息披露义务

所谓申请人的信息披露义务是指，专利申请人应当将其所知悉的、对判断其申请的可专利性有重要影响的信息资料提供给专

---

❶　杨非. 浅析专利说明书的著作权问题［D］. 北京：中国社会科学院研究生院，2013.

❷　郭荣庆. 公众参与对降低问题专利申请的影响［G］//中华全国专利代理人协会. 2014 年中华全国专利代理人协会年会第五届知识产权论坛优秀论文集. 北京：知识产权出版社，2015.

利行政机关，供专利行政机关在审查申请的可专利性时作为参考。随着专利申请量的急剧增加，近年来我国专利行政机关的审查任务愈发繁重，审查员用于个案的审查时间难以保证审查结论的质量。专利审查的关键一环和重要基础是进行现有技术的检索，以获得用于专利审查所必需的对比材料。借鉴国外专利法的规定，为申请人设定提供其所知悉用于专利审查的必要信息资料的义务，是审查员获得审查资料和提高审查质量的重要举措。

一、确立申请人信息披露义务的重要意义

专利申请人是知悉与发明有关信息资料的主体之一。专利审查所需信息资料在由审查员检索获得的同时，规定专利申请人负有相应的信息提供义务，对于节约信息搜索成本、提升专利审查质量和建立诚信的专利运行体系均具有重要价值。

（一）降低审查信息的搜索成本

可专利性审查的中心任务，就是将专利申请书中披露的信息与审查员所检索到的相关技术信息进行审核比对，以确定申请专利保护的发明创造是否具有新颖性、创造性和实用性，是否属于可授予专利权的对象，说明书对发明创造的公开是否充分等。审查员所掌握的对比信息的充足性，常常从实质上影响着审查结论的可靠性。为了提高专利审查的质量，专利审查员必须要花费相当的时间进行对比信息的检索，专利行政机关要花费巨额的费用建立和维系检索数据库。据相关学者的研究分析，美国专利商标局为每项专利申请进行现有技术的检索平均花费 5000～7000 美元。❶ 这些费用最终会以专利申请费的形式由申请人承担，或者由公共财政予以填充。专利审查员通过检索所获取的对比信息中的相当一部分，往往已经掌握在申请人或发明人手中。在现代专

---

❶　LEMLEY M A. Rational ignorance at the patent office [J]. Northwestern University Law Review, 2001, 95 (4): 1495 –1532.

利申请的主体结构中，职务发明创造在发达经济体中已经居于绝对主导地位，即使在中国这样的发展中国家，职务发明创造也占据了70%以上的高比重。职务发明创造不同于基于个体兴趣的非职务发明创造，往往都是系统化科学研究的结果。职务发明人一般掌握与发明创造相关的大量现有技术资料，最了解与发明创造有关的信息资讯，对于其发明创造的优势和缺点也最为了解。职务发明创造人完全具备将专利审查所需要的信息资料提供给专利行政机关的能力。但是如果没有相应的制度规范，发明人或申请人缺乏将相关技术资料，尤其是那些不利于其申请可专利性成就的技术资料，提供给专利行政机关的内在动力。因为这样做往往意味着降低其专利申请获得授权的概率，不符合其垄断发明创造技术市场的期待和利益。如果将向专利行政机关披露与专利申请有关信息规定为专利申请人一项法定义务并设定相应的法律效果，无疑将会敦促专利申请人向专利行政机关积极披露相关的信息资料，从而有助于减轻审查员的信息检索负担。同时，由于专利申请人或发明人在专利申请时已经掌握了与发明创造可专利性有关的信息资料，设定其向专利行政机关提供这些信息资料的义务也不会增加其经济负担。申请人的信息披露义务没有增加申请人的经济负担，并相应地减轻了专利审查员的信息检索成本，故从总体上来讲有助于降低专利审查信息的发现成本，并最终降低专利制度的运行成本，减轻专利申请人的经济负担。

（二）提升专利申请和审查的质量

专利审查的质量通过专利审查结论的可靠性来体现。也就是说，无论最终作出的是驳回决定还是授予专利权的决定，其结论都能够经得起辩驳和检验，符合专利法所规定的授予专利权的条件，在司法程序中能够得到法院的支持。专利审查结论的可靠性由专利审查过程的严密性来保障。专利审查过程的严密性，一方面依赖于专利审查员的工作能力和工作态度，另一方面还取决于专利审查员所能够获取的审查信息的充足性。虽然审查员可以通过专利局的数据库进行审查信息的检索，获取在先专利和科技期刊方面的信息资料，但是仍然可能存在与在案专利申请有关的信息资料通过专利局数据库无法获得的情况，例如非正式出版物、未纳入电子数据库的出版物、产品说明书等审查员不易接触的资料所记载的现有技术，还包括那些不属于现有技术但是对专利性审查有重要价值的信息，例如国外同族专利申请的结论、与该专利申请有关的诉讼信息等。审查员所能获得的相关信息越广泛，审查结论越具有可靠性。在美国专利法看来，设立信息披露制度的根本目的就是力争授权有效的专利。❶ 也就是说，力争做到符合授权条件的一律授权，不符合授权条件的一律驳回，努力维护专利权人和社会公众两方面的利益，精准地实现专利法确立的价值目标。课定专利申请人负担信息披露义务之所以有助于实现专利法的价值目标，可以从两个方面进行理解：首先，对专利权人来说，承担并履行信息披露义务有助于增强所获专利权的稳定性。这是因为，专利申请人在专利申请的过程中，为了履行信息披露义务会尽可能向专利行政机关披露与可专利性审查有关的信息资料，专利审查员作出专利授权时所考虑过的信息资料比专利申请人不承担该义务时要多，也就说此时的专利授权是在更为严格甄别的基础上作出的，自然其可靠性也就会相应的提升；同时，由申请人提交给专利局的这些信息资料由于在专利审查的过程中已经被官方正式考虑过，在专利授权之后，这些信息资料被其他人用作现有技术以无效该专利的可能性也就大大降低了。故，在申请人信息披露义务存在的条件下，专利授权的稳定性更高，也就更有利于专利权人利益的维护。其次，对社会公众来说，由于申请人负担依据诚实信用原则向专利行政机关披露相关信息的义务，其故意进行误导性陈述或重大疏忽的可能性就会降

---

❶　张大海，曲丹. 简述美国专利法中的信息披露制度［J］. 中国发明与专利，2015（5）：87-91.

低，从而有助于避免其披露错误的或者不准确的信息，保证专利授权的质量和专利信息的品质，最终有助于社会公众对现有技术之自由使用的公共利益。❶ 从信息披露制度所发挥的实际效果来看，该制度更重要的作用可能还在于，其能有效阻止不符合授权条件的专利申请的提出，从而能够在源头上控制专利申请本身的质量。有国外学者对上千件专利案件进行统计分析后发现，专利审查员很少依据申请人所提供的信息资料作出缩小专利权范围或驳回专利申请的意见，审查员主要还是依靠自己的检索结果作出驳回决定。❷ 也就是说，该制度在帮助专利审查员作出驳回决定上并没有发挥太大作用。该义务存在的主要价值还在于它的威慑价值，它有助于打消那些妄图通过欺诈等不正当行为就明知可专利性存在问题的发明创造提出专利申请的念头，从而在源头上提升专利申请的质量。

（三）建立诚信的专利运行体系

由于知识产权在经济活动中发挥的作用越来越大，人们获取知识产权的欲望也就前所未有地被调动起来。于是在知识产权获取的过程中，各种机会主义行为蠢蠢欲动。由于我国的市场经济体制尚不完善，知识产权制度还存在比较明显的"外源驱动"❸现象，更是为机会主义行为提供了滋生的土壤。Oliver E. Williamson 认为，所谓"机会主义行为"是指，行为人为追求

---

❶ 梁志文. 论专利公开 ［M］. 北京：知识产权出版社，2012：374.

❷ COTROPIA C A, LEMLEY M A, SAMPAT B. Do applicant patent citations matter? implications for the presumption of validity ［J］. Social Science Electronic Publishing, Elsevier B. V. , 2013, 42（4）：844 – 854.

❸ 与发达市场经济国家普遍采用的"以专利收益促专利申请"的"内源驱动"政策不同，中国的专利发展，特别是科研院所和高校的专利，普遍存在通过给予发明人（申请人）与专利收益无关的经济利益的方式来刺激专利申请。学者们将这种刺激专利发展的手法称为"外源驱动"。参见王楚鸿. 专利技术的"可用性"缺陷探讨 ［J］. 科技管理研究，2006（11）：200 – 202 + 209.

自身利益最大化而实施的偷懒、欺骗、误导等有悖诚信的行为。❶ 从法律上讲，机会主义行为是指，行为人为实现自身利益的最大化而采取的损害制度价值和制度目标的行为。知识产权领域内所存在的机会主义行为，具有破坏诚实信用原则、抬高知识产权交易成本、知识财富逆向流动和导致司法工具化等危害。❷ 在我国专利实践中所存在的各种形式"非正常申请"行为，就是典型的知识产权机会主义行为。2017 年 2 月，国家知识产权局公布了新修订的《关于规范专利申请行为的若干规定》，进一步扩充、明确了非正常申请行为的种类，并加大了打击力度。为了规范知识产权获取行为，打击各种形式的机会主义行为，维护知识产权制度的声誉和利害关系人的正当利益，我国 2013 年修订《商标法》时增加了"申请注册和使用商标，应当遵循诚实信用原则"的规定。2015 年 12 月，国务院法制办公布的《中华人民共和国专利法修订草案（送审稿）》新增了"申请专利和行使专利权应当遵循诚实信用原则"的规定。这说明，业界普遍认可诚实信用原则应当成为知识产权领域内的基本法律原则。信息披露制度是专利领域内落实诚实信用原则的重要制度设计。根据各国对信息披露制度的内容设计，该制度并不要求专利申请人向专利行政机关披露与专利申请有关的所有信息，而是要求申请人披露其所掌握的与可专利性有关的重要信息，其核心是不得存在故意遗漏或虚假陈述，也就是说不得存在误导专利行政机关的主观故意。"专利申请人违反向 USPTO 进行披露的义务的行为并不足以构成不正当行为抗辩。提出该抗辩的一方还必须证明，隐瞒重要信息（或提供不实信息）的意图是要欺骗 USPTO。重要性和意图是构成不正当行为的独立元素，具有重要性不代表着就存

---

❶ WILLIAMSON O E, MARKETS, HIERARCHIES. Analysis and antitrust implications: a study in the economics of internal organization [M]. Free Press, 1975: 51.

❷ 刘强. 机会主义行为规制与知识产权制度完善 [J]. 知识产权, 2013 (5): 64 – 69.

在意图。"❶ 所以，信息披露义务的真正目的不是要给申请人规
定提供信息资料的具体义务范围，因为它仅仅要求申请人提供其
所知悉的信息资料，在申请人客观上不掌握相关信息资料的条件
下，该义务实际上处于不存在的状态；而是要求申请人在从事专
利申请行为时遵守诚实信用原则的规定，不得通过隐瞒真相的方
式提出明知不符合可专利性条件的专利申请。信息披露制度为不
诚信的专利申请行为规定了较为严重的法律后果，有助于从根本
上防范问题专利的产生，建立诚实信用的专利运行体系。在我国
专利实践中，非正常专利申请行为对专利体系所造成的损害已经
引起了全社会的高度关注，各地纷纷出台相关的管理制度加以规
范。2013 年，河北省出台地方指导意见，规范专利申请行为，
遏制和防范非正常专利申请行为，甚至有专利代理机构因为代理
非正常专利申请行为受到了行政处罚。❷ 但是从根本上讲，我国
当前所存在的大量非正常专利申请行为主要还是由政府对于专利
制度运行的过度干预所造成的。减少政府对专利制度运行的行政
干预，恢复专利制度的市场经济本色，让市场在专利资源的配置
中发挥基础性作用，是防范问题专利的根本出路。❸

二、申请人信息披露义务的立法模式

申请人对专利行政机关负有信息披露义务，为多数国家专利
法所认可。但是违反信息披露义务是否需要承担以及承担什么样
的法律责任，不同国家专利法的规定又存在重大的不同。法律责
任一般被理解为违反法律义务所承担的不利后果，体现了国家对

---

❶ 穆勒. 专利法（第3版）[M]. 沈超，李华，吴晓辉，等，译. 北京：知识
产权出版社，2013：409-410.

❷ 诚信提交专利申请，切实维护正常秩序 [N]. 中国知识产权报，2008-01-
25 (1).

❸ 徐棣枫，邱奎霖. 专利资助政策与专利制度运行：中国实践与反思 [J]. 河
海大学学报（哲学社会科学版），2014 (3)：74-78+93.

违法行为的否定性评价，其目的是恢复被破坏的法律关系或法律秩序。❶ 法律责任是法律义务得以实在化的手段。根据法律责任的不同，申请人信息披露义务可以区分为如下三种不同的立法模式。

（一）强法律责任模式

所谓强法律责任模式是指，申请人违反信息披露义务时，如果专利授权决定尚未作出，专利行政机关可以据此驳回其专利申请；如果专利授权决定已经作出，则可以作为宣告专利权无效或不可执行的正当事由。可以看出，在强法律责任模式下，违反信息披露义务的后果是严重的，该立法模式对专利申请人的心理约束力是巨大的。美国是强法律责任模式的代表。根据美国专利法实施细则 37 CFR 1.56（a）条的规定，信息披露义务的履行情况不但是美国专利商标局作出专利授权决定时的重要考虑因素，还是法院在专利诉讼程序中判定专利权效力和执行力的重要考量因素，其影响力贯穿该专利的整个生命周期。❷ 在美国专利法上违反信息披露义务的行为被称为"不正当行为"。1945 年，美国联邦最高法院根据衡平法上的"不洁之手"原则创立了专利法上的"不正当行为"理论，允许被控侵权人将专利申请中的"不正当行为"作为侵权抗辩事由。❸ 根据美国专利法的规定，违反信息披露义务从而构成不正当行为需要具备两个方面的要件，其一是信息的重要性，其二是存在欺骗专利行政机关的故意。所谓"信息的重要性"是指，专利申请人未能向美国专利商标局披露的信息或者向美国专利商标局披露的错误信息，足以影响美国专利商标局对涉案专利申请可专利性的判断。申请人未披露或错误披露的重要信息一般有三种情形，分别是：（1）未能向美国专利商标局披露该申请人已知的关于可专利性的重要信息；（2）向美国专利商标局提交的关于可专利性的重要信息是虚假的；（3）向美国专利商标局作出的关于可专利性的重要确定性陈述是虚假的。因此，不正当行为可以是基于专利申请人的疏忽，也可以是基于其故意。在何为重要信息的判断上，存在美国专利商标局的行政标准和美国联邦巡回上诉法院的司法标准这两种判断方法。美国专利商标局的行政标准认为，在如下两种情况下成立重要信息：其一，该信息本身或者与其他信息的结合，构成涉案专利之权利请求不具有可专利性的表面证据；其二，在申请人反驳专利局作出的不可专利性意见或主张成就可专利性时，该信息否认申请人所采取的立场或者与其不一致。❶ 但是，如果一项信息仅仅是已经提交给美国专利商标局的其他信息的累加（未加入新的或不同的内容），则不认为该信息是重要信息。❷ 类似地，如果美国专利商标局的审查员独立地发现了申请人未披露的已知信息，该信息也不会被视为重要信息。美国联邦巡回上诉法院曾经在一则案件中判决到，当一篇对比文件出现在审查员面前时，不管该对比文件是审查员检索得来的还是申请人披露的，均不应当认为向审查员隐瞒了该文件。❸ 美国联邦巡回上诉法院的司法标准认为，在判断一项信息的重要性时，应当看"合情合理的审查员"是否认为该信息对于可专利性的判断是"重要的"。如果对这一问题的回答是肯定的，则该信息就是重要的。虽然该信息并不一定是具有无效性的，若审查员已经知晓该信息，则会导致该专利申请之权利要求不会被核准。在这种情况

---

❶ USPTO. Manual of Patent Examining Procedure – Appendix R Patent Rules，Rev. 8，July 2010，pp. R – 58.

❷ Star Scientific，Inc. v. R. J. Reynolds Tobacco Co.，537 F. 3d 1367（Fed. Cir. 2008）.

❸ Molins PLC v. Textron，Inc.，48 F. 3d 1172，1185（Fed. Cir. 1995）.

下，要无效这些权利要求，被隐瞒的现有技术虽然并不充分相关，但是这些现有技术对可专利性已充分关键，并形成了判决不正当行为的基础。❶

　　"不正当行为"的成就，除了信息足够重要之外，还必须存在欺骗专利行政机关的故意。❷ 这是因为申请人的行为是否构成"不正当行为"并不是一项纯客观观察，申请人的信息披露义务也不存在一个必须完成的固定量值，所述信息对申请人来说必须是"已知的"才会产生披露义务。专利申请人并没有确定性的义务要去进行现有技术的检索，去寻找并找到与可专利性实质相关的信息。不过，"一个人不应当为了避免对信息或现有技术的实际知晓而假扮无知，或者忽视很多对可能存在重要信息或现有技术的警示。如果这种情况发生，那么就构成了'本应知晓'的因素。"❸ "基于未尽披露重要信息的事实，如果该重要信息属于申请人必须知道或者应当知道的，则可据此推定其具有欺骗意图。"❹ 故意是一种主观心态，颇不易观察，故如何证明存在欺骗专利行政机关的故意常常成为这一要件判断的难点。在以"不正当行为"作为抗辩事由时，被控侵权人往往很难找到直接的证据证明申请人具备欺诈故意。❺ 因为能够证明有意欺骗的确凿证据很少见，所以美国法院一般都是根据案件的具体情况来推断意图的存在。但信息的重要性程度特别高的时候，这种推断尤其合适。这遵循重要性与意图这两项基本因素之间的（适当的）方

　　❶　穆勒. 专利法（第3版）［M］. 沈超，李华，吴晓辉，等，译. 北京：知识产权出版社，2013：405.

　　❷　KATHERINE N S. Inequitable conduct claims in the 21st century: combating the plague［J］. Berkeley Technology Law Journal，2005，20（1）：147–172.

　　❸　FMC Corp. v. Hennessy Indus. , Inc. , 836 F. 2d 521, 526 n. 6（Fed. Cir. 1987）.

　　❹　陈雨. 美国专利法不正当行为原则研究［D］. 重庆：西南政法大学，2012.

　　❺　刘文琦. 解读美国专利法"不正当行为"理论的适用［J］. 电子知识产权，2010（5）：53–57.

向关系。所遗漏或虚假陈述的信息越重要，证明存在不正当行为所需的意图要素的标准越低，反之亦然。"在成立不正当行为的判断中，申请人虚假陈述或隐瞒的信息越重要，就需要越少的证据来证明意图的存在。"❶ 但是，推断意图的证据还必须符合"清楚且具说服力"的证明标准。如果对不正当行为的指控是建立在申请人未向专利局披露现有技术的基础上，则"必须采用清楚且具说服力的证据证明，该申请人决定故意隐瞒已知重要对比文件"。❷ 此外，"仅仅存在足够的证据，并且根据这些证据可以合理地作出该推断仍是不够的，这个推断还必须是根据这些证据可以得到的最合理的唯一推断，才能满足清楚且具说服力的标准。"❸ 在既没有直接证据也没有间接证据可以支持的情况下，不能作出有关意图的推论。❹ 如果申请人由于过失，甚至是重大过失，未能履行信息披露义务，也不足以径直认定存在欺诈专利局的故意。美国联邦巡回上诉法院在一则案件的全席判决中指出："'重大过失'被用来指代多种行为类型。然而，只有对全部情况都加以考虑后才能对特定行为进行定义。我们的观点是，将特定行为认定为'重大过失'的本身并不能推定存在欺骗故意，必须要结合所有证据，包括证明存在诚信的证据，对涉案行为进行审查后显示具有足够的归责性，才能认定存在故意欺骗意图。"❺ 在美国专利法上，不正当行为被视为一个法律问题，因此通常应当由法官作出判定。当然，法官也可以授权陪审团听取与"不正当行为"中的信息重要性和欺诈意图相关的证据，并

---

❶ Honeywell Int'l, Inc. v. Universal Avionics Sys. Corp. , 488 F. 3d 982 999 (Fed. Cir. 2007).

❷❸ Star Scientific, Inc. v. R. J. Reynolds Tobacco Co. , 537 F. 3d 1366 (Fed. Cir. 2008).

❹ 穆勒. 专利法 (第3版) [M]. 沈超，李华，吴晓辉，等，译. 北京：知识产权出版社，2013：410.

❺ Kingsdown Med. Consultants, Ltd. v. Hollister, Inc. 863 F. 2d 876 (Fed. Cir. 1998).

提出建议；或者，经当事人协议一致，将不正当行为事宜交由陪审团作出判定。❶ 一旦"不正当行为"被认定，申请人将会面临严厉的处罚措施。根据不正当行为原则，如果申请人故意提供虚假的实质性事实，或者隐匿实质性信息，那么其所获得的专利将被判定为无执行力。❷

（二）弱法律责任模式

所谓弱法律责任模式是指，申请人违反信息披露义务可以成为专利行政机关驳回专利申请的理由，但是一旦获得授权，不得以在专利申请过程中违反披露义务为由对专利权不予执行或宣告专利权无效。弱法律责任模式下的信息披露义务和强法律责任模式下没有本质的不同，但是对于违反信息披露义务需要承担的法律责任，则明显要轻于强法律责任模式。弱法律责任模式的代表为日本专利法和德国专利法。日本专利法第36条第4款第2项规定："如果发明是文献公开的发明❸，欲获得专利者必须说明其在专利申请之时已经知晓的文献公开发明所刊登的刊物的名称以及其他与文献公开发明有关的信息的出处。" 也就是说，根据日本专利法的规定，如果专利申请人在专利申请之时知晓与其申请有关的表现为出版物形式的现有技术，则应当向日本特许厅作出说明，指明文献的出处，但无须提交文献的复印件。❹ 日本专利法第48条之7规定："审查官认为专利申请不符合第36条第4款第2项规定的要件的，要向专利申请人发出通知说明此事，指

❶　海冰. 美国专利法中的不正当行为问题［J］. 电子知识产权，2009（4）：79 - 81.

❷　GOLDMAN R. Evolution of the inequitable conduct defense in patent litigation［J］. Harvard Journal of Law & Technology，1993，7（1）：37 - 100.

❸　根据日本专利法的规定，所谓文献公开的发明指的是该法第29条第1款第3项规定的发明，即"专利申请前在日本国内或者外国出版的刊物上记载的发明，或公众通过网络可以利用的发明"。

❹　梁志文. 论专利申请人之现有技术披露义务［J］. 法律科学，2012（1）：130 - 138.

定一定期间，要求其提供相应的意见书。"也就是说，如果日本特许厅发现申请人未能履行信息披露义务，则有权利要求申请人就此作出解释说明或进行补正。日本专利法第49条第5款规定，"根据前条（第48条之7）规定发出通知时，专利申请所作的说明书的补正或提交的意见书仍然不满足第36条第4款第2项规定的要件的"，"审查官就该专利申请，必须作出拒绝授予专利的审查决定。"也就是说，在日本专利法上，违反信息披露义务属于驳回专利申请的法定事由之一。日本专利法第123条集中规定了可得申请宣告专利权无效的事由，但是该条并未将违反第36条第4款第2项所规定的信息披露义务列入，说明在日本专利法上违反信息披露义务获得的专利权的效力不受影响。就日本专利法对信息披露义务的立法理由而言，日本学者田村善之论证道："在提交专利申请时，如果存在申请人知晓的文献公知发明，应（在说明书中）记载该出版发行物的名称及相关信息的出处。为了实现审查的高效率，日本专利法要求（申请人）承担先行技术的开示义务（2002年修改）。在该义务规定的违反问题上，尽管申请人会收到审查官违反该规定的事先通知（日本专利法第48条之7）或成为拒绝审查之理由（事前通知后的补正、被要求改善而未改善的，日本专利法第49条第5项），但由于在审查终结后诱发纠纷发生将违背专利制度之宗旨，所以该情况被排除在异议申请理由和无效理由之外。"❶ 虽然违反信息披露义务获得的专利权不容否认，但是并不意味着不诚信的申请人就此可以高枕无忧。根据日本专利法第197条关于"专利欺诈罪"的规定，如果申请人系通过故意隐瞒现有技术或者递交虚假材料而获得专利授权，则要受到3年以下徒刑或300万日元以下罚金的刑事处分。专利欺诈罪侵犯的是国家法益，因此在日本该罪是非亲告

---

❶ 田村善之. 日本知识产权法 [M]. 周超，李雨峰，李希同，译. 北京：知识产权出版社，2011：207.

罪。只不过在司法实践中，适用这一罪名的案例非常稀少。❶ 所以，在日本专利法上，对于违反信息披露义务的主要制裁手段还是在专利审查阶段的驳回专利申请制度。

德国专利法关于信息披露制度的规定大体和日本专利法相当。德国专利法第 34 条第 7 款规定："应专利局的要求，申请人应当在说明（该法本条第 3 款）中完整、真实地描述就其所知的现有技术。"❷ 与美国专利法、日本专利法不同的是，根据德国专利法的规定，申请人只有在专利局提出披露现有技术要求的条件下才负有相应的义务，并不承担抽象意义上的信息披露义务。根据德国专利法第 42 条第 1 款的规定，未披露现有技术的缺陷，在形式审查阶段可以不予以考虑。也就是说，现有技术披露义务不是形式审查阶段的主要关注对象。根据其第 44 条的规定，在实质审查阶段，审查员应当对专利申请是否符合第 34 条规定的现有技术披露要求进行审查。该法第 45 条进一步规定，经审查专利申请不符合第 34 条规定的现有技术披露要求的，审查员应当通知申请人在一定期限内补正缺陷。如果申请人未能在审查员指定的限期内补正现有技术披露上的缺陷，根据该法第 48 条的规定，应当驳回专利申请。也就是说，在德国专利法上，违反现有技术披露义务构成专利驳回的法定事由之一。德国专利法第 21 条和第 22 条封闭性地规定了专利撤销和宣告无效的情形，并未将违反信息披露义务确定为撤销或无效的事由。专利法列举的撤销和无效理由是穷尽的，基于其他理由提出的撤销或无效请求无法获得支持，专利不会因其他理由而遭废除。尤其仅与授权程序相关的瑕疵，不在考虑之列。❶ "只要证实，基于实体法的理由，一项专利（以其授权版本）从一开始就不应该授权或者是非法侵占的，则出现异议和无效宣告而撤销。"❷ 信息披露义务规定在德国专利法第三章"专利审查程序"之中，被视为授权程序事项，而不是实体性的授权条件，故不作为废除专利权的事由。这也就是说违反信息披露义务获得的专利权能够确定地发生法律效力。当然，违反信息披露义务获得专利权虽然不可据此撤销或宣告无效，但并不意味着不产生其他法律责任。德国专利法第124条规定："在专利局、专利法院或者联邦最高法院的程序中，当事人应当真实、完整地陈述事实。"如果申请人在专利申请过程中故意隐瞒真实信息或提供虚假信息，则需要根据其他法律的规定承担公法上的责任，但是并不会据此影响专利权本身的法律效力。

（三）无法律责任模式

所谓无法律责任模式是指，专利法没有为申请人设定信息披露义务，或者虽然设定有信息披露义务但是没有规定义务不履行之法律责任的立法模式。在无法律责任模式下，申请人的信息披露负担是最轻的，甚至他可以自由决定是否向专利行政机关披露相关信息。《欧洲专利公约》和我国《专利法》即属于这一种模式。欧洲专利局设立有专门的信息检索部门，专司欧洲专利申请的检索事宜，负责出具欧洲专利检索报告。《欧洲专利公约》第92条规定："欧洲专利局应当根据本公约实施细则，基于每件欧洲专利申请的权利要求书，在适当考虑其说明书和附图后，对每

---

❶ 克拉瑟. 专利法：德国专利和实用新型法、欧洲和国家专利法 [M]. 单晓光，张韬略，于馨淼，等，译. 北京：知识产权出版社，2016：736–737.

❷ 克拉瑟. 专利法：德国专利和实用新型法、欧洲和国家专利法 [M]. 单晓光，张韬略，于馨淼，等，译. 北京：知识产权出版社，2016：733.

件欧洲专利申请作出欧洲专利检索报告，并予以公布。"❶《欧洲专利公约（2000 年）实施细则》第二章"欧洲专利检索"以 7 个条文的篇幅，对欧洲专利检索报告的内容、扩展的欧洲检索报告、不完全检索、发明缺乏单一性时的检索报告、检索报告的送达等内容作出了专门规范。由于欧洲专利局具有专门的检索部门和规范的工作程序，所以欧洲专利局进行专利审查时主要依靠该局检索部门的检索报告进行，并不要求申请人提供与专利申请有关的现有技术信息。欧洲专利申请人即使掌握了与其专利申请之可专利性相关的现有技术信息，也完全可以保持沉默。❷ 欧洲专利局的规定看似对专利申请人更为友好，但是这种友好是有代价的。欧洲专利局专设信息检索部门，虽然可以提高信息检索的质量，但是也相应地提升了制度运行的成本。这种成本最终以申请费的形式间接地转嫁到申请人的身上。据有关学者统计，欧洲专利申请的申请费用平均为美国的 3 倍。❸

我国《专利法》也建立了信息披露制度，规定申请人负有相应的信息披露义务。具体内容规定在《专利法》的第 36 条。该条第 1 款规定，发明专利的申请人在请求进行实质审查的时候，需要提交申请日前形成与其发明有关的参考资料；第 2 款规定，如果该发明专利申请也在国外提出过，那么国家知识产权局可以要求申请人提供国外专利局的检索资料和审查意见，若申请人未能按照要求提供，其申请将被视为撤回。可见，我国《专利法》为两类不同情况的信息披露要求，规定了各自不同的法律后果。对一般专利申请的信息披露要求，没有规定具体的法律责任；对于已经在国外申请的同族专利申请，规定了有法律约束力

---

❶ 哈康，帕根贝格. 简明欧洲专利法 [M]. 何怀文，刘国伟，译. 北京：商务印书馆，2015：150.

❷ 梁志文. 论专利公开 [M]. 北京：知识产权出版社，2012：364.

❸ DINWOODIE G B, HENNESSEY W O, PERLMUTTER S. International and comparative patent law [M]. New York：Lexis Nexis Publishing, 2002：718.

的信息披露义务。根据全国人大常委会法制工作委员会编著的专利法释义，《专利法》第 36 条的立法目的在于，敦促申请人提供其所掌握的信息资料，减轻专利局的工作负担，提高专利审查的效率和质量。❶《专利法实施细则》对《专利法》中规定的信息披露义务作出了相对更为细化的规定，具体体现为对说明书应当包含内容的说明。《专利法实施细则》第 17 条第 1 款第 2 项规定，说明书应当包含"背景技术"的内容，"背景技术"应当"写明对发明或者实用新型的理解、检索、审查有用的背景技术；有可能的，并引证反映这些背景技术的文件"。"引证反映这些背景技术的文件"，就是对现有技术披露的要求。申请人所提交的申请文件如果不符合《专利法实施细则》第 17 条的规定，根据《专利法实施细则》第 44 条的规定，其申请被视为撤回；但是根据《专利法实施细则》第 53 条的规定，却不属于驳回申请的事由。《专利审查指南 2010》未规定对申请人现有技术披露义务履行情况的审查方法，反而规定审查员"不必要求申请人提供证据"，如果申请人不同意审查员的意见，由申请人决定"是否提供证据支持其主张"。这意味着在专利审查实践中，审查员并不会对申请人现有技术披露情况进行重点审查，更不会据此作出对申请人不利的决定。在我国的专利审查过程中，审查员主要还是依赖自己的力量来搜集现有技术情报并据此作出审查决定。

三、申请人信息披露规则的重构

正如前文所述，规定申请人的信息披露义务对专利制度良性运作具有重要意义。我国《专利法》虽然规定了信息披露义务，但是没有设定相应的法律责任，致使该制度成为"无牙的老虎"，制度目的无法真正有效实现。美国专利法为信息披露义务设定了可以产生不正当行为抗辩的严重法律后果。由于缺乏比较

---

❶ 安建.《中华人民共和国专利法》释义 [M]. 北京：法律出版社，2009：89.

法上的支持，美国专利法的规定在其国内也遭受了一些批评。但是，不正当行为抗辩的存在却是保证申请人"按规矩做事"的必要方法。❶ 诚如一位美国专利法学者所言："支持保留不正当行为抗辩的最有力的实际理由就是，除非对保留信息处以严厉处罚，专利律师及其客户将不会有动力协助 USPTO 对专利申请进行彻底审查并且只核准有效的权利要求。"❷ 笔者建议参酌美国、日本等国家专利法的规定，对我国《专利法》的信息披露制度进行重构，核心就是要赋予信息披露义务切实的法律约束力。

（一）披露义务的主体

信息披露义务的主体首先是专利申请人，他应当向专利行政机关披露所知悉的相关信息。但是信息披露的义务主体不应当局限于专利申请人，因为设定该义务的立法目的是协助专利行政机关提高审查质量，只授予那些真正有效的专利，事关重要的公共利益，因此与专利申请人存在关联关系的、知悉相关信息的人，都应该通过申请人诚信地向专利行政机关披露相关信息。根据美国专利法的规定，除了申请人之外，申请的所有发明人、代理师以及其他实质性参与申请过程中的人，都负有向专利行政机关披露相关信息的义务。❸ 只不过其他人的披露义务只能通过申请人向专利行政机关来履行，不具有独立于申请人的单独法律地位。在申请人并非发明人，或者申请人系在专利申请过程中受让专利申请权的情况下，将发明人或转让人规定为信息披露义务人，尤其具有现实意义，因为此时往往申请人并不掌握相关信息，发明

---

❶ 穆勒. 专利法（第 3 版）[M]. 沈超，李华，吴晓辉，等，译. 北京：知识产权出版社，2013：404.

❷ JANICKE P M. Do we really need so many mental and emotional states in United States Patent Law？[J]. Texas Intellectual Property Law Journal，2000，8（3）：279 - 298.

❸ 张大海，曲丹. 简述美国专利法中的信息披露制度 [J]. 中国发明与专利，2015（5）：87 - 91.

人或转让人恰恰是重要信息的知情人。如果是申请人之外的人未履行信息披露义务，致使申请人的申请被驳回或者专利权被判定不可执行，则申请人有权根据合同法等其他法律的规定追究其他人的违约或侵权责任。

（二）应为披露的内容

申请人应为披露的内容受到主观和客观两个方面条件的限制。首先，从主观上说，申请人只负有披露其所知悉信息的义务，而不包括那些不为其所掌握的信息，无论这些信息对该专利申请来讲有多么重要的价值。信息披露义务的目的从来就不是给申请人设定一项一般意义上的信息检索义务，而是要申请人根据诚实信用原则——不隐瞒、不虚构行事。因为信息披露义务是为所有类型的申请人设定的，无论他们是严谨的科学技术专家，还是嬉戏的发明爱好者，虽然他们未必都有能力进行现有技术的检索，但是他们都应该是诚实信用的专利申请人。遵照科学原则行事不是人人都能做到的，但是秉持诚信原则行事则不应当有例外。当然，在判断一项信息是否已经为申请人所知悉的时候，往往还要采取主观见之于客观的方法，借助于该信息本身的重要性、申请人自身的客观条件和申请所处的环境来综合决定。在专利审查和司法实践中，"应当知悉"往往就是"知悉"的代名词。为了避免申请人陷于不利境地，借鉴美国专利法的规定，在认定申请人"应当知悉"时，应当采取"清楚且有说服力"的证据这一较高的证明标准。其次，从客观上讲，申请人应当披露的只是那些足以影响可专利性判断的重要信息，而不包括那些只与申请有所关联的泛泛信息。所谓"重要信息"指的是那些构成专利权无效初步证据的信息，虽然这些信息未必最终能够无效掉该专利。从这个意义上讲，构成"重要信息"的主要是那些专利申请的负面信息，一般不包括积极证成专利权的信息。从信息的范围上讲，以现有技术信息为主，但是不局限于现有技术信息。美国联邦巡回上诉法院在 Critikon 一案中，确立了一项重要的法律原则：必须要向美国专利商标局披露的内容不只限于现有技术，还包括申请人已知的对可专利性有重要作用的全部信息。❶ 美国联邦巡回上诉法院之后曾多次重申这一原则：披露义务远不止美国专利商标局专利法实施细则中所规定的范围，而是应当延伸至"在决定申请是否具有可专利性时任何理性审查员认为的重要信息"❷。不属于现有技术的信息范围仍然十分宽泛，通常包括非在先技术的文章，竞争对手先前的专利申请，在发明者专利申请日前的产品许诺销售，被省略的测试结果，与该专利申请相关的专利申请的诉讼程序，可专利性所依赖的实验详细信息，描述在先技术的笔记，以及在相关的专利申请中，其他审查员所作出的驳回专利申请优先日期的不利裁定等。❸ 总之，只要足以影响专利申请的可专利性判断，就属于应当披露的"重要信息"范畴，而不仅仅包括现有技术信息。所以，在美国专利法上该义务被称为信息披露义务，而不是像有些国家专利法那样称为现有技术披露义务。

（三）披露的时间和方式

设定申请人信息披露义务的目的是提高专利审查和授权的质量，因此信息披露的时间原则上应为申请人提出实质审查请求的时间。❹ 在专利申请提出时和形式审查阶段，由于尚未开始对申请是否符合专利法规定的实质性授权条件进行审查，所以此时申请人是否提供旨在用于实质审查的相关信息，均不影响专利审查程序的推进。而且由于形式审查阶段只审查申请文件在形式上是

---

❶　Critikon, Inc. v. Becton Dickinson Vascular, Inc. , 120 F. 3d 1253 (Fed. Cir. 1997).

❷　Akron Polymer Container Corp. v. Exxel Container, Inc. , 148 F. 3d 1380, 1382 (Fed. Cir. 1998); McKesson Information Solutions, Inc. v. Bridge Medical, Inc. , 487 F. 3d 897, 913 (Fed. Cir. 2007).

❸　海冰. 美国专利法中的不正当行为问题 [J]. 电子知识产权, 2009 (4): 79–81.

❹　丁宇峰. 专利质量的法律控制研究 [D]. 南京: 南京大学, 2016.

否完善，对是否符合授权条件的实质性信息不审查，所以即使此时申请人提供了相关信息，一般也不会纳入审查员考虑的范围。况且，并不是所有的发明专利申请均会进入实质审查阶段，所以在此阶段要求提供用于实质审查的相关信息，对于最终未能进入实质审查阶段的专利申请来讲无疑加重了申请人的负担。信息披露义务中所披露的信息，以现有技术为主，不作为授予专利权的积极条件，也不会和其他专利申请相抵触，不存在时间利益冲突的问题，因此无须严格限定在申请日完成。由于申请人披露的相关信息可能会对专利的实质审查造成影响，为了让审查员能够全面高效地完成专利实质审查，因此信息披露义务一般应当在实质审查请求提出时一次性完成，除非相关信息在实质审查请求时尚未被申请人所掌握。对于那些在实质审查开始之后申请人才掌握的相关信息，只要专利授权尚未最终完成，哪怕是在已经发出了授权通知书之后的时间，申请人仍然可以随时提供相关信息，❶但是申请人不得存在有悖于诚信的故意拖延。申请人信息披露的方式应当遵循专利申请中的书面原则，以正式书面文件的方式向专利局提出。至于是需要提供相关信息的全部内容，还是只需要指出信息的出处，笔者认为应当根据审查员获取相关信息的难易程度来确定。如果相关信息通过专利局的数据库可以方便地检索获取，则申请人只需要披露该信息的具体出处即可，此类信息一般表现为在先专利申请和科技期刊。如果相关信息不为专利局所掌握且不易于为专利局所获取，则申请人应当披露该信息的整体内容，一般通过提供相关材料的复印件来实现，以便于提高审查效率。申请人提供的信息材料，等同于申请人对于不利于其专利申请的自认，因此一般在证据形式上不必进行严格的限定，可以申请人自便的形式向专利局提供。

---

❶ 张大海，曲丹. 简述美国专利法中的信息披露制度 [J]. 中国发明与专利，2015 (5)：87 - 91.

（四）违反信息披露义务的法律责任

违反信息披露义务可能引发的法律责任，是信息披露制度的核心。从比较法的角度来看，多数国家的专利法都规定了申请人的信息披露义务，所不同的主要是违反该义务应当承担的法律责任的内容。我国《专利法》第 36 条规定了两种形式的信息披露义务。该条第 1 款规定了一般意义上的信息披露义务，但是没有规定任何法律责任；第 2 款规定了国外同族专利申请的信息披露义务，为其规定了相应的法律后果，即如果没有根据专利行政机关的要求披露国外专利局的检索资料和审查结果，将视为撤回。由于国外同族专利申请毕竟是专利申请中的少数，所以可以认为第 36 条第 1 款规定的一般信息披露要求才是我国《专利法》上的信息披露制度的主体。法律责任是法律义务得以实现的必要手段。由于第 36 条第 1 款规定的信息披露义务缺乏相应的责任条款，所以我国《专利法》上一般信息披露义务其实就是一种倡导性的规定。因为单方审查程序缺乏对抗性系统的通常优点，所以专利制度很大程度上依赖于专利申请人向专利局履行诚实和诚信的义务。然而，申请人有隐匿现有技术或提供虚假事实以免影响其获得专利权的强烈动机，因此申请人善意履行诚信义务会大打折扣。❶ 无论出于尽可能获得专利授权还是节约专利申请成本的考虑，在缺乏相应责任机制的情况下专利申请人都不可能有足够的动力主动披露相关信息，所以信息披露制度在我国《专利法》上基本没有受到重视，在专利实践中也没有真正得到落实。为了使信息披露制度所追求的价值目标落到实处，有必要对我国《专利法》上的信息披露制度进行重构，根本的改造手段就是为《专利法》第 36 条第 1 款规定的一般意义上的信息披露义务规定明确的法律后果。我国有学者持与笔者相同的立场，"为保障该

---

❶ 谢科特，托马斯. 专利法原理［M］. 余仲儒，译. 北京：知识产权出版社，2016：223.

义务的充分实施，建立有法律约束力的相关制度是非常重要的。"❶

在信息披露义务法律责任的设计上，比较法上亦无统一的成例可循，不同国家有不同的制度。世界上没有任何一个国家的专利制度是完美的，对一国具体专利制度的评价，必须从该国的现实国情和专利制度的整体出发才能形成正确的认识。我国专利制度不同于西方发达资本主义国家的一个重要特点是，政府干预色彩浓厚，未真正实现市场化运作。由于政府"外源驱动"的刺激，我国在专利制度的运行中出现了形形色色的反市场行为，各种形式的"非正常申请行为"即为著例。"非正常申请行为"说到底就是违背诚实信用原则的专利投机行为。信息披露义务的根本目的不在于要求申请人向专利局提供多少信息，而是要求申请人诚信地实施专利行为，这与我国从制度层面规制"非正常申请行为"的时代需求不谋而合。在市场经济制度尚不完善，专利申请人机会主义行为频发的现实条件下，实施更为严厉的信息披露制度无疑是符合我国现实条件的。笔者认为，在信息披露义务之法律责任的设计上，美国专利法的规定颇具借鉴价值。也就是为信息披露义务设定授权前和授权后双重的法律责任。在专利授权之前，如果申请人未能履行信息披露义务，则应当作为专利局驳回申请的法定事由；在专利授权之后，如果发现申请人在专利申请的过程中存在违反信息披露义务的行为，则应当判定该专利权不可执行。之所以不认定专利权无效，乃是因为无效事由均属于不符合专利授权的实质性条件，信息披露义务只是申请人负担的程序性义务，与专利无效事由在性质上存在明显的不同。需要特别强调的是，信息披露义务之违反，与其说是申请人未能披露重要信息，毋宁说是申请人存在欺骗专利行政机关的主观故意，所

---

❶ 梁志文. 论专利申请人之现有技术披露义务 [J]. 法律科学, 2012 (1): 130 – 138.

以对申请人主观状态的考察乃是认定信息披露责任成就的关键所在。美国专利法专家谢科特和托马斯在详细研究美国专利法不正当行为之后不忘告诫我们："还有最后一点需要记住。美国专利法没有对申请人附加任何义务要求申请人进行现有技术检索。因此，一个人不会因为没有检索到现有技术参考资料而被认定有不公平行为。专利申请人的唯一义务是引用那些他或她已经知道的现有技术。而搜索所有相关现有技术是 USPTO 以及法院对方当事人的任务。不公平行为原则想要惩罚的是欺骗行为，不是懒惰或者疏忽行为。"❶

第二节　专利说明书的著作权问题

据世界知识产权组织统计，全球创新成果的 90% ~ 95% 首先通过专利文献来公开，甚至其中大多数成果只通过专利文献来公开。所以，专利文献承载着科技信息情报交流的重要使命。专利说明书是专利文献中的核心组成部分，集中体现了专利文献的技术情报属性。专利制度的使命不但在于激励发明创造，还在于促进科技信息的扩散，提升全社会的整体技术水平。专利说明书符合著作权法对于作品的定义，存在利用著作权法进行保护的可能。但是专利说明书又不同于普通的作品，它承载着进行技术情报交流的公共使命。著作权的存在客观上对信息的传递具有阻滞作用，因此专利说明书的著作权与专利法赋予专利说明书的使命之间存在不可避免的冲突。科学地界定专利说明书的著作权问题，才能有效平衡专利权人利益与社会公共利益。

---

❶　谢科特，托马斯. 专利法原理 [M]. 余仲儒，译. 北京：知识产权出版社，2016：228.

一、专利说明书著作权问题论争

关于专利说明书的著作权问题，尚未有国际公约作出明确规范，各国国内法存在迥然各异的立法例，在学术界同样存在广泛的争论。深入分析这些不同的法例和学术观点，有助于弄清楚专利说明书著作权问题争论的实质，从而提出科学的解决方案。

（一）立法例之比较

关于专利说明书是否可以获得著作权保护，抑或为著作权保护之例外，目前尚未有国际公约作出明确规定，不同的国家态度不一。总体来说，英美法系国家态度较为宽松，认可专利说明书的可著作权性；大陆法系国家态度较为严格，否认专利说明书的可著作权性。美国专利法实施细则❶对专利说明书的版权问题作出了规定。美国专利法实施细则第 1.71 节"本发明的详细描述和说明书（Detailed description and specification of the invention.）"之 d 款规定："就其所包含的版权作品材料或掩膜作品材料，在设计专利或发明专利的申请中可以设定版权作品或掩膜作品声明。该声明可出现在专利申请公开文本的任何适当部分。声明亦可以根据本细则 1.84（s）的规定置于附图之中。声明的内容以法律规定的要素为限。例如，'某某 1983 年版权所有'（17 U. S. C. 401）和'某某掩膜作品'（17 U. S. C. 909）将是一种适当的表述，在现行法规下，版权作品与掩膜作品应当分别表述。只有在说明书的起始部分（最好是第一段）包括了本细则 1.71（e）里阐述的授权语句，版权作品或掩膜作品声明才可以

---

❶ 美国专利法实施细则为美国《专利审查程序手册》（Manual of Patent Examining Procedure）之附录 R 专利规则（Appendix R Patent Rules）的俗称，在美国联邦法规法典（Code of Federal Regulations）中处于第 37 编（Title 37）"专利、商标与版权"（Patents, Trademarks, and Copyrights）。

置于申请之中。"❶《美国专利法实施细则》第 1.71 节 e 款规定："授权语句如下：本专利申请文件所公开内容之一部，包含了受（版权或掩膜作品）保护的材料。当这些文件以专利文书或记录的形式呈现于美国专利商标局时，（版权或掩膜作品）所有人对任何人以专利文件或专利公开形式对其进行复（拓）制均不持异议，但除此之外保留所有（版权或掩膜作品）权利。"❷ 美国专利法实施细则第 1.84 节 s 款规定："版权作品或掩膜作品声明。版权作品或掩膜作品声明可以置于附图中，但是必须放在体现版权作品或掩膜作品材料的附图之视阈范围内的正下方，并且字母的尺寸应当限定在 32 厘米到 64 厘米（1/8 到 1/4 英寸）的高度范围之内。"❸ 这说明，根据美国专利法的规定，专利说明书是可以享有著作权的材料，只是要求权利人必须授权社会公众自由复制那些出现在专利局专利文献库或记录中的专利文档或公开文件。但是在从美国专利商标局复印专利文献这一特定目的之外，权利人得保有其专利说明书的全部著作权。

在英国，版权法对于专利说明书版权问题的态度经历了一个重要的转折。在英国 1988 年版权、设计和专利法案生效（1989年 8 月 1 日）之前，理论上所有专利说明书的版权都属于英国政府，但在正常情况下，政府将不会采取任何措施来实施版权（1969 年 6 月 25 日的官方期刊《专利》中已经提到了这一点）。任何人都可以自由地复制这些专利说明书，但是如果特权被滥用，例如为了出售而复制，那么政府可以采取行动。在 1978 年的 Catnic Components Ltd. & Anr. v. Hill and Smith Ltd. 一案中，针对原告对其专利说明书版权的主张，英国高等法院（大法官法庭）认为，专利申请人对专利说明书的版权在专利申请公布后不

---

❶❷　USPTO. Patent Rules, Title 37 – Code of Federal Regulations, Rev. 8, July 2010, pp. R – 64.

❸　USPTO. Patent Rules, Title 37 – Code of Federal Regulations, Rev. 8, July 2010, pp. R – 75.

再存在。法院的裁判逻辑是，当申请人选择申请专利时，他有意识地决定放弃他在说明书上的版权，以专利的形式换取有限但更强大的权利。原告不服判决，向英国上议院提起上诉。上议院审理后拒绝就专利说明书的版权问题发表意见。《英国 1988 年版权、设计和专利法案》对专利说明书的版权问题第一次以成文法的形式作出明确规范。根据该法案的规定，专利说明书中的版权属于申请人或专利权人。但是根据 1988 年英国专利法案第 16、24 条的要求，英国知识产权办公室（the Intellectual Property Office）仍然可以复制和发布专利说明书。出于"传播信息"的目的，复制以及向社会公众发行专利说明书的复制件，也不是侵犯版权的行为。1990 年 12 月 5 日出版的官方刊物上，刊登了这一复制的一般授权通知。这意味着任何人都可以自由复制英国专利说明书，以便"传播其中包含的信息"。如果为了任何其他目的（如市场营销或销售）复制了整份说明书或说明书的实质性部分，则可能构成对版权的侵犯（除非该使用行为属于版权的例外）。❶ 我国台湾地区关于专利说明书版权问题的看法与英国颇为类似。我国台湾地区现行"法律"对专利说明书的版权问题没有作出明确规定。但是我国台湾"高等法院"认为，专利说明书可以享有著作权；除根据专利法的规定所进行的复制以及著作权法对著作权的行使限制情形之外，对专利说明书的其他利用行为均需要征得权利人的同意，否则将会构成著作权侵权。❷

　　与英、美等国态度截然不同的是德国。德国对于专利说明书的版权问题，根据专利说明书所处时间阶段的不同而区别对待。具体来说就是，在专利申请被专利局公布之前的阶段，专利说明书可以由申请人享有版权；在专利申请被专利局公布之后，专利

---

❶ DEEPAK J S. Copyright in a Patent Specification ［EB/OL］. （2009 - 12 - 27）［2017 - 07 - 04］. https：//spicyip. com/2009/12/copyright - in - patent - specification. html.

❷ 章忠信. 专利说明书之著作权保护 ［J］. 专利师，2011 （4）.

说明书转化为官方文件，专利申请人或专利权人不再对其享有版权，任何人均可以对其自由利用。德国《帝国法院刑事判例集》第 27 卷认为，专利申请资料并不属于不受著作权保护的资料范围；但是，专利局所发布的资料、解释说明性资料以及专利资料则属于不受著作权保护的资料范围。德国法院之所以持此种立场，乃是因为根据德国著作权法的规定，官方作品不受著作权法的保护。德国学者认为，在官方作品方面，社会公众特别需要获得相关的信息，事关社会公众获取信息的自由或称为公众知情权。鉴于国家权力机关所发布的各种信息都具有高度的公众利益，这些作品作者的利益便不再予以考虑。在德国，官方作品主要包括各种法律、条例、官方发布的各种文告、布告、判决以及官方制作的判决要旨，以及那些由官方发布的为了让公众了解情况的相关通告。❶ 由于专利说明书在德国被视为"由官方发布的为了让公众了解情况的相关通告"，故作为官方文件不享有著作权。澳大利亚的态度和德国较为相似。澳大利亚专利法第 226 条的标题为"已公布的说明书的复制不侵犯版权"，具体内容是："一件已公开供公众查阅的临时或者完整说明书的全部或部分的二维形式的复制，不构成对根据 1968 年版权法存在于任何文学或者艺术作品上的任何版权的侵犯。"也就是说，根据澳大利亚专利法的规定，已公开的专利说明书任何人均可以自由复制，而不考虑这种复制的目的，相当于不享有著作权。根据反面解释，对于未经专利局公开的专利说明书，则应当受到版权法的保护。

（二）学术界之分歧

就如同各国立法态度不一致一样，学术界对于专利说明书的版权问题亦存在重大争议。概括而言，学术界对于专利说明书的版权问题存在三种不同的观点。第一种观点认为，专利说明书属

---

❶　雷炳德. 著作权法［M］. 张恩民，译. 北京：法律出版社，2005：331－332.

于程式性和功能性文件，其内容和表达方式均须根据法律的要求制作，独立创作的空间狭小，无法满足著作权法关于作品独创性的要求，专利说明书本身即不构成著作权法意义上的作品，自然无法获得著作权法的保护。❶ 持此观点的学者认为："专利法中体系化的语言规则导致了对专利说明书而言，表达与思想高度重合、无法割裂，构成一一对应或有限对应。就著作权法之政策考量上，不应对此予以保护。"❷ 第二种观点认为，未经国家专利行政机关公布的专利说明书可以存在版权保护的可能，但是业经国家专利行政机关公布的专利说明书，作为专利文献的主要组成部分，已经转化为官方法律文件，根据我国著作权法的规定不适用著作权进行保护。❸ 持此立场的学者普遍认为："专利说明书等文件自创作完成之日起享有著作权，但经专利行政部门公开后，不再享有著作权。"❹ 我国已故著名知识产权法学者郑成思先生亦认为："如果申请案在公开之前即被驳回，则其中的专利说明书仍享有版权……专利说明书一旦公布，即进入公有领域，亦即丧失版权。"❺ 第三种观点认为，专利说明书不同于其他由专利行政机关制作的专利文献，专利说明书不属于官方法律文件，只要具备独创性就存在进行版权保护的空间，而且这种保护不会因为专利说明书被国家专利行政机关公布而剥夺。❻ 持此观点的学者认为，专利文件只是专利部门授权文件的附件，而非授

---

❶ 戴涛. 专利说明书不属于《著作权法》所保护的作品［N］. 江苏经济报，2008－10－15（B03）.

❷ 郭鹏鹏. 专利说明书著作权问题研究［J］. 中国版权，2016（5）：47－51.

❸ 江镇华，邱平济. 关于专利文献是否受著作权法保护的探讨［J］. 知识产权，1991（5）：48.

❹ 姚维红. 专利说明书用途独特，公开后能否随意使用存争议：专利文献应该享有著作权吗？［N］. 中国知识产权报，2010－05－07（10）.

❺ 郑成思. 版权法［M］. 北京：中国人民大学出版社，1997：119.

❻ 关晓梅. 专利文献能否任意利用［N］. 中国知识产权报，2010－06－11（10）.

权文件本身,❶ 专利证书等授权文件本身作为法律文件不适用著作权法保护,但是专利说明书作为法律文件的附件完全可以受到著作权法的保护。当然,也有学者持一种"骑墙"的观点,认为承认专利说明书的著作权,有助于打击那些本质上属于抄袭现有技术的非正常专利申请行为,但是却会造成对专利信息传播的阻碍以及著作权权利归属认定上的困难。❷ 总之,由于法律没有作出明确规范,亦未形成具有足够权威性的司法判例,专利说明书的著作权问题在我国学术界见仁见智。理论认识的分歧表征了司法实践的不统一。为了切实解决专利说明书的著作权问题,厘清相关法律关系主体的利益纠葛,有必要就此问题展开深入的讨论。

二、专利说明书的可著作权性分析

笔者认为,专利说明书可以获得著作权的保护,而无论其是否被专利行政机关公开。这是因为专利说明书具有著作权法所要求的独创性,足以构成著作权法意义上的作品,同时专利说明书并不属于具有行政性质的官方法律文件,亦不存在不给予著作权保护的其他法定事由。给予专利说明书以适当的著作权保护,符合我国加强知识产权保护的总体要求,有助于著作权法理论体系的自洽。

(一)专利说明书满足著作权法所要求的独创性

要解决专利说明书的著作权问题,首当其冲应当回答的问题是,专利说明书是否构成著作权法意义上的作品?如果对这一问题的回答是否定的,专利说明书著作权问题也就没有必要继续讨

---

❶ 袁博. 专利文件是否享有著作权?[N]. 中国知识产权报,2016 – 07 – 15 (10).

❷ 杨敏锋. 专利说明书的版权问题剖析[C]//实施国家知识产权战略,促进专利代理行业发展:2010 年中华全国专利代理人协会年会暨首届知识产权论坛论文集. 北京:知识产权出版社,2011.

论下去。对于作品概念的认识，学术界和司法实务界是比较统一的。我国《著作权法实施条例》第 2 条将"作品"界定为"文学、艺术和科学领域内具有独创性并能以某种有形形式复制的智力成果"。作品的构成要素包括三项要件，分别是：（1）为文学、艺术和科学领域内的创作物；（2）具有独创性；（3）能够以某种有形形式复制。专利说明书以传达技术创新思想为目的，属于科学技术领域内的创作物，且能够通过复印、拷贝等有形形式进行复制，所以符合作品的第（1）和第（3）项要件是比较直观的。专利说明书是否构成作品的关键点在于，对于其是否具有创造性的判断。笔者认为，除了那些以改头换面形式剽窃、抄袭他人专利说明书的非正常专利申请外，正常情形下的专利说明书具有著作权法所要求的独创性。专利说明书的独创性可以从以下两个方面进行分析：首先，根据著作权法关于独创性的定义，独创性包括"独立创作"和"最低限度的创造性"两个方面，要求并不高，专利说明书完全可以满足。所谓"独立创作"是指，作品由创作者完成、源于本人，而非抄袭他人，即为满足。鉴于此，只要作品是由作者创作而产生的，体现了作者的思想感情，非单纯模仿或抄袭他人的作品，即使与他人的作品有某些雷同之处，也不影响其所享有的著作权。❶ 正常情况下，专利说明书系由发明人、申请人或专利代理人根据发明创造所形成的技术信息独立创作完成，完全符合"独立创作"要件的要求。所谓"最低限度的创造性"是相对于创作者所实际参考的现有作品（信息）而言，而不是任何公共领域任意现有作品。❷ 一般来讲，对于相同的思想，可能存在不同的表达方式；对于不同的思想，则不可能存在完全相同的表达方式。也就是说，如果思想上有创新，则表达上一定会存在创新。专利说明书是发明创造技术思想

---

❶ 吴汉东. 知识产权法［M］. 北京：中国政法大学出版社，2012：47.

❷ 崔国斌. 著作权法：原理与案例［M］. 北京：北京大学出版社，2014：73.

的载体，对于具有新颖性和创造性的发明创造，意味着技术思想与现有技术存在显著区别，那么，相比现有技术文献必然具备表达方式上的独创性，甚至即使申请专利保护的发明创造不具备专利法要求的新颖性和创造性，也完全有可能具备表达方式上的创造性，除非是完全抄袭他人的作品。❶ 著作权法上的独创性与专利法上对技术方案的新颖性和创造性要求完全不同，❷ 对于不具备专利法上新颖性和创造性要求的发明创造，完全可以创作出具有独创性的专利说明书。

其次，对于同一发明创造，完全存在创作出不同专利说明书的智力创造空间，不存在对发明创造技术思想"唯一性表达"或"有限表达"的问题。"一种劳动过程要产生作品该过程必须给劳动者留下智力创作空间，否则由此获得的结果，不可能符合独创性的要求。如果仅仅是按照既定的规则机械地完成一种工作，即使劳动者必须具备某种技能或知识，而且这种技能或知识需要经过长期的学习、训练和研究才能获得，或者他人都不掌握这种技能或知识，由此形成的成果也不是作品。"❸ 有学者认为，由于专利法、专利法实施细则和专利审查指南对于专利说明书的撰写提出了具体要求，申请人只能根据上述法律、法规和规章的规定撰写专利说明书，不存在自由表达的空间，故不存在著作权法所要求的独创性。"专利说明书不是以技术语言撰写的科技论文，而是遵从专利法所创设的特定撰写规则，当事人的表达受到严格限制……专利法以特定语言文字为途径保护其内在的'技术思想'，专利说明书文字与其内在技术思想构成唯一对应关系。"❹ 这种看法是不符合专利说明书创作的现实情况的。根据

❶　宋献涛. 著作权法视野中的专利说明书［EB/OL］.（2017－05－20）［2017－07－05］. http://www.sohu.com/a/142102039_221481.

❷　崔国斌. 著作权法：原理与案例［M］. 北京：北京大学出版社，2014：70.

❸　王迁. 著作权法［M］. 北京：中国人民大学出版社，2015：28.

❹　郭鹏鹏. 专利说明书著作权问题研究［J］. 中国版权，2016（5）：47－51.

《专利法实施细则》第 17 条的要求，专利说明书一般从发明创造的名称、所属技术领域、技术背景、要解决的技术问题、技术方案、有益效果和具体实施方式等方面进行撰写，从形式上看属于格式文件，但并非没有独立创作的空间。知识产权法学者冯晓青认为："专利说明书可以说是格式文件，但不是简单的格式文件。专利说明书因个案而异，基于不同发明或实用新型，撰写的内容大不相同，即其具有非常多的个性化内容，这一特点也决定了其具有高度的独创性。换言之，不能以其属于格式文件而否认专利说明书高度的独创性和个性化内容。"❶ 专利说明书"尽管与技术有关，但采取何种方式描述，描述的繁简程度，描述的效果如何，不同表达会产生较大差别"。❷ 也就是说，虽然专利说明书旨在清晰、准确、简练地表达客观存在的发明创造，但是在材料的选择、文句的运用、简繁的处理上仍然存在足够的创作空间，完全可以创作出不同水平和内容的专利说明书来。这也是不同的专利代理机构能够形成市场竞争的根本原因。在一起有关专利说明书著作权纠纷案件的判决书中，法院肯定了涉案专利说明书的独创性和作品属性。法院认为，专利说明书对于技术背景、技术效果和技术方案的描述，涉及用词的选择、语句的排列、描写的润色等，并非以固定格式对客观事物进行简单描述，具备独创性，构成著作权法意义上的作品。❸ 专利说明书的独创性和作品属性已经为我国司法机关所明确认可。

（二）专利说明书不属于行政性质的文件

具备独创性从而构成著作权法意义上的作品，是智力创作物

---

❶ 薛飞. 专利说明书能抄来抄去吗？［N］. 中国知识产权报，2010 - 08 - 04（11）.

❷ 袁博. 专利文件是否享有著作权？［N］. 中国知识产权报，2016 - 07 - 15（10）.

❸ 参见北京市丰台区人民法院（2009）丰民初字第 23109 号民事判决、北京市第二中级人民法院（2010）二中民终字第 20978 号民事判决。

获得著作权保护的必要但非充分条件。出于维护国家或社会公共利益的需要，著作权法对于某些在本质上属于作品的创作物并不给予著作权保护。❶ 我国《著作权法》第 5 条集中规定了不适用著作权保护的对象。认为专利说明书不应当受到著作权保护的学者多援引《著作权法》第 5 条第 1 款的规定，将专利说明书解读为"其他属于行政性质的文件"。我国《著作权法》之所以规定官方文件及其正式译文不受著作权法保护，在于官方文件及其正式译文涉及社会公众利益，立法者力图鼓励公众尽可能地加以复制和传播。如果赋予官方文件及其正式译文著作权，将不可避免地增加社会公众复制和传播官方文件及其正式译文的成本。另外，官方文件的创制源于国家意志，所需物质技术条件由国家保障，无须著作权法为这些文本的"创作"提供额外的激励机制。❷ 故著作权法选择不向其提供著作权保护。❸ 笔者认为，专利说明书并不属于《著作权法》第 5 条所规定的官方文件。专利说明书与官方文件相比，存在如下两个方面的主要不同点：首先，二者表征的意志和利益不同。"法律、法规，国家机关的决议、决定、命令和其他具有立法、行政、司法性质的文件"，作为"官方文件"体现的是国家意志，其作用在于规范人们的行为，❹ 形成社会公共秩序，最终使全体社会成员从优良的社会秩序中获益。而专利说明书作为描述发明创造的技术文献，并非基于公共意志而形成，其所产生的经济利益也是由专利权人而非社会公众享有，并不承载官方文件所承载的规范功能，与官方文件存在重大的不同。其次，二者的制定过程和可能产生的法律责任不同。官方文件一般由官方机构或官方机构委托的人员进行制定，其通过和发布需要遵循较为严格的法定程序，并由官方机构

---

❶ 刘春田. 知识产权法［M］. 北京：中国人民大学出版社，2014：66.
❷ 崔国斌. 著作权法：原理与案例［M］. 北京：北京大学出版社，2014：247.
❸ 王迁. 著作权法［M］. 北京：中国人民大学出版社，2015：72.
❹ 李明德，许超. 著作权法［M］. 北京：法律出版社，2009：53.

对其合法性承担法律责任。专利说明书则由发明人、申请人或他们委托的专利代理人制定，对其创制过程法律没有严格的规范，如果专利说明书不符合法律规定，最终由专利申请人承担不能获得专利授权或专利权宣告无效的不利后果，而不由国家专利行政机关承担法律责任。从本质上讲，国家专利行政机关对专利说明书的审查与版权行政机关对作品的版权登记或其他行政机关对特定合同的批准登记是同一道理，他们之间的唯一区别在于，专利行政机关对说明书的审查要严格一些，但公权的审查式介入丝毫不会改变专利说明书的私权性质。❶ 从专利法的制度目的出发，也可以得出专利说明书不应该被排除出著作权保护范围之外的结论。众所周知，专利制度设立的目的在于"公开换取保护"，也就是发明人公开其发明创造，国家授予其一定时期内的垄断权。国家从专利制度中所欲收获的是发明人通过专利说明书所公开的技术信息，而不是发明人对其发明创造的文字表达所形成的文字作品，即不是为了获取专利说明书的版权。❷

（三）给予专利说明书著作权保护，具有多方面的实益

给予专利说明书以著作权保护，不但不违背著作权法的规定，而且还具有至少如下三个方面的实益：首先，有助于对智力创造成果的全方位保护，促进社会创新发展。有学者认为，专利权人已经从所获专利权中享受了相应的经济利益，没有必要通过授予其专利说明书著作权的方式给予其额外的激励。笔者认为这种看法是不恰当的。随着创新驱动发展战略的实施和知识产权保护意识的增强，基于权利人对其智力成果最大化保护的动机，促使以同一载体为基础的多种诉求主张不断涌现。❸ 在知识产权日益发挥重要作用的新形势下，同一种智力成果受到多种形态知识

---

❶ 宋献涛. 著作权法视野中的专利说明书 ［EB/OL］.（2017－05－20）［2017－07－05］. http://www.sohu.com/a/142102039_221481.

❷ 毛祖开. 专利说明书的"可著作权性"分析 ［J］. 科技与法律，2012（2）：33.

❸ 郭鹏鹏. 专利说明书著作权问题研究 ［J］. 中国版权，2016（5）：47－51.

产权保护的情况越来越普遍，知识产权基于同一客体而形成的竞合被司法机关广泛地予以认可，智力成果创造者的多元化诉求无疑具有法律上的正当性。例如，北京市高级人民法院在一则判决中即认为，我国现行法律对于实用艺术作品并未排斥著作权和专利权的双重保护，权利人在申获外观设计专利权的同时，但并不妨碍其同时或继续得到著作权法的保护。❶ 专利申请人通过一份专利说明书不但可以获得一件专利权，还可以获得一件著作权，无疑增强了对智力创造成果的保护，有助于激励专利申请人撰写出更高水平的专利说明书，以期在行使专利权的同时，还可能收益一份著作权收益。其次，有助于防范和打击恶意抄袭他人发明创造的非正常专利申请行为。由于"外源刺激"的驱动，我国的专利实践中存在形形色色的非正常申请行为，恶意抄袭他人在先申请即为著例。冯晓青教授认为，赋予专利说明书著作权，可以从著作权保护的角度防范他人将专利说明书抄袭或实质性抄袭后，以欺骗手段获取专利权，无疑有助于维护专利申请领域的正常秩序、打击有违诚信的不端行为。❷ 虽然根据我国《专利法》的规定，专利行政机关有权宣告那些以欺骗手段取得专利权无效，但是专利实践中却仍然屡禁不止。公权力固然可以维护社会公共秩序，私权利同样可以发挥这样的功效，甚至有时候私权利对于公共秩序的维护效果还会优于公权力。德国学者指出，要使某人负有的义务在私法上得到实现，最有效的手段就是赋予另一个人一项对应的权利。例如，许多破坏环境的犯罪行为，恰恰是因为排斥了私法上的停止侵害请求权而变得猖獗。人们对于权利的侵蚀，已经得到了苦涩的报复。❸ 赋予专利说明书著作权，有

---

❶　详见北京高级人民法院（2002）高民终字第 279 号民事判决书。

❷　薛飞. 专利说明书能抄来抄去吗？[N]. 中国知识产权报，2010 – 08 – 04 (11).

❸　梅迪库斯. 德国民法总论 [M]. 邵建东，译. 北京：法律出版社，2001：65.

助于调动权利人打击那些抄袭其专利说明书的非常申请行为，至少让那些从事非正常申请行为的人又多了一层忌惮。我国司法实践中已经发生的几起类似案件，❶ 说明这并不是学理上的一厢情愿，而是具有实践上的完全可能性和现实性。最后，有助于著作权法理论体系的逻辑自洽。专利说明书具有独创性，且不属于著作权法明确规定的不予著作权保护的对象，如果拒绝给予专利说明书以著作权保护，则在著作权法上是说不通的。当然，出于与专利法价值目标相协调的考虑，在承认专利说明书著作权的同时，可以对其著作权的行使进行适当的限制，这样既能够满足著作权法理论体系的逻辑自洽，又影响到专利法正常制度目的的实现。

三、专利说明书著作权行使规则的构建

专利说明书具有可著作权性，应当获得著作权法的保护。但是专利说明书又不同于普通的作品，根据专利法的规定承载着传播专利技术信息、进行科技情报交流的使命，具有公共产品的属性，故其著作权的行使理应受到相应的限制。准确认知专利说明书之著作权问题的价值基础，构建公正合理的著作权行使规则，是解决专利说明书著作权问题的核心。

（一）构建专利说明书著作权规则的价值基础

专利说明书处于专利法和著作权法的双重规制之下，承载着专利法和著作权法的共同价值取向。构建专利说明书的著作权规则，最根本的就是要保证专利法的价值目标和著作权法的价值目标能够得以相互协调，说到底也就是让专利法所表征的公共利益和著作权法所表征的私人利益实现深度的精致平衡。首先，从著

---

❶ 参见广东省高级人民法院（2003）粤高法民三终字第 62 号民事判决书、福建省高级人民法院（2015）闽民终字第 990 号民事判决书、北京市第二中级人民法院（2010）二中民终字第 20978 号民事判决书等。

作权法的角度观察专利说明书，就是要保证智力成果的创作者对其创作物的法律控制，承认其对专利说明书的著作权。著作权的角度是一个私益角度，以专利申请人或专利权人为本位。承认专利说明书的可著作权性，也就基本实现了著作权法价值目标的诉求。其次，从专利法的角度观察专利说明书，就是要保证通过专利说明书扩散发明创造技术信息的功用，不受到不合理的妨害。专利法的角度是一个公益角度，以社会公众为本位。社会公众对专利的合理期待，就是有充足的机会并以尽可能低的成本获取专利技术信息。一般认为，专利法的立法目标是促进创新，鼓励新技术的发展，增加人类的知识储备。❶ 创新经济学表明，创新作为经济增长的内部因素，通过发明、发明商业化和技术创新扩散三个程序不断循环而得以实现。❷ 专利法的根本目标是促进创新，发明创造只是创新的一个环节，而不是创新的全部。对于创新的实现来讲，新技术在全社会的扩散既是创新过程的最后一环，也是最为关键的一环，通过这一环节创新才能够最终使全社会受益，才能从整体上提升人类社会的发展水平。为了保证发明创造技术信息在全社会的有效扩散，专利法设立了专利公开制度。专利公开制度实现的可靠保障，就是一份适格的专利说明书及其扩散机制。"就专利制度而言，公开的目的不在于其行为本身，更在于促进相关技术信息传播。"❸ 著作权是对作者权益的保证制度，在激励创作的同时，客观上也产生了阻滞作品信息传播的效果。❹ 著作权从某种意义上来讲，就是作者所享有的控制作品信息传播的权利。对于专利说明书来讲也是一样，如果无节制地保障其著作权，必然会影响到发明创造技术信息的扩散，最

❶ BURK D L, LEMLEY M A. Policy Levers in Patent Law [J]. Virginia Law Review, 2003, 89 (7): 1575 – 1696.

❷ 梁志文. 论专利公开 [M]. 北京: 知识产权出版社, 2012: 89.

❸ 郭鹏鹏. 专利说明书著作权问题研究 [J]. 中国版权, 2016 (5): 47 – 51.

❹ 黄敏. 著作权法的公共领域研究 [D]. 重庆: 西南财经大学, 2009: 31.

终会损害专利法促进创新价值目标的实现。笔者认为，专利说明书首先从属于专利法，在无损于专利法价值目标的范围内，才能继续从属于著作权法。也就是说，在专利说明书规制上，专利法的要求优先于著作权法。可以有把握地说，正是专利法催生了专利说明书，而著作权法对于专利说明书的产生影响甚微。当然，专利说明书一旦产生，其所能发挥的功用，又不局限于专利法所追寻的技术扩散，还存在其他利用的可能。专利法将专利说明书视为技术扩散的手段，也仅仅关注其技术扩散手段的功用，除此之外的其他功用，专利法无意关注。所以，在设计专利说明书著作权规则的时候，应该为专利法价值目标的实现留下应有的空间，而只规制专利法价值目标需求之外的著作权问题。也就是说，在作为技术扩散手段的范围内，专利说明书的著作权不得行使；在作为技术扩散手段之外，专利说明书的著作权则应当被尊重。

（二）专利说明书著作权行使规则

专利说明书著作权行使规则的构建以专利说明书所承载的价值目标为依归，规则必须不损于价值目标的实现。具体来说，应该包括如下具体规则：首先，专利说明书可以享有著作权，但是出于获取或传播说明书中技术信息的目的，任何人均可以通过复制、发行、信息网络传播等形式对说明书进行自由利用。也就是说，在利用说明书获取或传播技术信息的目的范围内，相当于为社会公众设定了一条合理使用规则，任何人均可以不经专利说明书著作权人同意，不需要支付报酬，得以自由使用专利说明书。特别需要指出的是，以获取或传播技术信息为目的的使用，并不考虑是供个人学习、研究之用，还是个人或企业的营业使用，以营利为目的的商业性使用同样视为合理使用。比如，各种商业性的专利数据库对专利说明书的搜集和利用，虽为营利性使用，但是仍为合理使用。这是因为，专利法对专利技术信息的传播，并没有排除商业性传播。从专利技术信息传播的现实情况来看，商业性传播才是真正有价值的传播。因为只有商业性传播才是对专利技术信息的系统性传播，才会提供更有价值的增值服务，实现对专利技术信息的深度挖掘，从而才能真正实现技术扩散的目的。而那些不以营利为目的的个人传播，传播的时空范围有限，传播的技术信息数量有限，传播的形式和方式有限，难以有效实现专利技术信息扩散的制度目的。在承认专利说明书版权的美国、英国等国，专利法或版权法均规定，以获取或传播技术信息为目的对专利说明书的利用不视为对版权的侵犯，而且没有限定利用目的上的非商业性。在承认专利说明书版权的条件下，英美法系国家法律的规定，对于我国确立专利说明书的版权行使规则无疑具有重要借鉴价值。其次，在获取或传播专利技术信息的目的范围之外，应当尊重专利说明书的著作权，除非著作权法有例外规定，对专利说明书任何形式的利用应当获得著作权人许可并支付报酬。应当承认，专利说明书的主要价值在于专利技术信息的传播，在此目的之外的使用形式相对比较有限，但是也并不是没有其他利用的可能。例如，将优秀的专利说明书汇编在一起，作为培训专利代理人撰写专利说明书技巧的教科书出版发行，抄袭他人专利说明书作为申请材料使用，等等。专利法目的之外对专利说明书的利用，不再是专利法上的问题，而是著作权法上的问题。在著作权法没有否定专利说明书著作权的条件下，专利法目的之外的利用自然应当遵从著作权法的规定，尊重专利说明书的著作权。最后，专利说明书著作权的主体，在专利申请阶段或申请遭驳回的情况下为专利申请人，在专利获得授权之后为专利权人。根据著作权法的一般原理，创作作品的人为作者，除非构成职务作品，否则作者就是著作权人。如果按照这个原理进行分析，由于专利说明书有可能由发明人、申请人、专利代理人等不同类型的人完成，所以专利说明书著作权的归属也将是多元化的。此时，专利说明书的主体可能出现在专利文献中，也可能从未出现在专利文献中。所以，通过署名推定作者身份的规则在专利说明书著作权的确定上甚至无用武之地，最终导致专利说明书著作权主体不清晰，既不利于权利人行使专利权，也不利于社会公众对专利说明书的授权使用。甚至有学者以专利说明书权属不易确定为由，否弃专利说明书的著作权。❶ 英国规定，专利说明书的著作权属于申请人或专利权人。美国要求专利申请人在申请书中作出许可他人从专利局复制其说明书的授权声明，显然是将专利申请人作为著作权人。专利权与说明书著作权的关系，类似于主权利与从权利的关系，从权利在归属上一般应当同于主权利。如果专利申请权或者专利权发生了转移，则说明书版权的权利主体也应当随同转移。将专利说明书的著作权明确为申请人或专利权人有利于清晰权属，既便于权利的行使，也便于社会公众知情。有人可能会担心，如此设定专利说明书的著作权主体，是否会对实际撰写说明书的发明人或专利代理人不利。这种担心一般是不必要的。专利代理人已经从代理关系中收获报酬，故不存在继续主张著作权的理由和必要。如果发明人和申请人不一致，那么申请人要么从发明人处购买了专利申请权，要么申请人为发明人所在单位，发明人的收益已经从专利申请权转让合同或劳动关系中获得了保障，也就没有从专利说明书的版权中获益的必要。如果专利申请人在未向撰写说明书的代理人付费的情况下，违背代理人的意思进行专利申请，代理人可以违约或不正当竞争起诉专利申请人。总之，将专利说明书的著作权人确定为申请人或专利权人，有利于权属关系的清晰和著作权的行使，且不会损害发明人或专利代理人的合法权益，应为专利说明书著作权归属上的科学规则❷。

❶ 杨敏锋. 专利说明书的版权问题剖析［G］//实施国家知识产权战略，促进专利代理行业发展：2010年中华全国专利代理人协会年会暨首届知识产权论坛论文集. 北京：知识产权出版社，2011.

❷ 杨德桥. 专利说明书著作权问题研究［J］. 中国发明与专利，2018（5）：90-98.

第三节 公众专利评审机制的构建

专利公开是否充分，需要经过审查作出评判。专利审查由专利审查员代表专利行政机关来进行。徒法不足以自行，专利充分公开的判断标准最终有赖于专利审查员的理解和执行。西方法谚有云，法官是会说话的法律，即为此意。专利审查员关于专利充分公开判断结论的科学性，一方面与自身的业务素质有关，另一方面从根本上来讲还取决于审查中所需现有技术信息的获取情况。随着现代信息技术的发展和深入运用，社会公众直接参与社会公共事务成为可能，开放政府的观念应运而生。社会公众参与专利评审，作为开放政府建设的一个组成部分，在某些发达资本主义国家已经成功实践。公众专利评审机制的建立，为专利审查员获取现有技术信息提供了新渠道，有助于审查员提高审查效率和审查质量，对专利充分公开乃至所有可专利性事项的审查均具有重要价值。

一、国外公众专利评审试验项目透视

截至目前，先后有美国、日本、澳大利亚和英国等国实施过公众专利评审项目。所有这些项目均是试验项目，用于专利公众评审机制的可行性探索，尚未上升到成文法意义上的制度范畴。2010 年 10 月 14～15 日，世界知识产权组织在日内瓦主持召开了公众专利评审国际会议，日本、美国、欧洲、澳大利亚、韩国和巴西的专利局代表参加了该会议。国外公众专利评审项目实施情况表明，公众专利评审完全能够推行下去，且具有多方面的积极意义，但是也存在一些问题和不足。

（一）项目实施情况概述

美国是率先试行公众专利评审项目的国家。随着专利申请量的急剧增加，在 21 世纪第一个十年行将结束的时候，美国专利商标局已经形成了超过百万件的申请案积压。为了处理大量积案，审查员能够用于一件专利的审查时间不断缩短。据美国学者统计，美国专利审查员用于一件专利审查的时间平均不会超过16~18小时。❶ 在如此短暂的时间内，审查员要完成审阅专利申请文件、进行现有技术检索、起草审查意见通知书、作出审查结论等一系列规定动作，导致审查质量难以保证，问题专利丛生。美国的公众专利评审试验项目正是在这种背景下启动的。截至目前，美国的公众专利评审项目共进行了两期，都是由美国专利商标局与纽约大学法学院共同组织实施的。这是一个试验性项目，正式名称为"公众专利评审"（community patent review）。第一期项目2007年6月开始，2008年4月结束。项目是在一个被称为"审视专利"（peer - to - patent）的网络平台上进行的。美国专利商标局精选了40份专利申请置于该平台供公众评阅。由于缺乏将申请人的材料进行公众评审的法律基础，美国专利商标局是在征得申请人书面同意之后，才将相关申请上传于该网络平台的。社会公众通过自愿注册的方式，成为该平台的公众专利评审员。公众专利评审员阅读平台上的专利申请材料，进行现有技术文献检索，然后将相关现有技术上传到平台之上并作出评论。公众评审员对其他公众评审员提交的现有技术文献进行注解和评分，评分前10名的现有技术文献被送交给专利审查员，供审查员在审查过程中参考。由于是试验项目，所以并未在所有种类的专利申请中展开，第一期项目仅仅接受美国专利分类号为TC 2100（Technology Center 2100）的专利，即软件专利。这是因为软件专利自20世纪80年代以来发展极为迅速，但是其可专利性一直备受争议，适于首先接受社会公众的评阅。2010年10月至2011年9月，美国专利商标局又开展了第二期公众专利评审项

---

❶ 伯克，莱姆利. 专利危机与应对之道 [M]. 马宁，余俊，译. 北京：中国政法大学出版社，2013：10.

目。相较于第一期项目，第二期项目接受的专利类别有所扩大，新纳入了电子商务及商业方法专利（美国专利分类号为 TC 3600）。之所以选择新增电子商务及商业方法专利，主要是考虑到此类专利申请的现有技术数据库缺乏，且专利质量引起了社会公众的普遍担忧，对于其可专利性的质疑声音比较大。❶ 此外，每件专利的公众评议期间由第一期时的 4 个月缩短为 3 个月，提交给专利审查员的现有技术文献也由 10 件缩减为 6 件，以提升公众专利评审项目的实施效率。

继美国之后，日本、澳大利亚和英国专利局也开展了公众专利评审试验项目。2008 年 7 月至 2008 年 12 月，日本特许厅开展了为期 5 个月的公众专利评审。日本特许厅与美国知识产权局采取的运作方式大体相同，适用对象也是限于计算机、软件、网络等信息技术领域内的专利申请。所不同的是，日本特许厅采用的是其已有的专利申请系统，公众评审员所上传的现有技术最终以第三方提交信息的形式提交给审查员，按照专利法上现有的第三方提交信息制度进行处理。日本特许厅以对申请人、公众评审员和专利审查员进行问卷调查的方式确定该项目实施的实际效果。❷ 2009 年 12 月至 2010 年 6 月，澳大利亚专利局与昆士兰科技大学、纽约大学法学院合作，进行了为期 6 个月的公众专利评审试验项目。澳大利亚公众专利评审项目的试验目的是，确定在澳大利亚专利申请审查中志愿公民专家是否可以与专利局协同工作，并探索发现可以协助专利审查程序的相关现有技术的新途径。澳大利亚专利局用于公众专利评审的专利申请和美国的情况比较相似，主要集中在计算机软件、商业方法及相关申请领域，这些类别的申请被审查员普遍认为具有挑战性和相当的审查难

---

❶ PIKE G H. Business method patent in jeopardy [J]. Information Today, 2009, 26 (1): 15 – 17.

❷ 刘珍兰. 公众参与专利评审机制研究 [D]. 武汉：华中科技大学，2011.

度。澳大利亚为每一件专利申请设置 90 天的公众评审期，在此期间社会公众可以阅读相关申请文件，上传现有技术文件，进行评论和注释，并就公众所上传的现有技术文件的质量和关联度进行投票。澳大利亚专利局为每一项专利申请设置了一个专门的共享空间，用于社会公众对该专利申请的讨论，以确定哪些是现有技术以及如何发现现有技术。很多申请人自愿加入该试验项目中来，社会公众专家也热情地进行了参与，专利审查员在专利审查的过程中大量地引用了社会公众专家提交的现有技术文献，项目试验总体比较成功。❶ 2010 年 11 月开始，英国知识产权局也开展了为期 6 个月的公众专利评审项目。英国公众专利评审的基本流程与美国大体相似。所不同的是，英国用于公众专利评审的项目并没有特别领域的限制，包括从电脑鼠标到复杂处理器运算的一系列发明都可以接受公众评审；公众评审员在查看申请文件的时候可以看到专利局已经制作完成的检索报告，使得公众专利评审更有针对性。还有，由于英国专利法上的第三方参加制度已经非常完善，所以公众专利评审项目的确定不需要申请人自愿加入，英国知识产权局可以自由决定。在英国公众专利评审试验项目中共有 172 项专利参与其中，审查员非常乐于将公众评审意见用于专利审查之中。❷

（二）项目实施效果介评

总体而言，美国、日本、澳大利亚和英国公众专利评审项目的实施效果基本达到了预期目标，是一项具有历史意义的专利试验项目，对于专利制度的完善具有重要参考价值，虽然在项目实施过程中也暴露出一些问题。项目实施效果可以通过以下三点进行说明：首先，四国的实践说明，公众专利评审具有可操作性。

---

❶ FITZGERALD B, MCENIERY B, TI J. Peer－to－patent australia first anniversary report December 2010 ［EB/OL］. （2013－11－15）［2017－12－20］. http：//www. peer-topatent. org/wp－content/uploads/sites/2/2013/11/P2PAU_1st_Anniversary_Report. pdf.

❷ 刘擎天. 公众参与专利评审的制度化思考 ［D］. 湘潭：湘潭大学，2013.

虽然四个国家选择的项目范围和数量有所不同，最后生成的评审
效果也不尽一致，但是均吸引了相关社会公众，也就是相关技术
领域内的专家以及律师的积极参与。例如，美国的第一期项目吸
引了来自 140 多个国家的 2000 多人的注册关注，其中积极参与
的人员达到了 365 人。美国的第二期项目参与注册的社会公众增
加到了 2628 人。从参与该项目社会公众的职业构成来看，最多
的是计算机专家、工程技术人员，其次是法律专家和专利检索方
面的专业人员。❶ 第二期项目社会公众所提交的现有技术文献较
第一期具有明显增长，显示出社会公众的关注度和参与率随着该
项目为社会所知而不断增长。在澳大利亚为期 6 个月的试验过程
中，共有 69 个国家的 5000 人访问了该项目，其中有 130 人在该
平台上进行了注册，40 人积极参与了项目实施。在日本为期 5
个月的项目实施过程中，共有 253 名公众参与，提交了 137 件现
有技术。在英国实施过程中，共有 172 件专利申请参与进来，其
中有 11 件获得社会公众的积极关注。社会公众对公众专利评审
项目的关注度远高于与之类似的专利异议程序。四国的实践说
明，相关社会公众对公众专利评审的关注度和参与率较高，实施
效果比某些国家实行的授权前异议程序要好很多，该项目的设
想具有现实可行性。其次，项目实施过程中，社会公众均提交了
相当数量的现有技术文件，对专利审查员具有较大的帮助作用，
说明该项目具有直接的现实价值。在美国第一期试验项目中，社
会公众共提交了 173 项现有技术文件，其中有 55% 属于非专利文
献，这一比例远高于发明人所提供的 14% 的非专利文献。统计
结果显示，在参与这个项目的专利审查员中，有 89% 的人认为
从该项目得到的现有技术文件非常清晰，92% 的人表示他们更愿

---

❶　CENTER FOR PATENT INNOVATIONS AT NEW YORK LAW SCHOOL. Peer-
to-Patent second anniversary report [EB/OL]. (2013-11-15) [2017-12-22].
http://www.peertopatent.org/wp-content/uploads/sites/2/2013/11/CPI_P2P_YearTwo_
lo.pdf.

意让社会公众参与到审查过程中来，73%的人甚至提出让公众参
与成为审查过程中的一个法定环节。对于社会公众所提交的现有
技术文件的价值，56%的审查员认为是有帮助的，24%的审查员
发现在他们自己的检索过程中未能发现这些材料，36%的审查员
在驳回申请时使用到了这些现有技术文件。❶ 在澳大利亚项目实
施过程中，社会公众针对用于评审的31份专利申请提交了106
份现有技术文件，审查员使用公众提交的现有技术驳回了其中
11份专利申请的权利要求中的一项或多项。这些公众提交的现
有技术，只有3份专利申请审查员自己也检索到了，而其余的8
份专利申请，审查员并未检索到社会公众提交的现有技术资料。
社会公众提交的现有技术文件对于这8份专利申请的驳回发挥了
关键性作用。澳大利亚共有6名审查员参与到该项目中来，6人
均认为公众专利评审有助于他们发现现有技术，其中有5人认为
如果将公众评审运用于日常专利审查过程中去，对其专利审查工
作将会有所帮助。❷ 日本的公众专利评审项目实施效果要差一
些。在社会公众所提交的137个现有技术中，只有17个是非专
利文献。审查员们普遍认为，虽然公众评审可以提高专利审查的
效率，但是对于专利审查质量的提升帮助不大。有学者认为，日
本公众对于该项目的参与度较低以及实施效果不尽理想的情况，
可能与日本已经建立起了比较完善的第三方提交信息的制度有
关。❸ 因为第三方提交信息制度的功能和公众专利评审具有很强
的相似性，在第三方提交信息制度已经比较成熟的条件下，再引

---

❶　THE CENTER FOR PATENT INNOVATIONS AT NEW YORK LAW SCHOOL. Peer –
to – Patent first anniversary report［EB/OL］.（2013 – 11 – 15）［2017 – 12 – 25］. http：//
www. peertopatent. org/wp – content/uploads/sites/2/2013/11/P2Panniversaryreport. pdf.

❷　FITZGERALD B, MCENIERY B, TIJ. Peer – to – Patent Australia first anniversary
report December 2010［EB/OL］.（2013 – 11 – 15）［2017 – 12 – 26］. http：//
www. peertopatent. org/wp – content/uploads/sites/2/2013/11/P2PAU_1st_Anniversary_Re-
port. pdf.

❸　刘珍兰. 公众参与专利评审机制研究［D］. 武汉：华中科技大学，2011.

入公众专利评审机制，对现有专利制度完善的空间和意义已经不大。在英国公众所关注的 11 份申请中，有 6 份被认为对审查有所帮助或有意义，公众为其中 7 份申请提供了非专利现有技术文献。总体来看，尽管质量参差不齐，社会公众还是提供了很多富有价值的非专利文献，对专利审查员具有一定程度的帮助作用，至少比没有公众参与的情况下，审查结论要更为准确。最后，在项目的实施过程中也发现了一些问题，主要是公众参与的积极性有待提升，以及项目实施过程中的成本与收益的失衡问题。参与该项目的专利申请人，主要都是一些大的科技公司，中小企业几乎没有参与。例如，在美国实施的第一期 40 个申请项目中，有 37 个来自于 IBM、GE、Intel、Sun Microsystems、惠普、微软等全美乃至世界知名的大公司。从社会公众的角度来讲，虽然项目受到了较大的公众关注，平台的访问量比较大，但是真正参与评论、形成互动、提交现有技术的人并不多。如何采取切实有效的措施激励相关社会公众积极参与，以期形成更大的社区，是公众专利评审进一步努力的方向。❶ 还有，虽然四个国家的试验项目均接收到了一些有价值的现有技术文献，对专利审查员有一定帮助，但是项目的经济投入也比较大。仅就目前试验项目的成本与收益来衡量，各国普遍感觉到所获得的收益要低于所付出的成本。❷ 特别是在日本，由于该试验项目公众参与率太低，被普遍认为投入的资金没有得到与其相符的结果。❸

---

❶　刘擎天. 公众参与专利评审的制度化思考 [D]. 湘潭：湘潭大学，2013.

❷　THE CENTER FOR PATENT INNOVATIONS AT NEW YORK LAW SCHOOL. Peer – to – Patent first anniversary report ［EB/OL］. （2013 – 11 – 15）［2017 – 12 – 26］. http：// www. peertopatent. org/wp – content/uploads/sites/2/2013/11/ P2Panniversaryreport. pdf.

❸　INSTITUTE OF INTELLECTUAL PROPERTY. Announcement of Peer – to – Patent Japan（P2PJ）［EB/OL］. （2013 – 11 – 15）［2017 – 12 – 25］. http：//www. iip. or. jp/ e/e_p2pj/pdf/101006_p2pj_announce_e. pdf.

二、专利公众评审机制的价值分析

虽然专利公众评审尚未在任何一个国家上升为成文的法律制度，但是参与该项目试验的国家越来越多，所积累的经验也越来越丰富。专利公众评审机制的构建，具有多方面的积极意义。它有助于专利行政机关获取较为充分的现有技术，提升专利审查的质量；有助于发明创造技术信息在全社会的扩散，加快社会创新的步伐；还有利于提升社会公众的参与意识，维护专利制度上的社会公共利益。

（一）拓展现有技术的获取渠道，切实提升专利审查质量

近年来，我国专利申请和授权数量增长非常迅速，表明我国知识产权战略的实施取得了比较好的效果。从 2012 年起，我国的发明专利申请量已经超越美国跃居世界第一位。但是在专利数量迅速增长的同时，却是常常为人们所诟病的低劣的专利质量。专利数量的增长并未带来质量的同步提升，甚至出现了质量下滑的局面。专利质量低劣的一种重要表现就是问题专利丛生。所谓问题专利，一般指的是那些不符合专利授权条件，以及虽然可以获得授权，但是权利要求过宽的专利。比问题专利更为严重的是所谓"垃圾专利"。垃圾专利，一般指的是那些没有任何创新内容的专利。问题专利不等于垃圾专利，问题专利只是说专利不完全符合授权条件，但是还是有一些创新的内容，对社会科学技术的进步有一定的意义。❶ 问题专利的大量产生，破坏了专利制度的声誉，影响了专利制度促进创新的效用发挥，同时也导致了大量的专利诉讼，增加了创新的社会成本。问题专利严重不是我国所独有的现象，拥有较为完善的专利制度的美国亦是如此。美国前专利商标局长 Jon Dudas 亦认为美国专利商标局目前面临的最

---

❶ 李立. "问题专利"不等于"垃圾专利" ［N］. 法制日报，2005 – 12 – 28 (6).

大问题就是专利质量问题，该局因此而长期饱受指责。❶ "近年还出现批判指出，在许多领域，存在过多质量低下的专利，而它们不但没有促进科学技术的发展，甚至起到了阻碍的作用，这种现象在电子及通信领域，尤其是软件领域尤为突出。这些现象都使当今对专利制度新一轮批判的声音变得越来越强。"❷ 2011 年的美国发明法案正是在这样的背景下通过的。问题专利产生的重要原因是专利审查质量不高所导致的。所以，提升专利审查质量，尽量做到只授权那些符合授权条件的专利申请，是化解问题专利的根本出路。专利审查的核心是将专利申请与现有技术文件进行对比，以确定专利申请的新颖性、创造性和公开充分性等授权条件是否齐备。所以，能否有效获得现有技术资料也就成为提高专利审查质量的关键。专利审查员获取现有技术资料的主要途径有三种，分别是通过专利局自身的检索数据库，通过申请人的提交，以及通过社会公众的提供。专利局自身的检索数据库，以检索现有专利和专利申请为主，以检索公开发表的科技期刊为辅，二者均为正式出版物。但是根据专利法的定义，可以作为现有技术来源的远不止正式出版物，使用公开以及其他方式公开，同样可以构成现有技术的来源。所以，仅仅依靠专利局自身的检索手段无法保证审查员能够获得充分的现有技术资料。有些国家的专利局在探索技术检索的外包，但是外包单位在现有技术的检索上存在和专利局同样的困境，也无法保证现有技术获得的充分性。❸ 此外，由于语言的限制，并不是所有的出版物审查员都能够检索到，加之新兴技术领域中很多信息尚未作为正式出版物公

---

❶　MASUR J S. Costly screens and patent examination [J]. Journal of Legal Analysis, 2010, 2（2）：687 – 734.

❷　竹中俊子. 专利法律与理论：当代研究指南 [M]. 彭哲，沈旸，许明亮，译. 北京：知识产权出版社，2013：65.

❸　袁晓东，刘珍兰. 专利审查中现有技术信息不足及其解决对策 [J]. 情报杂志，2011（3）：84 – 88 +137.

开，审查员获得的难度更大，所以审查员通过自身努力所能获得的现有技术总是不足的。"忽略重要和明显的先有技术在新兴行业中是特别严重的问题。在诸如生物技术、互联网和纳米技术这样的新行业的初始阶段，可能很少有专利已经被授予，但是有相当多的知识在科学期刊中被介绍，并且以非正式知识出现。专利局拥有的检索工具使它能够有效检索美国的专利来搜索先有技术。但是，当很少有知识以专利形式存在时，搜索的质量可能会打折扣。这在诸如软件和商业方法这样的领域尤其是这样……在许多情况下，专利审查人员缺乏培训和经验来查找可找到相关先有技术的地方。"❶ "申请信息越来越专业化、前沿化，审查员与专利申请之间的'信息不对称'成为影响审核正确率和审核效率的关键因素。"❷ 至于为申请人设定现有技术信息披露义务，促使申请人主动提供现有技术这条途径，由于存在利益冲突以及申请人同样存在掌握信息有限的问题，也无法保证现有技术获得的充足性。相比较而言，通过社会公众获取现有技术资料能够很好地弥补现有技术上的缺失。因为，社会公众是一个庞大的群体，覆盖了每一项发明的所有相关专业技术人员，作为一个群体其所掌握的信息是充分的，如果能够有效调动他们的积极性，无疑对于充分获取现有技术资料具有重要意义。美国公众专利评审项目的发起人 Noveck 教授认为，现有技术信息的获取是决定专利质量的关键（症结），信息不足是问题专利形成的重要原因，其他的措施（比如提高专利创造性要求、增设授权后异议程序等）都无法从根本上解决现有技术信息不足的问题，唯有借助于

---

❶ 杰夫，勒纳. 创新及其不满 [M]. 罗建平，兰花，译. 北京：中国人民大学出版社，2007：132.

❷ 骆毅，王国华. 利用"互联网＋"实现协同治理机制创新的关键举措研究：以美国"公众专利评审"项目分析为例 [J]. 情报杂志，2015（10）：8－15.

社会公众的集体智慧方为解决之策。❶ 在开放式创新日益成为社会创新的主导范式的社会条件下，专利审查过程也应该打破过去的"封闭式"工作方式，采用更具"开放性"的创新思路提升专利审查的质量。也就是说，构建社会公众专利评审机制乃是解决现有技术信息不足、提升专利质量的根本举措。

（二）促进发明创造技术信息的扩散，加速社会创新进程的闭环

公众专利评审机制的目的并不在于进行专利技术信息的扩散，而是给审查员提供更为充足的现有技术信息，便于审查员形成更为科学的审查结论。但是制度的客观效用并不取决于制度设立者的初衷，制度的价值常常具有一定的溢出效应，即往往总能产生一些创立者不曾预期的价值。公众专利评审机制即是如此。公众专利评审机制的运行客观上确实可以发挥促进发明创造技术信息扩散的重要价值，以此有助于专利公开制度价值目标的达成。公众专利评审面向社会公众，特别是本领域的专业技术人员，从而使得申请专利保护的发明创造技术信息得以在全社会进行扩散。虽然一般情况下申请专利保护的发明创造都是需要向社会公开的，社会公众最终都能够获得申请专利（极少数撤回申请为例外）中的技术信息。但是在公众专利评审机制下，为了不拖延专利授权的时间，专利行政机关会尽可能早地公布专利申请，从而使得社会公众能够更早地接触到发明创造技术信息，尽早在全社会获得扩散。专利技术的尽早扩散，与专利先申请原则所发挥的作用相似，能够有效避免正在发生以及将来可能发生的重复研发成本的浪费，从而有效节约社会资源。❷ 在美国、日本、澳大利亚和英国进行公众专利评审试验项目的过程中，无一不要求

❶　NOVECK. B S. "Peer to Patent": Collective Intelligence, Open Review, and Patent Reform [J]. Harvard Journal of Law and Technology, 2006, 20 (1): 123–162.

❷　梁志文. 论专利公开 [M]. 北京: 知识产权出版社, 2012: 148.

项目参与人提前公开其专利申请，以便在不影响专利审查时长的条件下，留给社会公众充足的评审时间。在社会公众就一项专利申请进行共同评审的时候，会形成一个讨论社区，就该专利申请的发明点、相关现有技术进行较为充分的讨论，从而使得参与专利评审的本领域专业技术人员对该专利及相关技术有一个更为充分的了解和把握，相较于单个工程技术人员通过查看专利系统所能获得的技术信息，无疑更为充分和有效，其促进技术扩散的效果要明显优于通常意义上的专利公开。专利公开的目的在于专利技术信息的扩散，但是真正有意义的扩散并不是公众可以接触专利技术信息，而是能够很好地理解和运用这些信息进行周边发明或改进发明，至少需要做到在该专利届期后社会公众能够有效实施该专利技术。公众专利评审的实施，有助于社会公众对该专利技术共同学习、交流和评论，从而更为有效地促进专利技术的扩散。还有，公众专利评审机制能够提升专利授权质量，也就意味着该制度降低了那些不适格专利申请的授权可能性，从而使得更多的专利申请由于未获授权直接进入公有领域。虽然这部分专利申请不符合专利法规定的授权条件，但是并不代表着毫无价值，往往是一些创造性程度不高的发明创造，它们对于社会技术的进步仍然具有一定价值。这部分专利申请经过社会公众的交流和评审，得以迅速在全社会进行扩散。技术在全社会得以扩散，是技术创新三个环节中的最后一环，也是提升社会福利最为关键的一环。熊彼特认为，技术的扩散是技术创新之社会经济效益的根本来源。除非能够得到广泛运用，一项新技术发明将不会对经济产生实质性影响。技术创新的扩散，是社会财富增长的重要因素。❶公众专利评审机制对社会创新进程的加速闭环具有重要作用。

（三）提升社会公众参与意识，有效维护社会公共利益

公众专利评审机制的目的在于调动社会公众参与到专利评审

---

❶ 梁志文. 论专利公开 [M]. 北京：知识产权出版社，2012：82.

的过程中去。从美国、日本、澳大利亚和英国实施公众专利评审
试验项目的情况来看，公众专利评审机制确实有效调动了社会公
众的参与热情。据统计，在公众专利评审试验项目进行的第一个
年度，美国、日本和澳大利亚分别有 40000 名、11950 名、5003
名社会公众访问了公众评审平台，分别有 2092 名、253 名、130
名社会公众参与了评审，❶ 社会关注度和参与度均比较高。美国
公众专利评审试验项目第二期，参与的项目、公众关注人数和积
极评审人数，较第一期均有大幅度增加。英国试验项目实施情况
表明，社会公众对于该项目的关注程度远远高于对发挥类似作用
的授权前异议程序的关注度。这说明公众专利评审项目较好地调
动了社会公众参与的积极性，提升了社会公众对专利制度的参与
意识。维护知识产权权利人和社会公众之间的利益平衡是知识产
权法的基本原则。尽管利益平衡不仅仅是知识产权法的原则，也
是所有法域的一项基本的立法原则和司法原则，但是在知识产权
法领域却具有特别重要的地位。利益平衡被认为是现代知识产权
法的基本理念和精神。❷ 知识产权法能否有效贯彻利益平衡原
则，即能否维持对知识创造的激励与知识传播和利用之间的平
衡，维持知识产权人利益与社会公共利益之间的平衡，将决定着
其在现代社会生活中的地位。❸ 在专利法中，社会公共利益的一
项重要要求或体现即为，不能就不符合授权条件的专利申请授予
专利权。因为根据专利法的规定，不符合专利授权条件的发明创
造应当保留在公共领域，为全社会所自由利用。如果就不符合授
权条件的发明创造授予专利权，就等于从社会公有领域拿走了一
部分东西授予了个别私人所有，这显然侵犯了社会公共利益。然
而在专利法中，特别是在专利授权程序中，社会公共利益始终难

---

❶　刘珍兰. 公众参与专利评审机制研究［D］. 武汉：华中科技大学，2011.

❷　冯晓青. 知识产权法［M］. 北京：中国政法大学出版社，2010：60.

❸　冯晓青. 知识产权利益平衡理论［M］. 北京：中国政法大学出版社，2006：23.

以获得有效保障。这是由当前专利授权程序的结构所决定的。根据目前各国专利法的通例，专利授权程序中一般仅仅出现审查员和申请人，社会公众并未有效参与。虽然从理论上来讲，审查员代表国家对专利申请进行审查，也就相当于代表了社会公众，但是实际上由于信息的不对称，专利不当授权发生的概率相当高，单单审查员并不能有效维护社会公共利益。专利授权程序中所造成的利益失衡局面，不是通过增加审查员的数量或者是提升审查员的专业技能可以很好解决的，引入第三方也就是社会公众的直接参与，才有可能从根本上维护社会公共利益。❶ 公众专利评审建立了社会公众对专利审查过程深度参与的通道，使得社会公众可以不再通过审查员这个利益代表直接参与到专利审查过程中去，与审查员一起完成对专利申请的审查，以全社会的力量去审视申请的可专利性，最大限度减少不当授权的发生，防止天平过度倾向专利申请人一方，从而能够更为切实有效地维护社会公共利益，维持专利法上的利益平衡，使得专利制度实现持久的良性运转。其实，公众专利评审机制也有利于维护专利权人的正当权益。因为经过公众评审的专利，由于经历了一个相对更为严格的评审过程，所以所获专利权与专利法规定的可专利性条件的契合度更高，专利权的稳定性更好。社会公众所提交的现有技术由于在专利授权环节已经审查员审视过，所以在授权后其他人也就很难再以同样的技术对专利权的效力发起挑战。专利权稳定性的提升，对于专利权的转让、许可和专利技术的实施，均具有重要价值。从某种意义上来讲，专利权的价值在很大程度上取决于专利权的稳定性程度。❷ 所以，公众专利评审机制也是对专利权人正

---

❶ 郭荣庆. 公众参与对降低问题专利申请的影响 [G] //中华全国专利代理人协会. 2014 年中华全国专利代理人协会年会第五届知识产权论坛优秀论文集. 北京：知识产权出版社，2015.

❷ 魏衍亮. 垃圾专利问题与防御垃圾专利的对策 [J]. 电子知识产权，2007 (12)：59 - 61.

当权利的保护制度。公众专利评审机制有利于维护专利权人和社会公众两个方面的正当权益，实现了两种利益在更深层次上的平衡。美国的实践经验显示，公众专利评审项目的参与人员主要是本领域工程技术人员，作为一个整体他们实际上就是专利法上的"本领域普通技术人员"。在现行的专利审查过程中，审查员将自己假想为"本领域普通技术人员"，但是由于缺乏具体的参照，这一标准经常呈现为非常模糊的状态，致使专利审查结论呈现相当的主观性。公众专利评审中，参与评审的社会公众与专利法上的"本领域普通技术人员"呈现出较高程度的一致性，其发表的评论性意见可以认为很好地代表了"本领域普通技术人员"的认识，给审查员提供了有关"本领域普通技术人员"的清晰图像和具体意见，从而使得"本领域普通技术人员"作为判断可专利性的主体标准得以真正的落实。严格按照"本领域普通技术人员"意见作出的专利授权自然是最符合专利法上利益平衡原则的。

三、我国公众专利评审机制的构建设想

公众专利评审机制的价值优越性昭示着我国也应当尝试构建自己的公众专利评审机制。我国是世界上专利申请量最大的国家，已经成为名副其实的专利大国，但是整体专利质量还比较低，尚不属于专利强国，借助于公众专利评审机制强化专利质量可谓正当时。我国已经具备了推行公众专利评审项目的法律基础，只要能建构起合理的运行机制，采取有效的激励措施，完全有可能实现该制度在我国的成功运行。

（一）公众专利评审机制的法律基础

公众专利评审项目由专利行政机关负责执行，是对现行专利审查机制的一种变通执行，会直接影响到专利申请人的利益，根据行政法治的原则，必须具备相应的法律基础才能顺利执行下去。美国、澳大利亚等国在试验公众专利评审项目时，之所以需

要征求专利申请的同意，就是因为缺乏将其专利申请交给社会公众进行评审的法律基础。如果专利申请人不同意，该项目就实施不下去。在美国公众专利评审项目实施中，同意参与该项目的主要是一些研发实力比较雄厚的大公司，它们对自己专利申请的授权前景充满了信心。而中小型企业和个体申请人参与该项目的热情就很低。相较于美国、澳大利亚等国，我国基本不存在实施该项目的法律障碍。我国《专利法实施细则》第 48 条规定："自发明专利申请公布之日起至公告授予专利权之日止，任何人均可以对不符合专利法规定的专利申请向国务院专利行政部门提出意见，并说明理由。"❶ 可见，我国《专利法实施细则》已经明确规定了社会公众就专利申请提出意见的权利。公众专利评审机制就是让社会公众针对已经公开的发明创造的可专利性进行评论，提出意见，提交现有技术文件。公众专利评审机制可以认为是《专利法实施细则》第 48 条所规定的公众意见制度的具体执行措施。《专利法实施细则》由国务院制定和公布，属于行政法规，在我国的法律体系中处于较高的法律位阶。我国的公众意见制度与日本的第三方提交信息制度具有异曲同工之妙。因此，如果我国专利行政机关欲实施公众专利评审，就不会存在法律上的障碍。当然，这并不是说我国现行法律法规的规定就不存在完善的空间了。比如，我国《专利法实施细则》虽然规定了公众提交意见的制度，但是并未规定公众意见的法律地位和作用，以及社会公众应当如何提交意见的可操作性规定，❷ 所以导致该制度在我国专利实践中并未真正发挥其作用。相关调查数据显示，80%以上的调查员自公众意见制度创立以来收到的公众意见数量不足5 份，所以社会公众提交公众意见进而影响专利审查结果的比例

---

❶ 《中华人民共和国专利法实施细则（2010 年修订）》第 48 条。

❷ 李富昌. 在专利审查公众意见提交制度中引入适度反馈之探讨［J］. 中国发明与专利，2012（10）：76－79.

是相当低的。❶ 我国专利行政机关可以部门规章的形式对《专利法实施细则》中的公众意见制度作出具体安排，将公众专利评审机制作为贯彻执行公众意见制度的一种具体措施。如此安排，一来使得公众意见制度得以落地，二来使得公众专利评审制度取得了切实的法律基础。所以，我国专利行政机关如欲推行公众专利评审项目，不需要征得专利申请人的同意，完全可以自由决定将哪些申请提交公众评审。但是专利行政机关还是应当明确一套具体的规则，避免执行上的过度随意性，以免引起专利申请人对项目公正性的担忧。

（二）公众专利评审机制的具体运行

公众专利评审机制的运行由参与项目、运行平台和成果运用三部分组成。首先，就参与的项目而言，主要涉及的问题是项目的种类和所属技术领域。从美国、日本、澳大利亚和英国四国公众专利评审试验项目的种类来看，选择的都是发明专利，不包括实用新型专利和外观设计专利。实用新型专利和外观设计专利也是专利的重要组成部分，专利质量同样十分重要，且由于我国只对其进行形式审查，专利质量问题更为严重，没有排除出公众专利评审范围的理由。上述四国之所以只将发明专利纳入公众评审，可能是由于该项目尚处于试验阶段，规模不宜过大，重点应当突出，故选择了法律地位较为重要的发明专利作为先行先试的对象。在我国公众专利评审项目推进的过程中，也可以借鉴四国的做法，先从发明专利做起，待经验成熟之后再向实用新型和外观设计专利推开。但是无论如何，在公众专利评审机制正式确立之后，都不应当将实用新型和外观设计专利排除在外。就公众专利评审项目涉及的技术领域而言，国外的试验项目基本集中在软件、信息技术和商业方法等新兴领域。国外之所以选择在软件、

----

❶ 李富昌. 在专利审查公众意见提交制度中引入适度反馈之探讨 [J]. 中国发明与专利，2012（10）：76 – 79.

信息技术和商业方法等领域试行公众评审，主要是考虑到这些领域技术发展比较迅速，大量现有技术表现为非专利文献，不易为审查员获取，且这些新兴领域技术的可专利性本身还充满了争议，因此应当充分听取社会公众的意见。❶ 建议我国也从软件、商业方法和信息技术等新兴领域试起，待经验成熟后，再扩展到机械、电子、化工、材料、生物等传统领域。其次，就公众专利评审机制的运行平台而言，应当充分运用现代信息技术，为社会公众的参与提供最大限度的便利。美国、日本、澳大利亚和英国公众专利评审项目的运作，无一不是充分利用了现代信息网络技术。可以有把握地说，正是现代互联网信息技术的发展，才使得公众专利评审机制的运行成为可能。社会公众范围分散，意见的搜集和管理成本非常高，正是现代信息技术无处不在的互联互通特性及其低廉的运行成本，才使得专利评审公众社区的建立成为可能。虽然国外公众参与专利评审的设想提出的很早，我国《专利法实施细则》早在 2001 年就确立了公众意见制度，但是公众专利评审的实践却是随着互联网技术的深入发展在最近几年才开始的，足以说明公众专利评审制度对于现代信息技术的依赖性。在公众评审平台的建设上，我们可以充分参考美国等国的做法，吸取其成功的经验。其中最核心的就是要设计可供公众参与的图形界面，引导协商民主的功能模块，便于社会公众参与和表达意见。"只有采用了恰当的技术架构和编码设计，才能有效激发公众的参与热情和合作效能。"❷ 在项目试验阶段可以开发一个专门的公众评审平台，但是从长远来看，如果作为一种制度化措施，还是应当整合进专利行政机关的专利评审同一平台，作为其一个具体的功能模块，这样有助于提高工作效率，提升公众评审

---

❶ 陈琼娣，余翔. 美国"公众专利评审"及其对我国的启示 [J]. 电子知识产权，2010（2）：65 – 69 + 75.

❷ 骆毅，王国华. 利用"互联网＋"实现协同治理机制创新的关键举措研究：以美国"公众专利评审"项目分析为例 [J]. 情报杂志，2015（10）：8 – 15.

意见的被尊重感，从而有效调动社会公众的参与。社会公众在平台上的主要参与形式是阅读申请材料，提交现有技术文件，以及进行可专利性的评论和意见交流。最后，就该平台上公众评审意见的运用而言，应当给审查员保留必要的自由空间。公众专利评审是为了给审查员提供可资参考的现有技术文献，而不是为了对专利审查过程进行某种形式的限制或约束。也就是说，公众评审意见最终由审查员自由作出接受或拒绝的处理决定，而且无须向公众反馈意见或说明理由，更不接受公众就此发起的法律监督。这是因为，如果赋予公众意见某种强制约束力，必然导致专利审查过程的延宕，在提升审查质量的同时大幅降低专利审查的效率，有可能是一种得不偿失之举。《欧洲专利审查指南》规定，公众意见的提交者会收到其意见已经被接收的通知，但是审查员不会将对公众意见的任何进一步处理行为告知公众意见提交者。❶ 如果公众觉得审查员未采纳自己的意见进行了错误授权，完全可以在授权之后通过无效宣告程序进行监督和救济。从美国等国的公众专利评审实践来看，均没有就审查员对公共意见的采纳作出任何约束性规定。在公众评审的过程中，针对不同情况的专利申请，公众有可能提供数量不一、质量不等的现有技术文件或评论意见，至于审查员应当运用或考虑其中的多少，亦应当由审查员作出决定，不适宜事先规定审查员应当运用或考虑的数量，因为具体情形可能是千差万别的，只有审查员才最清楚这些文件和意见有没有价值，有多大价值。

（三）专利评审公众参与的激励措施

公众专利评审的实施效果关键在于社会公众的参与程度。从美国等国实施公众专利评审项目的情况来看，虽然在未采取激励措施的情况下，社会公众也能自发参与到该项目中来，但是公众

---

❶　李富昌. 在专利审查公众意见提交制度中引入适度反馈之探讨 [J]. 中国发明与专利，2012（10）：76 – 79.

的参与面和参与度与理想状态还有不小的距离。如何采取有效措施调动社会公众参与的积极性，事关公众专利评审制度的成败。从本质上来讲，公众专利评审的本质就是专利行政机关对专利审查任务通过信息网络进行"众包"。"众包"是信息网络兴起之后新出现的一种商业模式。"众包"一词来源于英语上的"crowdsourcing"，指的是一个公司或机构把过去由员工执行的工作任务，以自由自愿的形式外包给非特定的（通常是大型的）大众网络的做法，其实施的关键前提是网络平台的搭建和潜在参与者的网络连接。❶ 众包就是要通过信息网络充分利用大众智慧完成工作目标。因此，众包项目的成功从根本上来讲有赖于激励社会大众积极参与。激励可以分为外在的激励和内在的激励，外在的激励手段是给予相应的经济回报，内在的激励手段是充分调动行为人的行为动机。众包项目有两个基本的特征，一是行为人参与的主要目的不是获取金钱上的回报，二是行为人主要利用业余时间进行工作。众包概念的提出者杰夫·豪（Jeff Howe）认为："人类并不像预料的那样自私。对众包项目作出贡献的人，大多数分文不取。"❷ 但是杰夫·豪也告诫我们，不要忽视金钱的激励因素，要让参与众包的人感觉到付出就会有所回报，哪怕只有象征性的一点点。有学者在对中国众包形式的研究中发现，金钱等奖励与参与行为有正向关系，因为通过贡献知识而获得奖励，能够使成员感受到知识交换过程中的公平和互惠，增强个体的参与动机。❸ 根据马斯洛的"需要层次理论"，处于不同地位的人其需要的内容和层次也就会有所不同。参与众包的人员众多，地位参差不齐，需要也就不一样，故应当采取多元化的激励

---

❶ 肖岚，高长春．"众包"改变企业创新模式［J］．上海经济研究，2010（3）：35 – 41．

❷ 豪．众包：化整为零的革命［N］．中国联合商报，2009 – 12 – 14（B03）．

❸ 刘海蠡，刘人境．企业虚拟社区个体知识贡献行为影响因素研究［J］．科研管理，2014（6）：121 – 128．

措施。公众专利评审作为众包的一种，也应当采取多样化的激励措施，鼓励社会公众的积极参与。这些激励措施可以分为两类，一是提供一定额度的金钱奖励，二是提供多层次的精神奖励。❶应当允许审查员根据公众所提供的现有技术的质量及其采纳情况，自主决定在一定数额范围内给予相关公众以金钱奖励。应当通过网络平台为参与评审的公众设置多种层次的"现有技术专家"荣誉，并在网络荣誉达到一定级别之后，由专利行政机关直接授予其线下的纸质荣誉证书。

本章小结

　　任何一项具体的法律制度都生存于一定的制度环境之中，其价值目标的实现都需要其他制度的支持或配合。专利充分公开制度的价值目标能否得到实现，虽然主要取决于该制度自身建构的合理性，但是其他相关制度亦对其效用的发挥有着重要的影响。专利公开包括两个层次或阶段，分别是申请人向专利行政机关公开，以及申请人通过专利行政机关向社会公开。要求申请人将其发明创造向专利行政机关公开的目的，是为了行政机关对其申请的可专利性进行审查，保证专利质量，防止发生错误授权。专利行政机关专利审查的质量，主要取决于审查员能否获取充分的现有技术资料。发明人或申请人对其发明创造最为了解，所掌握的现有技术资料也较为充分，其中相当一些现有技术资料不易为审查员获得且对专利审查具有价值，因此规定申请人的信息披露义务对于提升专利审查质量具有重要意义。我国现行专利法规虽然规定了申请人的现有技术披露义务，但是并未规定不履行义务的法律后果，致使该义务在专利实践中形同虚设。借鉴国外的立法例，重构有约束力的现有技术披露义务，无疑有助于强化申请人

---

❶　刘珍兰. 公众参与专利评审机制研究［D］. 武汉：华中科技大学，2011.

的信息提供义务以及专利审查质量的提升。要求申请人将其发明创造通过专利行政机关向社会公开的目的，是为了进行新技术知识的扩散，实现社会创新进程的闭环。发明创造中的技术信息主要通过专利说明书来表达。专利说明书符合作品的构成要件，可以受到著作权法的保护。专利说明书著作权的存在客观上会限制其所承载的技术信息的自由流动。应当合理界定专利说明书著作权的边界，以实现专利法促进技术情报交流和著作权法保护创作者对智力成果控制权之价值目标的协调。一种可行的处理思路是，以传播专利技术信息为目的对专利说明书的利用处于专利法规制之下，任何人在此目的范围内不构成著作权侵权，于此目的之外则应尊重专利说明书的著作权。专利向公众公开的目的还应当包括就专利申请是否应当获得授权接受公众评判。传统的公众评判放在授权后以对专利行政机关所授予专利权监督的形式进行，具有督促专利行政机关改正错误的含义，但是错误授权所造成的损失和成本常常已经无法挽回。美国、日本等国所试行的公众专利评审项目，充分利用现代信息技术提供的便利条件，开放专利审查过程，允许社会公众在专利审查阶段以提供现有技术文献的方式进行介入，在一定程度上防止了错误授权的发生，提高了专利审查的质量，较传统的事后监督具有明显的比较优势。我国已经具备了进行公众专利评审的法律基础，令人堪忧的专利质量状况也呼唤专利审查机制的革新。借鉴美国等国公众专利评审的经验，构建我国公众专利评审的法律机制，对于改善、提升我国专利质量状况具有重要的现实意义。

结　论

专利权与其他知识产权的不同之处在于，只有在经历正式申请程序和政府审查之后才能产生，绝对不存在普通法专利或自然专利。❶专利申请人必须通过专利申请文件向专利行政机关公开其发明创造，以便接受能否通过可专利性测试的审查。世界各国专利法和相关国际公约均对专利公开制度作出了明确规定。但是不同国家专利法对于专利公开的判断标准认识不尽一致，同一判断标准在专利审查实践中的理解和运用也不完全相同，特别是随着化学、生物技术和信息技术等新兴科学技术的发展，专利公开的判断呈现出前所未有的复杂状态，实有必要就专利公开制度进行系统的理论研究，以为专利审查实践和专利法律制度的完善提供智力支持。专利法上所讲的专利公开不是要求申请人就其发明创造泛泛地进行信息披露，而是存在严格的公开规则，必须达到法定的公开标准，做到"充分公开"。没有达到专利法所要求"充分"程度的公开，不是专利法意义上的公开，也就不符合专利授权的标准。专利充分公开包括两个阶段或称两个环节，分别是专利申请人通过专利申请文件向国家专利行政机关进行公开，以及接踵而至的专利行政机关向社会公众的公开。第一个阶段的目的是完成公开充分性的审查，第二个阶段的目的是实现专利公开的社会价值，二者构成一个统一的有机整体。当然，为了维护国家安全和社会公共利益，对于法律上所定义的"国防专利"是不能进行第二个阶段的专利公开的，但是申请人仍然必须完成

---

❶ 谢科特，托马斯. 专利法原理 [M]. 余仲儒，译. 北京：知识产权出版社，2016：160.

第一个阶段的专利公开。也就是说，无论是哪一种形式的专利，专利申请人都必须将其发明创造向国家主管机关公开。专利是商业秘密的替代机制，是为了克服商业秘密之弊端而推行的一种产业政策，所以任何时候都不允许专利权人兼取专利和商业秘密的双重惠益。"从信息管理政策角度来说，专利制度是一个成功的制度，它成功创设了一条通道，使大量有科技和商业价值的信息先成为完全私有领域的专利垄断权，继而进入完全非排他的公共领域。"❶ 从专利制度的原初含义上来讲，专利即意味着公开，这一点至今也没有丝毫改变。不以公开为前提的专利，只能是一种罪恶的垄断。

中文上的"专利"一词译自英语"patent"，而"patent"一词则来源于拉丁文"letters patent"。"letters patent"是一种被称为"公示令状"的敕令形式，人人皆可以打开阅读。中世纪封建君主最早开始授予专利权的时候使用的就是"letters patent"这种令状形式。也就是说，"专利"从其诞生之日起就是向公众公开的。❷ 只不过在专利制度的不同历史时期，专利公开的途径和方式有所不同而已。那种认为专利公开制度为现代专利法上的制度，早期专利法上不存在专利公开的观点，是对专利制度的历史误读。根据专利充分公开制度表现形式的不同，专利法可以分为早期专利法、近代专利法和现代专利法。早期专利法指的是从专利制度诞生到 1711 年世界上第一份专利说明书出现这段时期的专利法。在早期专利法上，由于专利说明书制度尚未形成，专利信息不可能通过说明书查询或者出版的方式进行公开。这只能说明早期专利法上不存在现代专利法意义上的公开，但是并不意味着早期专利法上的专利和商业秘密一样，处于密不示外的状

---

❶　竹中俊子. 专利法律与理论：当代研究指南［M］. 彭哲，沈旸，许明亮，译. 北京：知识产权出版社，2013：139.

❷　冯晓青，刘友华. 专利法［M］. 北京：法律出版社，2010：1.

态。实际上，封建君主从建立专利制度伊始，就非常重视专利技术信息的社会扩散。唯其如此，才能达到封建君主引进外商、发展本国工商业的目的。❶ 在早期专利法上，封建君主通过在专利授权书中附加限期投产条款和本地用工条款确保专利技术信息在全社会的扩散。因为早期专利法上的专利主要是一些简单的机械和工艺发明，专利技术具有很强的"自我披露"性质，一旦专利权人投产并招收本地学徒或工人，则专利技术就会迅速在社会上扩散开来。相反，由于早期专利法时期印刷技术比较落后，社会文化普及率很低，特别是处于社会底层的技术工人，有文化者更是凤毛麟角，所以意图像现代专利法那样通过专利说明书进行技术扩散，是不现实的。早期专利法上的技术公开机制是由当时社会的经济技术条件所决定的。近代专利法时期是一个从早期专利法向现代专利法过渡的时期，专利公开制度呈现出变动不居的特点。近代专利法时期，专利说明书制度逐步得以确立，早期专利法上的限期投产和招工附款逐步被放弃，专利技术信息的扩散机制逐渐过渡到专利说明书上来。具体来讲就是，向专利行政机关提交专利说明书最终成为专利申请人的一项法律义务，专利行政机关通过"个别申请查阅"的方式向社会公众传播专利技术信息。近代专利法上专利充分公开制度，是由社会专利权观念的根本性变革以及社会经济技术发展所决定的。现代专利法时期，权利要求制度和专利说明书出版制度得以形成。专利权人公开专利技术信息的义务以其通过权利要求书追求的垄断权范围为限，有了更为明确的参照目标。同时，国家通过专利说明书出版制度建立起了正规、有效的专利技术信息传播渠道，专利促进社会创新的价值得以更大限度地发挥出来。

专利充分公开制度具有深厚的理论基础，可以通过政治上、

---

❶ 黄海峰. 知识产权的话语与现实：版权、专利和商标史论 [M]. 武汉：华中科技大学出版社，2011：128.

经济上和法律上的多种理论学说进行说明。理性的本义就是协调性和一致性。❶ 这些不同的理论学说分别从不同的视角对专利充分公开的合理性及其内容架构进行了阐释，使得专利充分公开制度与专利法乃至整个知识产权法律制度在价值上得到协调统一。笔者认为，专利权社会契约理论、经济创新理论和法律占有理论对于充分公开制度的证成具有独到的价值，宜深入挖掘其对专利充分公开制度的证成价值。专利权社会契约理论来源于政治哲学上的社会契约论和私法上的契约理论，对于专利权的起源和权利架构的设计具有说明价值。专利权社会契约理论因应专利制度发展的实际需要在历史上经历过一次重要的变化。早期专利法上，专利权社会契约的主体被视为是封建君主和专利权人；专利权社会契约的内容，在专利权人一方是获得封建君主赐予的垄断特权，在封建君主一方则是通过专利权人的投产行为获得税收收入和国家工商业的发展。在近代专利法时期，随着资产阶级掌握国家政权和专利说明书制度的确立，专利权社会契约理论发生了一次深刻的变化。专利社会契约的主体变更为社会公众和专利权人，专利权社会契约的内容变更为专利权人获得作为私权的专利权，社会公众获得专利所保护的发明创造技术信息。根据专利权社会契约理论，专利权人获得了专利权就应当向社会公众充分公开其发明创造，达到本领域普通技术人员能够实施的程度，以保证在专利权终止后，社会公众可以实施该发明并与专利权人展开竞争。如果专利权人的公开没有达到法定的充分标准，就会出现社会公众受领不足的局面，破坏了契约的等价交换原则。同样，根据专利权社会契约理论，专利权人的公开义务以其所追求的垄断权范围也就是权利要求范围为限，权利要求范围之外的技术信息专利权人没有公开的义务。专利制度的根本目标是促进创新。

---

❶ 汪丁丁，丁利. 统一社会科学视野下的法和经济学 [J]. 社会科学战线，2005（1）：50.

根据经济创新理论，创新由发明创造的产生、发明创造的商业化以及发明创造技术信息的扩散三个环节组成。专利充分公开制度就是以法律的形式保障创新成果在全社会的扩散，所以专利充分公开制度承担了经济创新理论"最后一公里"的任务。随着信息技术的发展，人类社会已经进入了开放式创新的新时代。在开放式创新时代，技术信息的自由流动对于创新的实现尤为重要，为此必须合理界定专利权的范围。"必须以法律政策'精确配置'专利权的范围，既赋予专利权人足以激励创新的权利，又不至于遏制未来发展。"❶ 专利充分公开制度中的书面描述要件能够精确地进行专利权利配置，保证专利权只覆盖专利权人自己的发明创造，实现专利权人利益和社会公共利益的平衡。专利权的保护范围具有无形性的特征，必须通过某种方式确定专利权的边界，以达到既警示侵权、又保障社会公众自由的目的。法律上的占有理论充分说明了专利充分各构成要件在确定专利权保护范围上的价值。

　　专利充分公开的判断是专利充分公开制度的中心。专利充分公开的判断，必须坚持正确的原则、科学的标准和恰当的依据。在进行专利充分公开判断时，应当坚持结合原则、立体原则和协调原则三项基本原则。专利充分公开的判断必须结合权利要求书，以权利要求书划定的保护范围为限判断说明书对发明创造的公开是否充分，而不能脱离开权利要求书漫无目的地评论说明书是否符合充分公开的要求。根据专利权社会契约理论，专利权人没有义务公开其不主张专利权的发明创造。专利充分公开的判断还必须结合现有技术，将现有技术和说明书公开的技术信息作为一个整体来判断权利要求是否具有可实施性。现有技术是专利生存的技术环境，不存在可以脱离现有技术的专利。说明书只需要

---

　　❶　博翰楠，霍温坎普. 创造无羁限：促进创新中的自由与竞争［M］. 兰磊，译. 北京：法律出版社，2016：81.

公开不属于现有技术的创新技术，本领域技术人员会根据说明书的内容自动寻找相关的现有技术。发明创造就其本质而言是一项技术方案。任何一项技术方案都由技术问题、技术手段和技术效果组成。判断发明创造是否获得充分公开，不只是看技术手段是否能够实施，还要看通过该技术手段的实施能否解决相应的技术问题，以及能否达到预期的技术效果。只有技术问题得以解决，技术效果符合预期，发明创造对技术手段的选用才是合乎要求的，说明书对于技术方案的公开才是充分的。也就是说，充分公开的判断是一项包含技术问题、技术手段和技术效果的立体判断，并非仅仅关注技术手段的可实施性。专利法所规定的各项可专利性要件之间存在内在的牵连关系，在进行专利公开充分性判断的时候，还需要协调实用性和创造性的判断，注意不同要件之间判断过程的协调一致，避免发生内在的矛盾。专利充分公开判断的标准包括能够实现、书面描述和最佳实施方式三项要件。❶能够实现要件要求发明创造自身不违背自然规律和公知常识，要求构成发明创造的技术单元清晰、具体和可用，要求说明书对于发明创造的公开到达本领域普通技术人员在无须过度实验的条件下就能够实施的程度。书面描述要件在一些国家专利法上也称为合理支持要件，核心就是要求权利要求在说明书上能够找到根据，不超出说明书所披露的发明创造的范围。最佳实施方式对于实现专利制度的目的具有重要价值，但是其不易判断和执行。笔者认为可以借鉴日本专利法上的数值发明来解决这一难题，允许其他人在发明创造方案的范围内，就申请人未能公开的最佳实施方式申请数值发明。专利充分公开判断的主体是本领域技术人员。但是进行充分公开判断的本领域技术人员的创造力和知识水平又不完全等同于创造性判断上的本领域普通技术员。专利充分公开判断的材料依据是广义上的专利说明书，包括权利要求书、

❶ 梁志文. 论专利公开 [M]. 北京：知识产权出版社，2012：277 – 278.

说明书及其附图在内。专利充分公开判断的时间基准点为申请日，不考虑申请日后发展起来的技术。

专利法兼具实体法和程序法的双重特性。专利法不但规范专利权授予的条件，还规范专利权授予的程序事项。行政程序具有独立于行政实体结果以外的自身价值，有其存在的法理基础和自我评价标准。❶ 对于专利申请人来讲，专利授权的正当程序发挥着保证其实体权益的重要价值，因此程序设置的合理与公正，事关专利权人的利益和专利制度的健康运行。评价和设计一项法律程序应当尽力确保它符合其内在价值标准，使它具备最低限度的公正性和合理性。这一价值标准应从程序本身而不是任何外部因素而得到体现。法律程序应当具备一种基本的工具性价值标准，即拥有产生好结果的能力。法律程序的设计还应满足经济效益的要求，即确保其对经济资源的耗费降低到最低程度。❷ 专利审查行为属于一种自由裁量的具体行政行为，在专利审查的过程中应当坚持听证原则和效率原则，做到既保障申请人的权益，又保证行政效能。由于具体行政行为是一种可以经过司法审查的行为，所以专利行政机关进行专利审查的时候必须遵循法定程序，尊重证据规则的要求。专利授权行为又是一种行政许可行为，所以在作出驳回决定的时候，应当有相应的理据。就专利充分公开的审查而言，首先应当推定申请人对发明创造的公开符合专利法关于充分公开的要求，审查员如欲以公开不充分为由驳回申请，必须进行充分的说理，必要的时候还得提供相应的证据。不允许审查员在未说明理由或者提供证据的情况下，径直以公开不充分为由驳回申请。而且审查员在作出驳回决定的时候，对于公开不充分的说理或举证还应当满足表面证据案件的要求，也即在不经反驳的情况下，根据法律的规定即足以认定。由于专利无效事关公共

---

❶ 闫丽彬. 行政程序价值论 [D]. 长春：吉林大学，2005：134.
❷ 陈瑞华. 程序价值理论的四个模式 [J]. 中外法学，1996 (2)：7.

利益，所以在公开不充分的无效审查中，相关事实的查明应当奉行职权主义。专利充分公开由能够实现、书面描述和最佳实施方式构成，这三项要件在专利无效宣告中的法律地位并不相同。专利充分公开的事实查明，是专利充分公开司法案件中的难点。在知识产权司法审判中，技术类案件的事实查明模式一般包括技术鉴定模式、专家证人模式、技术法官模式和技术辅助官模式四类。我国各知识产权法院目前所试水的技术调查官制度从总体上来看属于技术辅助官模式的一种。技术调查官制度符合我国司法制度的实际，试行效果符合各方预期。在专利事实问题的查明过程中，要区分技术事实和法律事实，分别主要由技术调查官和法官负责查明。专利充分公开判断所依赖的事实，具有技术事实和法律事实相结合的特点，应当在法官的指挥下，由技术调查官配合查明。证据是认定案件事实的唯一合法手段，❶ 所以证据问题是专利充分公开行政和司法程序中的重要问题。用于判断专利充分公开的证据包括现有技术证据，而这些证据并非在发明创造过程中形成，所以与普通民事证据形成于案件发生过程中的特点存在明显不同。专利行政机关和司法机关在判断专利充分公开时不仅应当接受实验证据，还应当采纳其他类型的民事证据，以满足不同领域专利申请的客观需要。对于申请日后证据，也不应绝对加以排斥，而应当在合理的范围内进行采信。在举证责任的分配上，应当根据具体证明责任理论的要求，在专利审查的过程中由审查员根据案件具体情况公平合理地分配审查员和申请人各自的举证责任。申请人或审查员证明或否证专利申请公开充分性的标准为民事案件的优势证据标准。

专利充分公开制度以充分公开的判断为中心，以信息扩散为重要辅助。对于专利充分公开的判断和专利技术信息扩散具有影响力的，又不局限于我国现行专利法上的成文制度或实施机制。

---

❶ 陈光中. 证据法学［M］. 北京：法律出版社，2013：153.

任何一项法律制度的运行都会受到其他相关制度或机制的影响，其他相关制度或机制的营造对于专利充分公开制度的实行无疑具有重要价值。笔者认为，申请人的信息披露义务和公众专利评审机制对于专利充分公开的判断具有重要影响，专利说明书著作权问题的科学厘定则有助于专利技术信息的有序扩散。专利申请人的信息披露义务就是要求申请人在进行专利申请的时候，应当根据诚实信用原则的要求将其所知悉的对申请的可专利性具有重要影响的信息向专利行政机关进行披露。在专利法上确立申请人的信息披露义务，有助于降低审查信息的搜索成本，有助于提升专利申请和审查的质量，还有助于建立诚信的专利运行体系。专利申请人的信息披露义务为多数国家专利法所规定，但是义务的范围和效力在不同国家专利法上又存在较为重大的不同。根据各国专利法为信息披露义务所配置法律责任的不同，信息披露义务的立法模式可以区分为强法律责任模式、弱法律责任模式和无法律责任模式。我国《专利法》规定了现有技术披露义务，但是没有规定义务不履行的法律后果，属于无法律责任模式，致使专利申请人很少认真对待这一有名无实的义务，❶ 不利于信息披露义务的履行和价值目标的实现。建议借鉴美国的强法律责任模式重构我国《专利法》上的信息披露机制。信息披露的义务主体包括申请人、发明人、代理人等与专利申请密切相关的所有参与人，所应披露的内容不仅包括现有技术，还应当包括其他对申请可专利性具有重要影响的一切信息，违反信息披露义务不但可以作为驳回申请的理由，还可以作为拒绝强制执行专利权的事由。专利说明书的著作权问题事关专利技术信息的传播和专利权人作品利益的维护。在专利说明书著作权问题上，存在承认与否认两种截然不同的立法例和学说。从著作权法上来讲，专利说明书具

---

❶ 崔国斌. 专利申请人现有技术披露义务研究［J］. 法学家，2017（2）：96－112.

有独创性，符合著作权法对于作品的定义，且不属于著作权法规定的除外客体，理应获得著作权法保护。但是专利说明书又不唯受到著作权法的调整，它还首当其冲地受到专利法的规制，专利法规则在说明书事项上应当优先适用。笔者认为，在专利法范围内，以获取和传播专利技术信息为目的对专利说明书的使用不应视为对著作权的侵犯，在此目的范围之外，专利说明书的规制应当交由著作权法，也就是应当尊重专利申请人或专利权人对其专利说明书的著作权。公众专利评审是美国、日本、澳大利亚和英国最近几年开始试行的一种专利审查改革项目。公众专利评审项目在试验国运行比较成功，它有助于拓展现有技术的获取渠道，切实提升专利审查质量，还有助于促进发明创造技术信息的扩散，加速社会创新进程的闭环。建议在借鉴美国等国成功经验的基础上，在我国试行公众专利评审，并在适当的时候上升为专利审查机制的正式组成部分。

参考文献

一、中文著作类（含译著）

[1] 吴汉东. 知识产权法 ［M］. 北京：中国政法大学出版社，2012.

[2] 刘春田. 知识产权法 ［M］. 北京：中国人民大学出版社，2014.

[3] 李明德. 知识产权法 ［M］. 北京：法律出版社，2014.

[4] 冯晓青，杨利华. 知识产权法学 ［M］. 北京：中国大百科全书出版社，2008.

[5] 张玉敏. 知识产权法学 ［M］. 北京：中国人民大学出版社，2010.

[6] 王迁. 知识产权法教程 ［M］. 北京：中国人民大学出版社，2016.

[7] 冯晓青，刘友华. 专利法 ［M］. 北京：法律出版社，2010.

[8] 崔国斌. 专利法原理与案例 ［M］. 北京：北京大学出版社，2012.

[9] 王迁. 著作权法 ［M］. 北京：中国人民大学出版社，2015.

[10] 梁志文. 论专利公开 ［M］. 北京：知识产权出版社，2012.

[11] 崔国斌. 著作权法：原理与案例 ［M］. 北京：北京大学出版社，2014.

[12] 黄海峰. 知识产权的话语与现实：版权、专利和商标史论 ［M］. 武汉：华中科技大学出版社，2011.

[13] 李明德. 美国知识产权法 ［M］. 北京：法律出版社，2014.

[14] 何敏. 知识产权法总论 ［M］. 上海：上海人民出版社，2011.

[15] 吴汉东. 知识产权基本问题研究（总论）［M］. 北京：中国人民大学出版社，2009.

[16] 杨利华. 美国专利法史研究 ［M］. 北京：中国政法大学出版社，2012.

[17] 吕炳斌. 专利披露制度研究：以 PRIPS 协定为视角 ［M］. 北京：法律出版社，2016.

[18] 冯晓青. 知识产权利益平衡理论 ［M］. 北京：中国政法大学出版社，2006.

[19] 肇旭. 美国生物技术专利经典判例译评 [M]. 北京：法律出版社，2012.

[20] 石必胜. 专利创造性判断研究 [M]. 北京：知识产权出版社，2012.

[21] 杨德桥. 专利实用性要件研究 [M]. 北京：知识产权出版社，2017.

[22] 冯晓青. 技术创新与企业知识产权战略 [M]. 北京：知识产权出版社，2015.

[23] 徐棣枫. 专利权的扩张与限制 [M]. 北京：知识产权出版社，2007.

[24] 吴欣望，朱全涛. 专利经济学 [M]. 北京：知识产权出版社，2015.

[25] 李明德，许超. 著作权法 [M]. 北京：法律出版社，2009.

[26] 郑成思. 版权法 [M]. 北京：中国人民大学出版社，1997.

[27] 万小丽. 专利质量指标研究 [M]. 北京：知识产权出版社，2013.

[28] 欧洲专利局上诉委员会. 欧洲专利局上诉委员会判例法 [M]. 北京同达信恒知识产权代理有限公司，译. 北京：知识产权出版社，2016.

[29] 穆勒. 专利法（第3版）[M]. 沈超，李华，吴晓辉，等，译. 北京：知识产权出版社，2013.

[30] 青山纮一. 日本专利法概论 [M]. 聂宁乐，译. 北京：知识产权出版社，2014.

[31] 哈康，帕根贝格. 简明欧洲专利法 [M]. 何怀文，刘国伟，译. 北京：商务印书馆，2015.

[32] 谢科特，托马斯. 专利法原理 [M]. 余仲儒，译. 北京：知识产权出版社，2016.

[33] 哈尔彭，纳德，波特. 美国知识产权法原理 [M]. 宋慧献，译. 北京：商务印书馆，2013.

[34] 谢尔曼，本特利. 现代知识产权法的演进：英国的历程（1760—1911）[M]. 金海军，译. 北京：北京大学出版社，2012.

[35] 克拉瑟. 专利法，德国专利和实用新型法、欧洲和国家专利法 [M]. 单晓光，张韬略，于馨淼，等，译. 北京：知识产权出版社，2016.

[36] 墨杰斯，迈乃尔，莱姆利等. 新技术时代的知识产权法 [M]. 齐筠，张清，彭霞，等，译. 北京：中国政法大学出版社，2003.

[37] 伯克，莱姆利. 专利危机与应对之道 [M]. 马宁，余俊，译. 北京：中国政法大学出版社，2013.

[38] 阿伯特，科蒂尔，高锐. 世界经济一体化进程中的国际知识产权法 [M]. 王清，译. 北京：商务印书馆，2014.

[39] 增井和夫，田村善之. 日本专利案例指南 [M]. 李扬，等，译. 北京：知识产权出版社，2016.

[40] 博翰楠，霍温坎普. 创造无羁限：促进创新中的自由与竞争 [M]. 兰磊，译. 北京：法律出版社，2016.

[41] 格莱克，波特斯伯格. 欧洲专利制度经济学：创新与竞争的知识产权政策 [M]. 张南，译. 北京：知识产权出版社，2016.

[42] 竹中俊子. 专利法律与理论：当代研究指南 [M]. 彭哲，沈旸，许明亮，译. 北京：知识产权出版社，2013.

[43] ADELMAN M J, RADER R R, KLANCNIK G P. 美国专利法 [M]. 郑胜利，刘江彬，译. 北京：知识产权出版社，2011.

[44] 田村善之. 日本知识产权法（第4版）[M]. 周超，李雨峰，李希同，译. 北京：知识产权出版社，2011.

[45] 德霍斯. 知识财产法哲学 [M]. 周林，译. 北京：商务印书馆，2008.

[46] 达沃豪斯. 知识的全球化管理 [M]. 邵科，张南，译. 北京：知识产权出版社，2013.

[47] 莱姆利. 软件与互联网法（上）[M]. 张韬略，译. 北京：商务印书馆，2014.

[48] 雷炳德. 著作权法 [M]. 张恩民，译. 北京：法律出版社，2005.

[49] 兰德斯，波斯纳. 知识产权法的经济结构 [M]. 金海军，译. 北京：北京大学出版社，2005.

[50] 杰夫，勒纳. 创新及其不满 [M]. 罗建平，兰花，译. 北京：中国人民大学出版社，2007.

二、中文论文类（含译文）

[51] 崔国斌. 专利申请人现有技术披露义务研究 [J]. 法学家，2017 (2)：96 – 112.

[52] 李晨乐，叶静怡. 专利公开、技术溢出与专利私人价值 [J]. 中央财经大学学报，2016 (9)：112 – 121.

[53] 杨德桥. 专利权社会契约理论及其对专利充分公开制度的证成 [J].

北京化工大学学报（社会科学版），2018（2）：42 – 50.

［54］李越，温丽萍. 中美欧与专利公开有关的法定要求的比较与借鉴［J］. 中国发明与专利，2013（2）：82 – 87.

［55］陈默. 论对价理论在专利充分公开中的适用：评加拿大最高法院"万艾可"专利无效案［J］. 中国发明与专利，2013（1）：67 – 72.

［56］吕炳斌. 专利申请中的"充分披露"的判断基础［J］. 大连理工大学学报（社会科学版），2011（1）：100 – 104.

［57］唐铁军. 关于我国专利申请"充分公开"判断标准的研究［D］. 北京：中国政法大学，2005.

［58］杨德桥. 专利之产业应用性含义的逻辑展开［J］. 科技进步与对策，2016（20）：103 – 108.

［59］和育东. 专利契约论［J］. 社会科学辑刊，2013（2）：48 – 53.

［60］杨德桥. 专利契约论及其在专利制度中的实施机制［J］. 理论月刊，2016（6）：86 – 92.

［61］吕炳斌. 专利披露制度起源初探［G］//国家知识产权局条法司. 专利法研究2009. 北京：知识产权出版社，2010.

［62］吴汉东. 法哲学家对知识产权法的哲学解读［J］. 法商研究，2003（5）：77 – 85.

［63］吕炳斌. 专利契约论的二元范式［J］. 南京大学法律评论，2012（2）：196 – 205。

［64］德姆塞茨. 关于产权的理论［M］//科斯，阿尔钦，诺斯. 财产权利与制度变迁. 刘守英，等，译. 上海：上海三联书店、上海人民出版社，2002.

［65］梁志文. 论专利制度的基本功能［J］. 吉首大学学报（社会科学版），2012（3）：94 – 103.

［66］吕炳斌. 专利说明书充分公开的判断标准之争［J］. 中国发明与专利，2010（10）：100 – 103.

［67］杨德桥. 专利说明书著作权问题研究［J］. 中国发明与专利，2018（5）：90 – 98.

［68］石必胜. 专利说明书充分公开的司法判断［J］. 人民司法，2015（5）：41 – 46.

［69］郭鹏鹏. 由小 i 机器人案再议专利充分公开制度［J］. 知识产权，

2016（8）：65－74＋131.

［70］万琦．说明书公开的若干问题研究：以"小ⅰ机器人"案为基础
［J］．知识产权，2015（5）：45－48＋91.

［71］王健，温国永．从"小ⅰ机器人案例"看说明书的充分公开问题
［J］．中国发明与专利，2015（9）：93－95.

［72］穆彬，张鑫蕊．生物领域中断言性结论导致的说明书公开不充分问题
浅析［J］．中国发明与专利，2013（3）：96－100.

［73］张沧．有益技术效果与说明书的充分公开：从第4679号复审决定看
效果实验数据对说明书充分公开的重要性［G］//国家知识产权局条
法司．专利法研究2005．北京：知识产权出版社，2006.

［74］黄敏，张华辉．"充分公开"与实用性：谈中国专利法第二十六条第
三款与第二十二条第四款的关系［J］．中国专利与商标，1997（2）：
58－64.

［75］孙平，马励．从一个案例看公开充分、实用性和创造性的适用［J］．
中国发明与专利，2013（3）：78－82.

［76］张金玉．论专利法中书面描述要求之独立性探析［D］．北京：中央
民族大学，2016.

［77］谢静．美国专利法判例选析：《专利审查程序手册》规定及表面上
不具专利性案件的合法性［J］．中国发明与专利，2009（12）：81
－84.

［78］魏微．"充分公开"在专利无效宣告程序中的理解和使用［J］．中国
专利与商标，2005（3）：39－44.

［79］李越．与充分公开有关的实验证据问题的探讨［G］//国家知识产权
局条法司．专利法研究2010．北京：知识产权出版社，2011.

［80］刘菊芳．医药专利审查中有关"公开"问题探析［D］．北京：中国
政法大学，2005.

［81］周胜生，刘斌强，欧阳石文，等．申请日后证据及其在专利审查中的
应用探析［J］．电子知识产权，2011（4）：76－79.

［82］郑永锋．民事诉讼证据制度在专利审查中的应用［J］．知识产权，
2001（2）：30－33.

［83］张旭，朱莹，胡晓珊．我国《专利法》第26条第3款审查中举证责
任分配的探究［J］．科技与法律，2013（3）：54－56＋74.

［84］梁志文. 论专利申请人之现有技术披露义务［J］. 法律科学，2012
（1）：130－138.

［85］张大海，曲丹. 简述美国专利法中的信息披露制度［J］. 中国发明
与专利，2015（5）：87－91.

［86］刘文琦. 解读美国专利法"不正当行为"理论的适用［J］. 电子知
识产权，2010（5）：53－57.

［87］陈雨. 美国专利法不正当行为原则研究［D］. 重庆：西南政法大
学，2012.

［88］海冰. 美国专利法中的不正当行为问题［J］. 电子知识产权，2009
（4）：79－81.

［89］丁宇峰. 专利质量的法律控制研究［D］. 南京：南京大学，2016.

［90］郭鹏鹏. 专利说明书著作权问题研究［J］. 中国版权，2016（5）：
47－51.

［91］刘珍兰. 公众参与专利评审机制研究［D］. 武汉：华中科技大
学，2011.

［92］陈琼娣，余翔. 美国"公众专利评审"及其对我国的启示［J］. 电
子知识产权，2010（2）：65－69＋75.

三、英文著述类

［93］FROMER J C. Patent Disclosure［J］. Iowa Law Review, 2009, 94
（2）：539－606.

［94］RANTANEN J. Patent law's disclosure requirement［J］. Loyola University
Chicago Law Journal, 2013, 45（2）：369－388.

［95］OLIN J M. The disclosure function of the patent system（or lack thereof）
［J］. Harvard Law Review, 2005, 118（6）：2007－2028.

［96］HULME E W. On the Consideration of the patent grant, past and present
［J］. Law Quarterly Review, 1897, 13（3）：313－318.

［97］CRESPI R S. Enablement and written description—a Trans－atlantic view
［J］. Journal of the Patent and Trademark Office Society, 2005, 87（4）：
343－347.

［98］ALLISON J R, OUELLETTE L L. How courts adjudicate patent definite-
ness and disclosure［J］. Duke Law Journal, 2016, 65（4）：609－696.

[99] MANDICH G. Venetian patents (1450 – 1550) [J]. Journal of the Patent Office Society, 1948, 30 (3): 166 – 224.

[100] KATHERINE J, STRANDBURG. What does the public get? experimental use and the patent bargain [J]. Wisconsin Law Review, 2004, 2004 (1): 81 – 156.

[101] THORLEY S. Terrell on the law of patents [M]. London: Sweet & Maxwell, 2006.

[102] FOX H G. Monopoly and patents: a study of the history and future of the patent monopoly [M]. Toronto: The University of Toronto Press, 1947.

[103] COLLINS A S. Authorship in the days of Johnson: being a study of the relation between author, patron, publisher, and public, 1726 – 1780 [M]. London: Robert Holden & Co. Ltd. , 1927.

[104] BLAKENEY M L, MCKEOUGH J. Intellectual Property – Commentary and materials [M]. Sydney: The Law Books Co. Ltd. , 1987.

[105] PRAGER F D. Brunelleschi's patent [J]. Journal of the Patent Office Society, 1946, 28 (2): 109 – 135.

[106] MGBEOJI I. The juridical origins of the international patent system: towards of historiography of the role of patents in industrialization [J]. Journal of the History of International Law, 2003, 5 (2): 403 – 422.

[107] MAY C, SELL S K. Intellectual property rights—a critical history [M]. Boulder Colorado: Lynne Rienner Publishers, Inc. , 2006.

[108] GOMME A. Patents of invention: origin and growth of the patent system in Britain [M]. London: British council, 1946.

[109] KLITZKE R A. Historical background of the English patent law [J]. Journal of the Patent Office Society, 1959, 41 (9): 615 – 650.

[110] HULME E W. The history of the patent system under the prerogative and at common law [J]. The Law Quarterly Review, 1896, 12 (2): 141 – 154.

[111] GETZ L. History of the patentee's obligations in Great Britain (part I) [J]. Journal of the Patent Office Society, 1964, 46 (1): 62 – 81.

[112] MACLEOD C. Inventing the industrial revolution: the English patent system, 1660 – 1800 [M]. Cambridge University Press, 1988.

[113] WALTERSCHEID E C. The early evolution of the United States law: antecedents (Part 2) [J]. Journal of the Patent & Trademark Office Society, 1994, 76 (11): 849 – 880.

[114] WALTERSCHEID E C. The early evolution of the United States law: antecedents (Part 3) [J]. Journal of the Patent & Trademark Office Society, 1995, 77 (10): 771 – 802.

[115] MOSSOF A. Rethinking the development of patents: an intellectual history, 1550 – 1800 [J]. Hastings Law Journal, 2001, 52 (6): 1255 – 1322.

[116] DAVIES D S. The early history of the patent specification [J]. The Law Quarterly Review, 1934, 50 (1): 86 – 109.

[117] ADAMS J N, AVERLEY G. The patent specification: the role of Liardet v. Johnson [J]. Journal of Legal History, 1986, 7 (2): 156 – 177.

[118] MACHLUP F. An Economic review of the patent system [M]. Washington: US Government Printing Office, 1958.

[119] MACFIE R. The Patent question under free trade: a solution of difficulties by abolishing or shortening the invention monopoly and instituting national recompense [M]. London: W. J. Johnson, 1863.

[120] COULTER M. Property in ideas: the patent question in mid – victorian Britain [M]. The Thomas Jefferson University Press, 1991.

[121] HEERTJE A, MIDDENDORP J. Schumpeter on the economics of innovation and the development of capitalism [M]. Edward Elgar Publishing Ltd. , 2006.

[122] ARROW K J. Economic welfare and the allocation of resources for inventions [M]. Princeton, NJ: Princeton University Press, 1962.

[123] LUCAS R L. Lectures on economic growth [M]. Cambridge: Harvard University Press, 2002.

[124] ROSE C. The comedy of the commons: custom, commerce, and inherently public property [J]. University of Chicago Law Review, 1986, 53 (3): 711 – 781.

[125] CHESBROUGH H. Open innovation: the new imperative for creating and profiting from technology [M]. Boston: Harvard Business School

press, 2003.

[126] SHINNEMAN E M. Owning global knowledge: the rise of open innovation and the future of patent law [J]. Brooklyn Journal of International Law, 2010, 35 (3): 935 – 964.

[127] TAY A E S. The concept of possession in the common law: foundations for a new approach [J]. Melboune UniversityLaw Review, 1964, 4 (4): 476 – 497.

[128] TIMOTHY R, HOLBROOK. Possession in patent law [J]. SMU Law Review, 2006, 59 (1): 123 – 176.

[129] TIMOTHY R HOLBROOK. Equivalency and patent law's possession paradox [J]. Harvard Journal of Law & Technology, 2009, 23 (1): 1 – 48.

[130] CHISUM D S. Chisum on patents [M]. USA: LexisNexis, 2009.

[131] ABRAMOWICZ M. An industrial organization approach to copyright law [J]. William and Mary Law Review, 2004, 46 (1): 33 – 126.

[132] LEE P. Patent law and the two cultures [J]. The Yale Law Journal, 2010, 120 (1): 2 – 83.

[133] ADELMAN M J, RADER R R, KLANCNIK G P. Patent Law in a Nutshell [M]. Thomos west, 2008.

[134] MUELLER J M. An introduction to patent law [M]. Aspen Publisher, Inc., 2006.

[135] CARLSON D L, PRZYCHODZEN K, SCAMBOROVA P. Patent linchpin for the 21st century—best mode revisited [J]. The Journal of Law and Technology, 2005, 45 (3): 267 – 292.

[136] PETHERBRIDGE L, RANTANEN J. In memoriam best mode [J]. Stanford Law Review Online, 2012, 64: 125 – 130.

[137] LEMLEY M A. The changing meaning of patent claim terms [J]. Michigan Law Review, 2005, 104 (1): 101 – 122.

[138] MEARA J P. Just who is the person having qrdinary skill in the art? patent law's mysterious personage [J]. Washington Law Review, 2002, 77 (1): 267 – 298.

[139] TRESANKSY J O. PHOSITA – the ubiquitous and enigmatic person in patent law [J]. Journal of the Patent and Trademark Office Society, 1991,

73 (1): 37 – 55.

[140] LEMLEY M A. Rational ignorance at the patent office [J]. Northwestern University Law Review, 2001, 95 (4): 1495 – 1532.

[141] WILLIAMSON O E. MARKETS AND HIERARCHIES – analysis and anti-trust implications: a study in the economics of internal organization [M]. Free Press, 1975.

[142] STEAVAUX K N. Inequitable conduct claims in the 21st century: combating the Plague [J]. Berkeley Technology Law Journal, 2005, 20 (1): 147 – 172.

[143] GOLDMAN R J. Evolution of the inequitable conduct defense in patent litigation [J]. Harvard Journal of Law & Technology, 1993, 7 (1): 37 – 100.

[144] DINWOODIE G B, HENNESSEY W O, PERLMUTTER S. International and comparative patent law [M]. New York: Lexis Nexis Publishing, 2002.

[145] JANICKE P M. Do we really need so many mental and emotional states in United States patent law? [J]. Texas Intellectual Property Law Journal, 2000, 8 (3): 279 – 298.

[146] BURK D L, LEMLEY M A. Policy levers in patent law [J]. Virginia Law Review, 2003, 89 (7): 1575 – 1696.

[147] PIKE G H. Business method patent in jeopardy [J]. Information Today, 2009, 26 (1): 15 – 17.

[148] MASUR J S. Costly screens and patent examination [J]. Journal of Legal Analysis, 2010, 2 (2): 687 – 734.

[149] NOVECK B S. "Peer to patent": collective intelligence, open review, and patent reform [J]. Harvard Journal of Law and Technology, 2006, 20 (1): 123 – 162.

[150] DEVLIN A. The misunderstood function of disclosure in patent law [J]. Harvard Journal of Law & Technology, 2010, 23 (2): 401 – 446.